MINISTÈRE DES TRAVAUX PUBLICS

ÉTUDES

DES

GITES MINÉRAUX

DE LA FRANCE

Publiées sous les auspices de M. le Ministre des travaux publics
par le Service des Topographies souterraines

BASSIN HOUILLER ET PERMIEN

D'AUTUN ET D'ÉPINAC

FASCICULE II

FLORE FOSSILE

PREMIÈRE PARTIE

PAR

R. ZEILLER

INGÉNIEUR EN CHEF DES MINES

TEXTE

EN VENTE CHEZ

BAUDRY ET Cⁱᵉ, ÉDITEURS

DU SERVICE DE LA CARTE GÉOLOGIQUE DÉTAILLÉE DE LA FRANCE

15, rue des Saints-Pères, Paris

1890

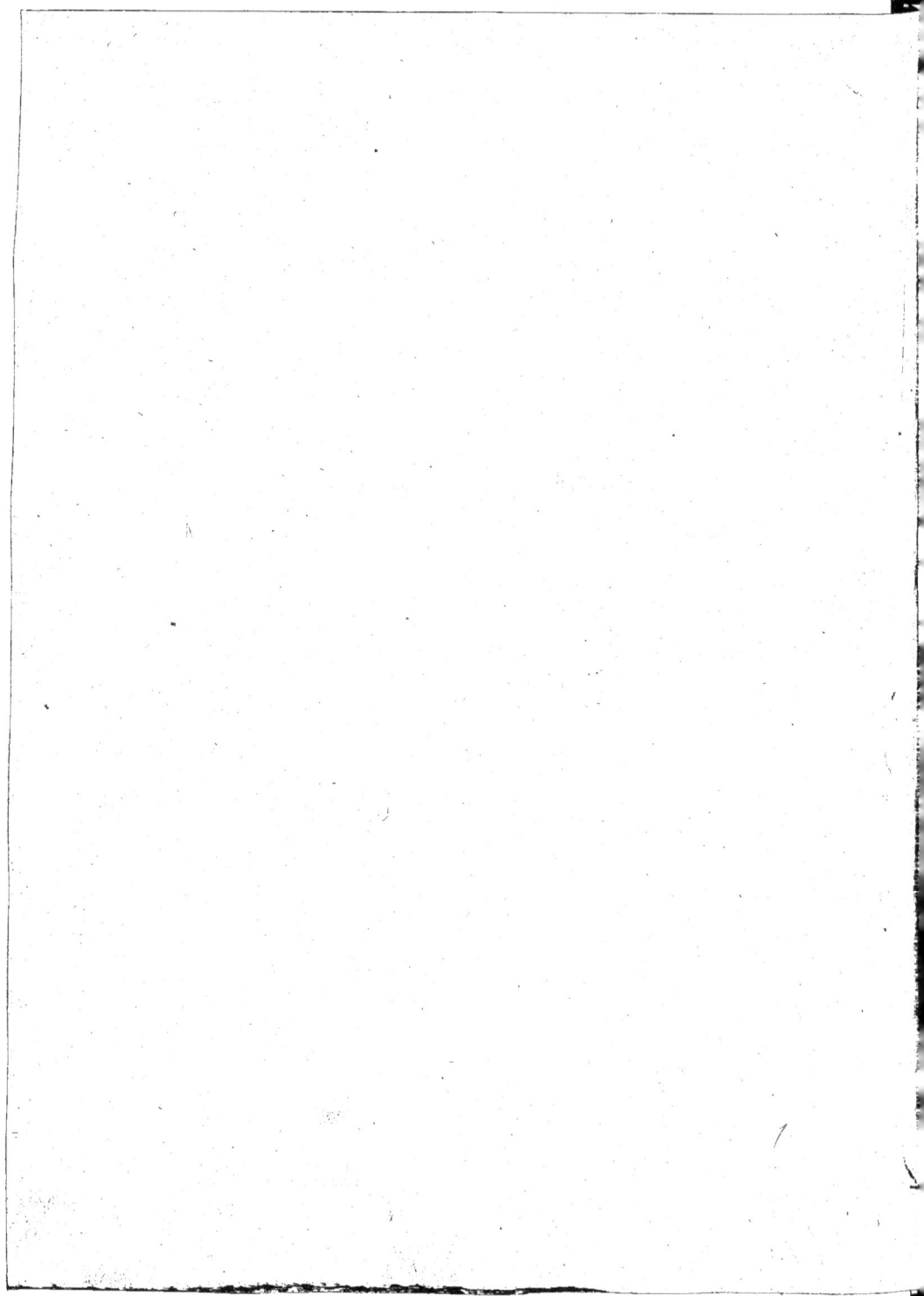

BASSIN HOUILLER ET PERMIEN

D'AUTUN ET D'ÉPINAC

MINISTÈRE DES TRAVAUX PUBLICS

ÉTUDES

DES

GITES MINÉRAUX

DE LA FRANCE

PUBLIÉES SOUS LES AUSPICES DE M. LE MINISTRE DES TRAVAUX PUBLICS
PAR LE SERVICE DES TOPOGRAPHIES SOUTERRAINES

BASSIN HOUILLER ET PERMIEN

D'AUTUN ET D'ÉPINAC

FASCICULE II

FLORE FOSSILE

PREMIÈRE PARTIE

PAR

R. ZEILLER

INGÉNIEUR EN CHEF DES MINES

TEXTE

PARIS

ANCIENNE MAISON QUANTIN
LIBRAIRIES-IMPRIMERIES RÉUNIES
MAY & MOTTEROZ, DIRECTEURS
7, rue Saint-Benoît

1890

INTRODUCTION

Le bassin d'Autun comprend principalement les deux formations houillère et permienne, la première sensiblement relevée sur la plus grande partie du pourtour du bassin, et la seconde s'appuyant sur elle avec une inclinaison de moins en moins prononcée à mesure qu'on s'avance vers le centre.

Ainsi que l'a indiqué M. Delafond dans l'étude stratigraphique qu'il a faite de ce bassin [1], les couches houillères peuvent être divisées en trois étages, celui d'Épinac à la base, et celui du Molloy au sommet, l'étage intermédiaire étant constitué par une importante série de grès et de poudingues stériles; la flore de ces couches atteste qu'elles appartiennent au terrain houiller supérieur. Le terrain houiller moyen n'est pas représenté, bien que l'on rencontre çà et là des lambeaux du Culm ou terrain houiller inférieur, nettement caractérisé par les empreintes végétales qui lui sont propres. Les couches permiennes, exploitées pour les schistes bitumineux qui entrent dans leur constitution, se divisent de même en trois étages, celui d'Igornay-Lally à la base, celui de la Comaille-Chambois ensuite, et au sommet celui de Millery; elles appartiennent au Permien inférieur.

Ces diverses couches, houillères et permiennes, étant assez riches en empreintes végétales, on peut suivre, en partant des plus inférieures pour arriver aux plus élevées, les transformations graduelles de la flore et voir s'introduire peu à peu, au milieu des espèces houillères, les types propres à l'époque permienne. Aussi l'étude de la flore du bassin d'Autun offre-t-elle

---

[1]. *Études des gites minéraux de la France.* — *Bassin houiller et permien d'Autun et d'Épinac.* Fascicule I : *Stratigraphie.*

1

un intérêt tout particulier, encore augmenté par cette circonstance, que l'on rencontre dans ce bassin, à divers niveaux de la formation permienne, mais surtout dans l'étage de Millery, des fragments de végétaux silicifiés, arrachés suivant toute vraisemblance à des couches plus anciennes. Ils offrent le plus souvent une conservation admirable, et ont été depuis longtemps mis à contribution par les paléobotanistes, qui ont tiré de leur examen microscopique des renseignements de la plus grande valeur sur la constitution des plantes de l'époque paléozoïque.

Bien qu'elles n'aient pas encore fait l'objet d'une étude monographique complète, les plantes fossiles de l'Autunois ont souvent figuré dans les travaux paléophytologiques, et les noms des auteurs qui se sont occupés de ces plantes seront fréquemment cités dans le cours du présent travail. Dès 1828, alors que l'on ne connaissait encore de la flore permienne que quelques empreintes d'une interprétation douteuse provenant des schistes du Mansfeld, Brongniart faisait remarquer[1], d'après des échantillons de Fougères recueillis à Muse par M. de Bonnard, la persistance de certains types houillers jusque dans l'époque permienne. En 1839, un échantillon silicifié recueilli à Autun lui permettait d'étudier la structure d'une tige de *Sigillaria*[2] et fournissait sur la constitution anatomique de ce genre éteint des renseignements dont les études ultérieures n'ont pu que confirmer la parfaite exactitude. Un peu plus tard, Unger faisait connaître, sous le nom de *Psaronius augustodunensis*[3], une espèce nouvelle de tige silicifiée de Fougère également recueillie à Autun. Puis, en 1849, dans son *Tableau des genres de végétaux fossiles*, Brongniart signalait un assez grand nombre d'observations faites par lui sur des échantillons silicifiés de l'Autunois, mentionnant l'existence parmi eux d'un *Anachoropteris*, de plusieurs espèces nouvelles de *Psaronius*, et de nouveaux types génériques, *Myeloxylon* et *Colpoxylon*.

---

1. *Prodrome*, p. 188.
2 *Archives du Muséum*, I, p. 405-461, pl. XXV-XXXV.
3. *Synopsis plant. foss.*, p. 14.

En 1877, M. Grand'Eury donnait[1] des listes détaillées des espèces observées par lui tant dans les schistes bitumineux que dans les couches houillères du bassin d'Autun. Enfin, dès 1869, M. B. Renault avait commencé, sur les végétaux silicifiés des environs d'Autun, les études qu'il n'a cessé depuis lors de poursuivre et qui portent sur presque tous les types de la flore paléozoïque, notamment sur les tiges, les pétioles et les fructifications de diverses Fougères, *Anachoropteris*, *Zygopteris*, *Botryopteris*, *Myelopteris*, *Scolecopteris*, etc., sur les *Annularia*, les *Asterophyllites*, les *Sphenophyllum*, sur des tiges fossiles de Lycopodes, sur le *Sigillaria spinulosa* (en collaboration avec M. Grand'Eury), sur les tiges, les écorces, les feuilles des Sigillaires, sur les *Sigillariopsis*, sur les *Poroxylon* (avec la collaboration, du moins pour une partie, de M. E. Bertrand), sur les Cordaïtées, les Cycadées, les Calamodendrées, enfin sur les graines de Gymnospermes qu'on rencontre si fréquemment à l'état isolé dans les magmas quartzeux[2].

Cette simple énumération, si résumée qu'elle soit, suffit à donner une idée de l'inépuisable richesse du bassin d'Autun en végétaux fossiles, particulièrement en échantillons silicifiés susceptibles d'être étudiés anatomiquement. Aussi, depuis longtemps, bon nombre d'amateurs du pays se sont-ils livrés à la recherche de ces intéressants débris de la flore houillère et permienne, et sont-ils parvenus à constituer d'importantes collections, dont certains d'entre eux ont bien voulu ensuite donner tout ou partie, soit au Muséum d'histoire naturelle, soit à l'École nationale des Mines.

1. *Flore carbonifère*, p. 511-517.
2. *Comptes-rendus Acad. sc.*, LXX, p. 119-121, p. 1070-1074, p. 1158-1160; LXXIV, p. 1295-1298; LXXVI, p. 546-548, p. 811-815; LXXVIII, p. 257-260, p. 879-882; LXXX, p. 202-206; LXXXII, p. 992-995; LXXXIII, p. 399-404, p. 546-549, p. 574-576; LXXXVII, p. 114-146, p. 414-416; LXXXVIII, p. 34-36; XCI, p. 860-861; XCII, p. 1165-1166; XCIV, p. 463-464, p. 1737-1739; XCVII, p. 649-651; CI, p. 1176-1178; CII, p. 227-230, p. 634-637, p. 707-709, p. 1410-1412, p. 1125-1127, p. 1347-1349; CIII, p. 765-767, p. 820-822; CV, p. 767-769, p. 890-893, p. 1087-1089. — *Ann. sc. nat., Bot.*, 5ᵉ sér., XII, p. 161-190; XVIII, p. 5-22; 6ᵉ sér., I, p. 220-240; III, p. 5-29; IV, p. 277-311; XV, p. 168-198. — *Mém. Savants étrang. Acad. sc.*, XXII, nᵒˢ 9, 10. — *Congrès scient. de France*, 42ᵉ sess., I, p. 288-311. — *Nouv. Archives Muséum*, 2ᵉ sér., II, p. 243-248. — *Cours de bot. foss.*, vol. I à IV. — *Ann. sc. géol.*, XII, p. 1-51. — *Mém. Soc. sc. nat. Saône-et-Loire*, 1886. — *Arch. bot. Nord de la Fr.*, II, p. 243-389. — *Bull. Soc. Hist. nat. Autun*, I, p. 121-199; II, p. 5-60, p. 485-487.

C'est ainsi qu'ont été réunis les échantillons qui ont servi de base au présent travail : il convient de citer en première ligne la superbe collection, comprenant à la fois des empreintes des schistes bitumineux d'Igornay et de Millery, et des tiges silicifiées d'Autun, recueillie par M. Roche ; puis la nombreuse série, tant d'empreintes que de végétaux silicifiés, récoltée par M. B. Renault lui-même dans l'Autunois, et ensuite diverses collections locales, celles notamment de M. l'abbé Lacatte et de M. Rigolot, déjà plusieurs fois mises par lui à contribution pour les études citées plus haut ; la riche collection de M. Ed. Pellat ; les nombreux échantillons, comprenant surtout des *Psaronius,* envoyés jadis à Brongniart par Mgr Landriot, enfin la belle série de *Psaronius* du gisement bien connu du Champ de la Justice, donnée en 1856 à l'École des Mines par M. Faivre.

Le travail qui va suivre sera divisé en deux parties : la première, consacrée aux Fougères, a été rédigée par M. Zeiller ; la seconde, comprenant les autres groupes de végétaux, est l'œuvre de M. Renault.

PREMIÈRE PARTIE

Fougères.

Les Fougères, habituellement reconnaissables au premier coup d'œil à leurs feuilles profondément découpées, sont caractérisées, au point de vue botanique, par la place qu'occupent leurs organes de fructification, situés à la face inférieure du limbe. Ces organes, appelés *sporanges,* se présentent généralement comme de petits sacs, globuleux ou piriformes, contenant un nombre considérable de corps unicellulaires très petits, les *spores.* Ces spores, une fois mises en liberté par la rupture de la paroi du sporange, se développent en un appareil végétatif rudimentaire, le prothalle, qui porte les organes mâles et les organes femelles; ce n'est qu'après la fécondation de la cellule femelle que se forme une nouvelle plante semblable à celle dont les spores étaient issues. Chez toutes les Fougères vivantes les spores d'une même plante sont semblables les unes aux autres, et les prothalles auxquelles elles donnent naissance portent indifféremment des organes mâles et des organes femelles, ou plus souvent portent à la fois des organes mâles et des organes femelles, tandis que, chez beaucoup d'autres plantes de l'embranchement des Cryptogames vasculaires, auquel appartiennent les Fougères, et plus fréquemment chez les espèces fossiles qu'à l'époque actuelle, les spores sont de deux sortes, les unes devant donner naissance à des prothalles exclusivement mâles, les autres à des prothalles exclusivement femelles.

Au point de vue des organes de végétation, les Fougères peuvent offrir, d'une espèce à l'autre, des différences considérables : les unes sont des plantes herbacées, quelquefois très petites, tandis que d'autres sont arborescentes et portent, au sommet de troncs verticaux dressés, hauts parfois de 20 mètres et plus, des bouquets de frondes longues de plusieurs mètres; chez les espèces herbacées, à frondes relativement petites, les tiges sont tantôt rampantes à la surface du sol ou sur l'écorce des arbres, tantôt souterraines, courant horizontalement, ou obliques et redressées à leur extrémité. Les frondes, toujours enroulées en crosse dans le bourgeon, sont, dans ces derniers cas, tantôt espacées le long de la tige, tantôt serrées en bouquet à son extrémité.

Constitution
des
frondes.

Quelquefois, mais rarement, ces frondes sont tout à fait simples, c'est-à-dire que le limbe ne constitue qu'une lame unique, de forme ovalaire ou rubanée, parfois cunéiforme, à bords entiers ou faiblement crénelés; mais le plus ordinairement le limbe est profondément divisé, et les découpures qu'il présente sont généralement disposées suivant le mode penné, les éléments de même ordre étant attachés, de part et d'autre d'un même axe, à peu près comme les barbes d'une plume. Les dernières divisions du limbe, simulant de petites folioles à bord entier ou plus ou moins profondément incisé, portent le nom de *pinnules*; ces pinnules sont tantôt fixées par un seul point à l'axe ou *rachis* qui les porte, tantôt sont attachées sur lui par toute leur largeur, tout en restant indépendantes de leurs voisines, tantôt enfin sont plus moins soudées les unes aux autres. Suivant qu'elles sont ainsi libres ou soudées, la portion de fronde, ou *penne,* qu'elles constituent par leur réunion le long d'un même axe, est dite *pinnée,* ou bien seulement *pinnatifide.*

Une fronde simplement constituée par deux séries de pinnules attachées l'une en face de l'autre le long de son axe principal ou *rachis primaire,* sera dite ainsi, soit simplement pinnée, soit simplement pinnatifide. Si les pinnules sont portées, non plus sur l'axe principal, mais sur ses ramifications latérales de premier ordre, sur les rachis secondaires, la fronde sera dans ce cas ou bipinnée, ou bipinnatifide, le rachis primaire portant ainsi, à droite et à gauche, une série de pennes primaires simplement pinnées ou pinnatifides. De même, si la fronde est plus profondément découpée encore, les pinnules pourront être fixées seulement sur les rachis de troisième ou de quatrième ordre, les dernières pennes, simplement pinnées ou simplement pinnatifides, étant les pennes secondaires ou les pennes tertiaires; la fronde est dite alors tripinnée ou tripinnatifide, quadripinnée ou quadripinnatifide.

Le rachis de dernier ordre qui porte les derniers éléments du limbe, les pinnules, envoie dans chacune de celles-ci un rameau qui en constitue la nervure primaire ou médiane, et duquel se détachent en général à leur tour d'autres ramules, constituant les nervures secondaires, habituellement disposées elles-mêmes suivant le mode penné, et tantôt simples, tantôt une ou plusieurs fois divisées. Ordinairement ces nervures de divers ordres restent indépendantes, mais chez certaines espèces elles se soudent les unes aux autres, s'anastomosent en un réseau plus ou moins complexe.

Pour les Fougères vivantes, on n'utilise, dans la classification, ces divers caractères du degré de découpure des frondes, du mode d'attache des pinnules, de leur système de nervation, qu'à titre tout à fait secondaire, les grandes lignes de la classification étant établies d'après la constitution des sporanges, d'après la disposition et la forme des groupes ou *sores* que ces sporanges constituent par leur réunion, enfin d'après l'existence ou l'absence d'une membrane protectrice, dite involucre ou indusie, pour recouvrir ces sores. Mais ces caractères, faciles à observer sur des échantillons vivants, ne peuvent que très rarement être utilisés à l'état fossile : les diverses parties d'une même plante, tiges, rameaux, feuilles, fleurs et graines, les diverses parties d'un même pied de Fougère ou les diverses pennes d'une même fronde, ayant généralement été dissociées et plus ou moins fragmentées avant de se déposer sur les sédiments dans lesquels on les retrouve aujourd'hui, on n'a le plus souvent sous les yeux que des débris incomplets, et, en ce qui concerne les Fougères, on ne rencontre le plus habituellement que des portions de frondes stériles, ou bien dépouillées des sporanges qu'elles ont pu porter, ou enfin ne présentant plus ceux-ci que dans un état de conservation tout à fait insuffisant. D'autre part si, chez la grande majorité des Fougères, les frondes fertiles sont semblables par leur mode de découpure et par la forme de leurs pinnules aux frondes stériles qui croissent sur le même pied, chez d'autres les frondes fertiles ou les portions fertiles des frondes diffèrent très notablement des frondes ou des portions de frondes stériles par la réduction notable ou même par la disparition totale du limbe ; lorsque ce cas de dimorphisme se présente pour les espèces éteintes, il devient impossible de rapporter les spécimens fructifiés qu'on rencontre à l'espèce, connue cependant sans doute par ses frondes stériles, dont ils dépendaient ; du moins n'y peut-on parvenir qu'à la suite de découvertes exceptionnellement heureuses montrant les portions fertiles et les portions stériles en rapport direct les unes avec les autres. En tout cas, lorsqu'on récolte une empreinte de fronde de Fougère non fructifiée, il est clair qu'on ne saurait, pour la déterminer, s'appuyer sur les caractères des organes de fructification, ceux-ci eussent-ils été observés ailleurs dans un état suffisamment parfait de conservation.

Classification d'après la forme des frondes. On est donc toujours obligé, dans la pratique, de recourir à une classification artificielle, fondée seulement sur les caractères qu'on peut observer sur des échantillons stériles. Cette classification, proposée par Brongniart, repose d'une part sur le mode d'attache et la forme des pinnules, d'autre part sur le mode de distribution des nervures à l'intérieur de celles-ci ; elle comprend six groupes principaux, qui vont être énumérés.

Les *Sphénoptéridées,* à fronde finement découpée, à pinnules généralement petites, rétrécies en coin vers leur base, souvent plus ou moins profondément dentelées ou lobées, à nervure médiane se divisant au-dessous du sommet, à nervures secondaires simples ou ramifiées, naissant et se divisant sous des angles assez aigus.

Les *Pécoptéridées,* à pinnules attachées au rachis par toute leur largeur, à bords latéraux à peu près parallèles, généralement entières, contiguës, parfois plus ou moins soudées les unes aux autres, à nervure médiane nette se continuant d'ordinaire presque jusqu'au sommet, à nervures secondaires affectant une disposition pennée, se détachant sous des angles assez ouverts, simples ou plus fréquemment une ou deux fois bifurquées.

On distingue souvent, dans ce groupe, une section particulière, constituée par des Fougères à pinnules plus grandes, plus inclinées sur le rachis qui les porte, décurrentes le long de ce rachis, et parcourues par des nervures secondaires plus obliques et plus nombreuses; ce sont les *Aléthoptéridées*, directement reliées d'ailleurs aux Pécoptéridées vraies par l'intermédiaire des deux genres *Callipteridium* et *Callipteris*.

Les *Odontoptéridées*, à pinnules également fixées au rachis par toute leur largeur, mais dépourvues de nervure médiane véritable, à nervures secondaires nombreuses, naissant directement du rachis et plusieurs fois divisées par dichotomie.

Les *Névroptéridées*, à pinnules habituellement assez grandes, arrondies et souvent échancrées en cœur à leur base, attachées par un seul point, à nervures secondaires nombreuses se détachant de la nervure médiane sous des angles aigus et plusieurs fois dichotomes, partant parfois directement en divergeant du point d'attache même des pinnules.

Les *Ténioptéridées*, à frondes ou à pennes simples, rubanées, beaucoup plus longues que larges, à bords entiers ou faiblement crénelés, munies d'une nervure médiane nette, à nervures secondaires plus ou moins étalées, simples ou plus ordinairement une ou plusieurs fois dichotomes.

Les *Dictyoptéridées*, comprenant toutes les formes dans lesquelles les nervures, au lieu de rester indépendantes comme dans les cinq groupes précédents, s'anastomosent en un réseau plus ou moins complexe. Toutefois certains genres de Dictyoptéridées se rattachent trop étroitement, par la forme de leurs pinnules et la disposition de leurs nervures, à tel ou tel autre groupe pour qu'il soit possible de les en séparer : tel est, par exemple, le genre *Dictyopteris*, qu'on est forcément conduit à classer parmi les Névroptéridées, à cause de ses analogies avec le genre *Nevropteris*.

Bien que, parmi les genres qui entrent dans la constitution de ces groupes, il s'en trouve quelques-uns d'apparence très homogène et qu'on soit fondé à croire à de véritables affinités naturelles entre les différentes espèces qu'ils renferment, dans la plupart des cas cette classification, la seule qu'il soit possible d'employer lorsqu'on n'a affaire qu'à des débris incomplets, conduit à réunir les unes à côté des autres des espèces plus ou moins hétérogènes quant à leur mode de fructification. C'est du moins ce

2

que l'on a constaté plus d'une fois par l'étude des échantillons fertiles qu'on a réussi à découvrir et dont on a pu reconnaître la constitution : on a été conduit alors à créer, parallèlement aux cadres de la classification fondée sur les formes des pinnules et sur leur nervation, une série d'autres cadres, encore très incomplets, établis d'après les caractères de la fructification, et qui constituent les premiers éléments d'une classification conforme à celle qui est adoptée pour les Fougères vivantes.

Classification
d'après
la constitution
des
sporanges.
Je crois utile, bien que j'aie traité ailleurs le même sujet avec plus de détails[1], de rappeler ici les principes de cette classification, en indiquant pour chacune des grandes familles de Fougères de la flore actuelle, quels sont les caractères qui la distinguent, si l'on en connaît des représentants dans les couches houillères et permiennes du bassin d'Autun, et quelles sont, dans ce cas, les formes qui peuvent lui être rattachées.

Les sporanges des Fougères procèdent de l'épiderme de la feuille et ne sont autre chose que des poils transformés ; mais l'on peut diviser tout d'abord, au point de vue de l'origine et de la constitution de ces sporanges, les Fougères en deux grands groupes, ou sous-classes : les Leptosporangiées, ou Fougères proprement dites, chez lesquelles chaque sporange a pour origine une seule cellule épidermique et présente, lorsqu'il est mûr, des parois formées d'une seule assise de cellules ; et les Eusporangiées, ou Marattioïdées, chez lesquelles chaque sporange procède d'un groupe de plusieurs cellules épidermiques et présente à maturité des parois relativement épaisses, constituées par plusieurs assises de cellules.

1er Groupe. — *Leptosporangiées.*

Chez les Fougères de ce groupe, la paroi du sporange est formée, sur la plus grande partie de son étendue, de cellules à mince paroi ; mais un certain nombre d'autres cellules, disposées l'une à la suite de l'autre en une file qui fait, au moins en partie, le tour du sporange, ou bien encore réu-

1. *Bassin houiller de Valenciennes. Flore fossile*, p. 16-63.

nies en groupe les unes à côté des autres, présentent des dimensions plus grandes que celles du reste de la surface et offrent, sur leur face interne et sur leurs faces latérales, des parois plus fortement épaissies. L'*anneau*, ou la plaque, ainsi constitué tendant à changer de courbure par la dessiccation, le sporange se rompt normalement à la direction de l'anneau, et les spores sont mises en liberté. L'anneau peut être complet ou incomplet, dirigé dans un plan passant par le point d'attache du sporange, ou, au contraire, normal à la direction du pédicelle; c'est d'après ces différences qu'on divise en une série de familles distinctes, qui vont être énumérées, ce groupe des Leptosporangiées, ou des Fougères à sporanges annelés et à mince paroi.

HYMÉNOPHYLLÉES. — Chez les Hyménophyllées, les sporanges sont piriformes, munis sur tout leur pourtour, à la hauteur de leur plus grand diamètre, d'un anneau transversal complet (Fig. 1 B, C); ils s'attachent par leur extrémité la plus amincie, en nombre assez considérable, sur un prolongement des nervures au delà du limbe de la feuille, formant ainsi, à l'extrémité des lobes des folioles, des sortes de petits épis, plus ou moins complètement recouverts par une

FIG. 1. — A. *Hymenophyllum bivalve.* Sw. Penne fertile grossie (d'après Hooker). — B, C. *Hymen. hirsutum* Sw. Sporanges grossis 35 fois : A, vu de face; B, vu de côté.

membrane tantôt divisée en deux valves (Fig. 1 A), tantôt en forme d'urne.

J'ai observé, sur certains *Sphenopteris* de l'étage houiller moyen, des fructifications qui, d'après la forme des sporanges, la disposition de leur anneau, la situation qu'ils occupent, m'ont paru pouvoir être rapportées à la famille des Hyménophyllées; celle-ci aurait donc existé à l'époque paléozoïque, et l'on peut s'attendre à en rencontrer des représentants dans les formations houillère ou permienne du bassin d'Autun, mais on n'en a pas encore signalé.

FIG. 2. — *Mertensia pubescens.* Willd. Sporanges grossis 35 fois, l'an vu de côté, l'autre vu en dessus.

GLEICHÉNIÉES. — Les sporanges des Gleichéniées sont tantôt en forme de toupie avec un anneau transversal complet à leur équateur (Fig. 2), tantôt piriformes, avec un anneau transversal légèrement oblique (Fig. 3). Ils sont réunis au nombre de 3 à 12 autour d'un même point, constituant ainsi des sores arrondis, placés sur les nervures à la face inférieure du limbe, et dépourvus d'indusie.

Gleichéniées fossiles.

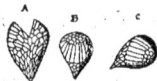

Fig. 3. — *Mertensia dichotoma.* Willd. Sporanges grossis 35 fois : A, vu en dessus; B, C, vus de côté.

J'ai rapporté à cette famille, à cause de la constitution de ses sporanges, le genre *Oligocarpia* de l'étage houiller moyen, qui n'a pas encore été rencontré dans l'Autunois; je dois ajouter, il est vrai, que cette attribution a été contestée par M. Stur, qui ne voit dans l'anneau des *Oligocarpia* qu'un accident de déformation, un allongement des cellules dû à la compression, et qui classe ce genre parmi les Marattiacées.

J'ai indiqué ailleurs les raisons qui me semblent militer contre cette interprétation[1]; dans tous les cas, l'existence des Gleichéniées à l'époque paléozoïque, ou du moins de Fougères à sporanges constitués comme ceux des Gleichéniées, me paraît mise hors de doute par une découverte faite par M. B. Renault dans les magmas quartzeux d'Autun : il a rencontré à deux reprises, dans des préparations faites sur ces quartz, des sporanges munis d'un anneau transversal complet placé exactement comme chez les Gleichéniées. Il a eu l'extrême obligeance de me communiquer, en vue du présent travail, ces deux intéressants échantillons, d'après lesquels ont été dessinées, à la chambre claire, les figures ci-contre.

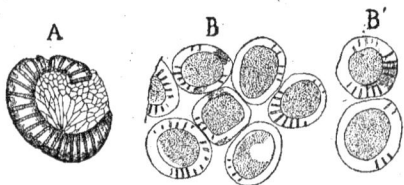

Fig. 4. — A, Sporange isolé de Gleichéniée, grossi 35 fois. Quartz d'Autun. — B, B'. Sporanges de Gleichéniées réunis par groupes, grossis 35 fois. Quartz d'Autun.

La figure 4 A montre le mieux conservé des deux sporanges qui se trouvent sur l'une de ces préparations : il était parvenu à maturité, et s'est ouvert par suite de la rupture de son

1. *Bassin houiller de Valenciennes. Flore fossile*, p. 54-55.

anneau; les débris de la portion supérieure ayant disparu, sans doute par suite de l'amincissement même de la lame, on voit par le côté interne la portion inférieure du sporange, constituée par une seule assise de cellules à paroi mince; l'allongement plus marqué de quelques-unes de celles-ci et la convergence vers un même point des lignes qui les limitent indiquent incontestablement le point d'attache du sporange. En se rompant, l'anneau s'est légèrement gauchi, et ses deux extrémités ne se trouvent plus dans un même plan, ainsi qu'on le constate par l'impossibi-lité, à des grossissements un peu forts, de les mettre au point en même temps; l'une d'elles, un peu infléchie, est vue obliquement et semble ter-minée en pointe, tandis que l'autre, vue à plat, est très nettement tronquée. C'est, du reste, ce qui a lieu également sur celui des deux sporanges de *Mertensia pubescens* qui, sur la figure 2, se trouve vu en dessous, et avec lequel le sporange fossile de la figure 4 A offre une ressemblance saisissante, pour ne pas dire une identité parfaite.

L'autre préparation comprend un certain nombre de sporanges réunis par petits groupes, très rapprochés les uns des autres; la figure 4 B montre l'un de ces groupes, et la figure 4 B′ deux sporanges d'un autre groupe. Ces sporanges, notablement plus petits que celui de la figure 4 A et pouvant fort bien provenir d'une autre espèce, sont loin évidemment d'être arrivés à maturité. Ils sont remplis à l'intérieur d'une masse jaunâtre, finement granuleuse, non encore segmentée en spores distinctes. L'anneau, vu à plat, est très nettement visible sur tous ces sporanges; mais, sur la plupart d'entre eux, les parois séparatives des cellules, qui, au moment de la fossilisation, n'avaient probablement pas acquis leur consistance et leur épaisseur définitives, sont en partie indiscernables, le quartz offrant, peut-être par suite de sa pénétration par le baume, une transparence uniforme; néanmoins on distingue très bien, dans certaines régions, notamment sur l'un des sporanges de la figure 4 B′, les cellules consti-tutives de l'anneau, qui est placé transversalement et entoure complète-ment le sporange.

Il est à souhaiter que des découvertes ultérieures fassent connaître les frondes qui portaient ces sporanges et qui, d'après la constitution de ceux-ci, devraient être rapportées à la famille des Gleichéniées.

CYATHÉACÉES. — Les sporanges des Cyathéacées sont, comme ceux des Gleichéniées, munis d'un anneau complet; mais cet anneau est placé très obliquement et passe contre le pédicelle du sporange, qui s'ouvre par une fente transversale (Fig. 5).

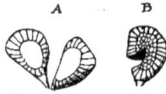

FIG. 5. — *Alsophila gigantea.* Wall. Sporanges grossis 35 fois : A, sporanges fermés ; B, sporange ouvert.

Ces sporanges sont habituellement réunis en grand nombre, constituant des sores globuleux, nus ou protégés par une indusie. Il existe toutefois un genre dans lequel ils sont seulement au nombre de 6 à 8 dans chaque sore, disposition qui rappelle les Gleichéniées et qui se retrouve chez un assez grand nombre de Fougères fossiles de l'Infralias, considérées par plusieurs auteurs comme intermédiaires entre les Gleichéniées et les Cyathéacées ; mais ces formes particulières n'ont pas été jusqu'à présent, non plus que les Cyathéacées vraies, observées dans les formations paléozoïques.

POLYPODIACÉES. — Les Polypodiacées ont des sporanges munis d'un anneau longitudinal incomplet, placé dans le plan diamétral passant par le pédicelle (Fig. 6). Ces sporanges forment par leur réunion des sores de formes variables, tantôt nus, tantôt recouverts d'une indusie. C'est d'après la présence ou l'absence de cette membrane protectrice, d'après la position et la forme des sores, que l'on répartit en diverses tribus les Fougères de cette famille, la plus nombreuse de la flore actuelle, mais dont la présence n'a pas encore été constatée dans les terrains houillers ou permiens.

FIG. 6. — *Polypodium vulgare.* L. Sporange grossi 35 fois.

SCHIZÉACÉES. — Chez les Schizéacées, l'anneau est terminal : les cellules qui le composent sont disposées tout autour du pôle du sporange opposé au point d'attache, formant ainsi une calotte apicale à déhiscence longitudinale (Fig 7).

FIG. 7. — *Schizœa trilateralis.* Schk. Sporanges grossis 35 fois.

On n'a pas encore observé de sporanges ainsi constitués dans les couches paléozoïques, bien que quelques Fougères houillères, constituant un groupe à part, celui des Diplotmémées, rappellent par leur mode particulier de végétation le genre *Lygodium* de la famille des Schizéacées [1].

OSMONDÉES. — Dans cette famille, les cellules à parois épaissies qui doivent par leur contraction déterminer la rupture du sporange, ne sont plus disposées en une seule série sur le pourtour ou à l'extrémité de celui-ci; elles sont réunies en plus ou moins grand nombre les unes à côté des autres et forment ainsi une calotte ou plaquette saillante placée sur le côté, un peu au-dessus du point

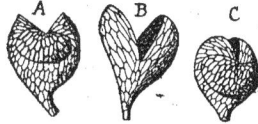

FIG. 8. — *Osmunda regalis*. L. Sporanges grossis 35 fois : A, C, vus du côté de la plaque élastique; B, vu du côté opposé.

d'attache (Fig. 8), et occupant parfois près du quart de la surface totale du sporange (Fig. 8 C); la déhiscence a lieu suivant un plan passant par le

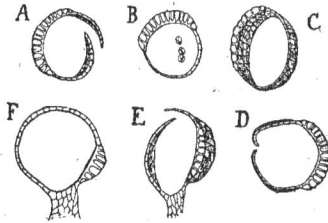

FIG. 9. — *Osmunda regalis*. L. Sections diverses de sporanges, grossies 35 fois. A, B, C, D, sections transversales; E, F, sections passant par le pédicelle.

pédicelle. La figure 9 montre, par des coupes diversement orientées, l'épaisseur plus grande des cellules de la plaque élastique, comparativement à celles qui constituent le reste de la paroi.

L'existence des Osmondées à l'état fossile avait été constatée par M. Renault d'abord, puis

Osmondées fossiles.

par M. Schenk, dans des couches appartenant à l'époque jurassique. Quant aux formations plus anciennes, elles n'avaient jusqu'à présent fourni aucun échantillon fructifié qui pût être rapporté à cette famille; mais, dans des préparations faites par lui sur des fragments de quartz d'Autun, M. B. Renault a rencontré d'assez nombreux sporanges qui présentent tous les caractères des Osmondées; ils sont associés à des pinnules de Fougères

---

1. On peut, il est vrai, rapprocher également les Diplotmémées, dont je parlerai plus loin, de certaines Gleichéniées (*Bassin houiller de Valenciennes. Flore fossile*, p. 143).

de 4 à 6 millimètres de largeur, dont les bords sont plus ou moins fortement repliés en dessous et dont la préparation montre diverses coupes transver-

Fig. 10. — Fragment d'une préparation faite dans un échantillon de quartz d'Autun, montrant des coupes de pinnules de Fougères avec des sporanges munis d'une plaque élastique. Grossi 5 fois.

sales ou un peu obliques (Fig. 10); quelques-unes de ces pinnules présentent à la partie inférieure un rachis assez saillant; mais la conservation n'en est pas assez parfaite pour qu'il soit possible de reconnaître la constitution du faisceau vasculaire qui devait en former la nervure médiane. La plupart des sporanges paraissent détachés; quelques-uns d'entre eux pourtant (Fig. 11 A) adhèrent encore par leur pédicelle à des débris d'épiderme.

Au premier coup d'œil, on croirait, en examinant cette préparation, avoir affaire à des sporanges munis d'un anneau transversal simple, unisérié et plus ou moins complet; mais un examen plus attentif de ceux même des sporanges qui semblent le plus nettement n'offrir qu'un anneau unisérié,

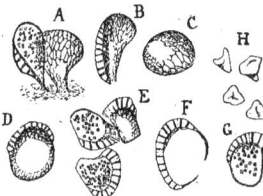

Fig. 11. — A à G, sporanges de la préparation Fig. 10, grossis 35 fois. — H, spores des mêmes sporanges, grossies 150 fois.

comme ceux de la figure 11 D et F, montre qu'en abaissant l'objectif du microscope on rencontre, au-dessous de la première série de cellules épaissies, d'autres cellules semblables situées plus profondément et formant, par leur réunion avec les premières, une plaquette exactement semblable à celle des Osmondes ; cette plaquette est d'ailleurs visible sur quelques sporanges à peine entamés par la coupe, comme Fig. 11 A (à droite) et 11 C. Si l'on compare en outre ces divers sporanges avec les sections de sporanges d'Osmonde de la Fig. 9, on remarquera l'extrême ressemblance que présentent respectivement les Fig. 11 A et B et Fig. 9 E et F, Fig. 11 D et Fig. 9 C, Fig. 11 E, F, G et Fig. 9 A, B, D.

Sur tous ces sporanges, la paroi se montre formée d'une seule assise de cellules, et la différence entre la portion épaissie et le reste de l'enveloppe est dès plus accusées. On a bien nettement affaire à une Fougère leptosporangiée, et l'on retrouve sur ces sporanges tous les caractères essentiels de ceux des Osmondées ; ils sont seulement sensiblement plus petits que ceux des *Osmunda* et même des *Todea*; mais on sait que les diverses espèces d'un même genre vivant peuvent offrir à cet égard de notables différences. Leurs spores (Fig. 11 A, E, G, H) sont en même temps bien plus petites que celles des Osmondées et rappelleraient plutôt, par leurs dimensions, celles des Marattiacées.

Ces sporanges ayant été observés sur plusieurs préparations, il est permis d'espérer qu'on rencontrera un jour dans les quartz d'Autun des échantillons assez complets pour qu'il soit possible, par des coupes convenablement orientées, de reconnaître la forme et la nervation des pinnules dont elles dépendaient et peut-être de déterminer, au moins génériquement, quelle était la Fougère qui présentait ces intéressantes fructifications.

2ᵐᵉ *Groupe. — Eusporangiées.*

Chez les Eusporangiées ou Marattioïdées, les sporanges ont des parois épaisses, constituées, tout au moins dans certaines régions, par plusieurs assises de cellules ; ils n'offrent pas, comme ceux des Leptosporangiées, d'anneau nettement différencié et délimité ; toutefois chez l'un des genres de la famille des Marattiacées, le genre *Angiopteris,* on observe, sur une portion du sporange, des cellules qui diffèrent quelque peu de leurs voisines par leur forme et par leur couleur, et qu'on peut regarder comme une sorte d'anneau rudimentaire[1], bien que, ni par leurs dimensions, ni par l'épaississement de leurs parois, elles ne présentent, par rapport aux autres cellules de l'enveloppe, ces différences marquées qui caractérisent l'anneau des Leptosporangiées. Mais on a constaté, chez certaines Fougères paléozoïques,

1. Strassburger, *Jenaische Zeitschrift,* VIII, p. 94, pl. III, fig. 17.

l'existence d'anneaux ou de bandes à plusieurs rangs de cellules nettement différenciées, sur des sporanges dont la paroi est certainement formée de plusieurs
assises de cellules et qui, pour ce motif, ne sauraient être classées que parmi
les Eusporangiées; on peut rapprocher ce fait de celui qui a été observé chez
les *Angiopteris,* tout en restant incertain si les Fougères qui présentent ce
double caractère d'avoir des sporanges à la fois munis d'une plaquette ou
d'une bande élastique bien caractérisée, et d'une paroi épaisse à plusieurs
assises de cellules, doivent être rattachées à l'une ou à l'autre des familles
actuellement connues parmi les Eusporangiées, ou bien former des familles
distinctes.

Les Eusporangiées vivantes ne comprennent d'ailleurs que deux familles,
différant l'une de l'autre par la disposition de leurs sporanges, ceux-ci étant,
dans une de ces familles, fixés, comme chez les Fougères proprement dites, sur
la face inférieure du limbe, tandis que, dans l'autre, ils sont plongés dans le
tissu même de la feuille.

MARATTIACÉES. — Les Marattiacées, qui constituent la première de ces
deux familles, ont ainsi leurs sporanges placés à l'extérieur et à la face
inférieure des feuilles, réunis par petits groupes, et tantôt indépendants
les uns des autres, tantôt plus ou moins complètement soudés entre eux et
formant alors des sortes de capsules *(synangium)* à plusieurs loges.

Cette famille, à laquelle on rapporte un grand nombre de types de fructification observés sur des Fougères paléozoïques, ne comprend aujourd'hui
qu'un très petit nombre de genres, cantonnés dans les régions tropicales
ou subtropicales, et dont les organes fructificateurs rappellent plus ou
moins, par leurs modes de groupement, ceux des formes éteintes de l'époque
permo-carbonifère.

Chez les *Angiopteris,* dont les feuilles, portées sur une tige courte et
épaisse, atteignent plusieurs mètres de longueur, et auxquels plusieurs
Fougères houillères, telles que les *Alethopteris* et les *Nevropteris,* devaient
ressembler par leur port, les sporanges sont indépendants : ils sont fixés
le long des nervures latérales, au voisinage de leur sommet, étalés de part
et d'autre de chacune d'elles contre la surface du limbe, formant ainsi des

sores ovales-linéaires, dont la nervure occupe le grand diamètre; étroitement serrés les uns contre les autres, ils affectent une forme ovoïde, et s'ouvrent par une fente longitudinale (Fig. 12); du côté opposé à leur insertion sur la nervure, ils présentent un léger aplatissement (Fig. 12 B), et c'est sur le bord supérieur de cette région aplatie qu'on distingue la bande de cellules constituant le rudiment d'anneau dont il a été parlé un peu plus haut. Les cellules de cette bande, qui des-

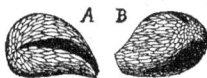

Fig. 12. — *Angiopteris evecta*. Hoffm. Sporanges grossis 35 fois : A, vu en dessus; B, vu de côté.

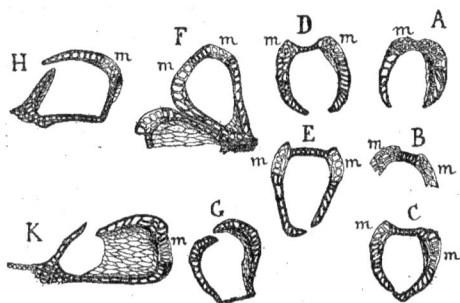

cend latéralement sur les deux côtés du sporange, sont remplies d'air et ont leurs parois incolores, tandis que les cellules du reste de l'enveloppe sont fortement colorées en brun; de là une différence d'aspect, peu sensible, il est vrai, lorsqu'on regarde le sporange à l'extérieur (Fig. 12 B), mais nettement accusée sur des coupes minces, ainsi que le montrent les figures 13 A-K, dans lesquelles les parois colorées des cellules sont teintées en noir par des hachures, tandis que les cellules incolores de la bande m ont été laissées en blanc; la coupe A étant faite presque tangentiellement à la surface du sporange, à l'origine

Fig. 13. — Sections de sporanges d'*Angiopteris evecta*, grossis 35 fois. A, B, C, D, E, F, sections à peu près parallèles au plan du limbe. G, section normale au grand axe du sporange. H, K, sections à peu près normales à la nervure sporangifère. m, bande de cellules incolores.

même de la bande m, celle-ci paraît occuper une étendue assez importante, tandis que sur les coupes suivantes, B, C, D, E, F, menées parallèlement au plan du limbe ou à peu près, et plus ou moins rapprochées de celui-ci, ses deux branches latérales n'occupent qu'un espace plus restreint. Il en est de même sur les coupes longitudinales H, K, menées à peu près perpendiculairement à la nervure sur laquelle s'attachent les sporanges. On voit que les cellules de cette bande ont à peu près les mêmes dimensions et la même épaisseur que leurs voisines, à l'exception toutefois des cellules de la région dorsale aplatie du sporange, qui sont moins développées en hauteur et qui constituent une assise peu épaisse, mais très coriace. En tout cas, si l'on se reporte aux figures précédentes montrant la constitution de l'anneau des Leptosporangiées, on voit qu'il n'y a avec celui-ci qu'une analogie fort éloignée.

Dans le genre *Marattia*, la disposition des sporanges est la même que dans le genre *Angiopteris*; mais, de chaque côté de la nervure, les sporanges,

Fig. 14. — Coupe transversale d'un synangium de *Marattia*, grossi (d'après Hooker et Baker).

au lieu d'être simplement contigus, sont entièrement soudés les uns aux autres, formant ainsi un corps à contour semi-elliptique, divisé en plusieurs loges, qui s'ouvrent par une fente normale à la nervure. Au début, ces deux corps sont eux-mêmes appliqués l'un contre l'autre par leurs faces ventrales, constituant un synangium ovoïde, à déhiscence longitudinale; à maturité, ils se séparent et s'écartent l'un de l'autre en se renversant plus ou moins contre le limbe de la feuille (Fig. 14).

Chez les *Danœa*, les sporanges sont dressés, disposés en deux séries linéaires le long des nervures latérales, soudés les uns aux autres par leurs bords et profondément enfoncés dans le limbe de la feuille. Ils s'ouvrent à leur sommet par un pore arrondi.

Dans le genre *Kaulfussia*, ils sont attachés en cercle autour d'un centre commun et forment par leur soudure mutuelle un synangium cupuliforme à contour circulaire; ils s'ouvrent sur la face tournée vers le centre, par une fente placée au voisinage de leur sommet (Fig. 15).

Fig. 15. — *Kaulfussia æsculifolia*. Bl. Synangium coupé diamétralement, grossi (d'après Hooker et Baker).

Marattiacées fossiles.

Ainsi qu'il a été dit tout à l'heure, un grand nombre de Fougères houillères ont été reconnues, par leurs sporanges coriaces dépourvus d'anneau, comme des Marattiacées plus ou moins voisines des types génériques qui viennent d'être énumérés; mais elles diffèrent de ceux-ci par le mode de groupement des sporanges; ceux-ci sont, du reste, tantôt indépendants, comme dans le genre *Angiopteris,* tantôt soudés en synangium; seulement ces synangium affectent d'autres formes que ceux des *Marattia,* des *Danæa* ou des *Kaulfussia;* enfin, dans certaines espèces, le limbe disparaît complètement, et les sporanges sont groupés sur le bord ou au bout des ramifications du rachis, formant des grappes ou des épis dont l'aspect ne rappelle en rien celui des portions stériles de la fronde.

On a établi, d'après les divers caractères de ces fructifications, parmi les Marattiacées houillères, une douzaine environ de genres différents, parmi lesquels je me bornerai à mentionner ceux qui ont été observés dans l'étage houiller supérieur ou dans le Permien et qui, s'ils n'ont pas encore été tous reconnus dans le bassin d'Autun, ont du moins, d'après l'âge des couches de ce bassin, chance d'y être rencontrés.

Dans le genre *Renaultia* Zeiller (1883), les sporanges sont indépendants, ovoïdes, isolés ou groupés en petit nombre à l'extrémité des nervures (Fig. 16); à leur sommet on remarque quelques cellules polygonales, un peu différentes par leur forme des cellules plus allongées du reste de la surface, et qui rappellent celles de l'anneau rudimentaire des *Angiopteris.*

Plusieurs espèces de *Sphenopteris,* dont un certain nombre se rencontrent dans le Houiller supérieur,

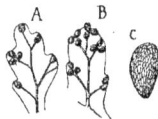

Fig. 16. — A, B, *Renaultia microcarpa.* Lesq. (sp). Pinnules fertiles (d'après Kidston) — C, *Renaultia chærophylloides* Brong. (sp.). Sporange grossi 35 fois.

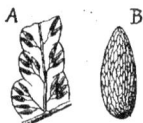

Fig. 17.— *Dactylotheca dentata.* Brong. (sp.). A. segment fertile grossi 6 fois; B, sporange grossi 35 fois.

appartiennent par leurs fructifications au genre *Renaultia.*

Dans le genre *Dactylotheca* Zeiller (1883), les sporanges sont également indépendants, ovoïdes, mais plus effilés vers leur sommet, et au lieu d'être groupés à l'extrémité des nervures, ils sont appliqués sur celles-ci, tournant leur pointe vers le bord des pinnules (Fig. 17). Sur chacun d'eux on remarque une mince bande longitudinale constituée par des cellules plus étroites ; c'est sans doute suivant cette bande qu'avait lieu la déhiscence.

Un certain nombre de *Pecopteris* du terrain houiller ont été reconnus comme présentant des fructifications ainsi constituées, notamment le *Pec. dentata,* qu'on trouve à Épinac.

Dans le genre *Danæites* Gœppert (1836), les sporanges sont, d'après les observations de M. Stur, groupés au nombre de 8 à 16 le long de chacune des nervures secondaires des pinnules fertiles, les uns d'un côté de la nervure, et les autres de l'autre côté ; ils sont profondément enfoncés dans le parenchyme, soudés latéralement les uns aux autres, et s'ouvrent par un pore placé à leur sommet, disposition qui rappelle celle des *Danæa* vivants (Fig. 18).

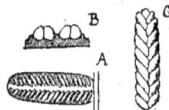

Fig. 18. — *Danæites saræpontanus.* Stur. — A, pinnule fertile ; B, coupe de deux sores contigus, grossie ; C, sore composé de 16 sporanges, grossi (d'après Stur).

Ce type de fructification a été observé sur quelques *Pecopteris* du terrain houiller, provenant les uns de l'étage moyen, les autres de l'étage supérieur de ce terrain.

Le genre *Asterotheca* Presl (1845) est caractérisé par ses sporanges ovoïdes, soudés par trois à cinq, rarement davantage, et le plus habituellement par quatre, autour d'un réceptacle légèrement saillant ; chaque groupe de sporanges constitue ainsi un synangium sessile dressé normalement au limbe (Fig. 19).

Fig. 19. — A. Synangium d'*Asterotheca*, vu en dessus, grossi. B, synangium coupé verticalement, grossi (d'après Grand'Eury).

Ces synangium sont habituellement bisériés sur chaque pinnule, formant deux rangées parallèles, séparées par la nervure médiane ; chacun d'eux est attaché sur l'une des nervures secondaires, soit vers le milieu de celle-ci, soit vers sa base, et plus rarement près de son extrémité, au voisinage du bord du limbe. Il paraît résulter de diverses observations faites sur les espèces appartenant à ce genre, que les sporanges, d'abord dressés et étroitement appliqués les uns contre les autres, devaient s'écarter plus ou moins à la maturité pour se déverser vers l'extérieur, et qu'ils s'ouvraient alors par une fente longitudinale située sur leur face ventrale. Cette disposition serait, en somme, assez analogue à celle des *Marattia*, sauf que, dans ce dernier genre, les synangium sont formés d'un plus grand nombre de sporanges, et ne s'ouvrent qu'en deux valves, les sporanges de chacune de celles-ci restant complètement soudés les uns aux autres.

Dans quelques espèces d'*Asterotheca*, les sporanges d'un même synangium ne sont pas tous absolument semblables : ceux qui sont placés du côté du bord de la pinnule sont alors plus grands que ceux qui sont tournés vers la nervure médiane, ce qui peut tenir simplement à ce qu'ils étaient moins gênés dans leur développement.

Bien que, chez la plupart des *Asterotheca*, les synangium soient seulement bisériés, je crois qu'il faut rattacher au même genre quelques autres *Pecopteris*, dont les synangium ne me semblent différer de ceux des *Asterotheca* que parce qu'ils sont plurisériés, chaque nervule en portant deux ou même trois au lieu d'un seul. M. Renault a observé cette disposition sur des échantillons silicifiés de *Pecopteris densifolia* et de *Pec. oreopteridia*, trouvés les uns à Autun, les autres à Grand-Croix[1], et que M. Stur a pris pour types d'un genre nouveau, le genre *Grand'Eurya*[2]. Mais j'ai constaté chez le *Pec. Platoni*[3] cette même disposition plurisériée sur certaines portions de la fronde à grandes pinnules, tandis que sur d'autres les synangium affectent la disposition bisériée habituelle des *Asterotheca*; quant aux autres caractères qui ont paru à M. Stur légitimer la création d'un genre nouveau, comme la soudure en apparence moins prononcée des sporanges et leur écartement relatif, je crois qu'ils dépendent uniquement de l'état de maturité plus avancé des échantillons. M. Renault a bien voulu d'ailleurs me communiquer

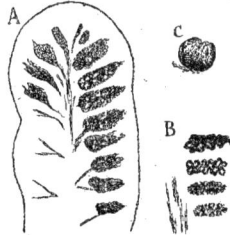

FIG. 20. — Portions de pinnules de *Pecopteris* fructifiées portant des synangium d'*Asterotheca* plurisériés, grossis 9 fois. — Quartz d'Autun.

1. B. Renault, *Cours de bot. foss.*, III, p. 110, 113, pl. 19.
2. Stur, *Zur Morph. und Syst. d. Culm u. Carb. Farne*, p. 45.
3. *Flore houillère de Commentry*, 1re partie, p. 143-146.

d'autres spécimens de pinnules fructifiées observées par lui dans les quartz d'Autun, et dont l'examen me paraît confirmer cette manière de voir. Ces pinnules, par leur nervation (Fig. 20 A), semblent également pouvoir être rapportées au *Pec. densifolia;* chaque nervule porte un groupe important de fructifications, dont la constitution, sur certaines pinnules, est difficile à discerner, la coupe rasant le limbe de la feuille à l'origine même des organes fructificateurs, et ceux-ci n'étant peut-être pas encore complètement développés; mais sur quelques points, notam-

ment Fig. 20 B, on voit nettement que chaque nervule porte deux ou trois synangium formés chacun de quatre sporanges. D'autres synangium, placés à côté, sont vus latéralement (Fig. 20 C) et ne diffèrent en rien des syn-

Fig. 21. — Synangium d'une autre partie de la même préparation, vu latérale- ment, grossi 35 fois.

angium d'*Asterotheca* normaux; quelques uns d'entre eux montrent même (Fig. 21) les sporanges nettement dis- joints jusqu'à la base du synangium, constituée par un réceptacle légèrement saillant autour duquel ils viennent se souder mu- tuellement. Ces observations me paraissent bien établir qu'on a affaire ici au même type générique que chez les *Asterotheca* à synangium simplement bisériés, et les constatations faites sur le *Pec. Platoni* prouvent que la disposition plurisériée des synangium ne saurait être invoquée comme un caractère distinctif.

Dans le genre *Scolecopteris* Zenker (1837), la disposition est la même que dans le genre *Asterotheca*, mais les synan- gium sont pédicellés, et les sporanges qui les constituent sont beaucoup plus longs et plus effilés (Fig. 22).

Fig. 22. — A, *Scolecopteris elegans*. Zen- ker. Coupe transversale d'une pinnule fertile, grossie (d'après Zenker).— B, *Sco- lecopteris polymorpha*. Brong. (sp.). Coupe longitudinale d'une pinnule for- tile, grossie (d'après Grand'Eury).

Le réceptacle étant ainsi prolongé en un pédicelle plus ou moins développé, il est presque toujours arrivé, lorsque des échantillons fructifiés ont été ensevelis dans les sédiments, que ces pédicelles ont fléchi, et que les groupes de sporanges se sont rabattus sur le limbe, parallèlement ou per- pendiculairement à la nervure médiane, dépassant par leurs pointes les bords des pinnules, qui semblent alors dentelées en peigne. Aussi les empreintes de *Pecopteris* fructifiés appartenant à ce genre ont-elles d'ordinaire un aspect très différent des pinnules d'*Asterotheca*.

L'étude d'échantillons silicifiés de *Scolecopteris polymorpha* recueillis à Autun a montré à M. Renault que le pédicelle présentait en coupe la forme d'une croix à quatre branches, chacune de ces branches se soudant à la face ventrale d'un des sporanges. Au voisinage de son attache avec le pédicelle, la face ventrale du sporange est très mince et devait se déchirer ou se détruire facilement, de manière à donner issue aux spores contenues à l'intérieur. Je reviendrai, du reste, plus loin sur ces détails d'organisation.

Le genre *Ptychocarpus* Weiss (1869) a également des sporanges soudés en synangium; mais chaque synangium comprend 5 à 8 sporanges dressés, disposés en couronne un peu comme ceux des *Kaulfussia*, soudés à la fois les uns aux autres et à un réceptacle central très saillant qui s'élève presque jusqu'à leur sommet (Fig. 23).

FIG. 23. — *Ptychocarpus unitus*. Brong. (sp.) A, B, pinnules fertiles grossies (A, d'après Grand'Eury). C, coupe transversale d'un synangium, grossie (d'après Renault).

Ce type de fructification n'a été observé jusqu'à présent que sur une seule espèce de *Pecopteris*, le *Pec. unita*, qui se rencontre fréquemment dans le Houiller supérieur et dans le Permien.

Dans ces divers genres fossiles, les sporanges, très coriaces, offrent tous les caractères de ceux des Marattiacées vivantes; toutefois sur ceux du *Scolecopteris polymorpha* l'on observe, d'un point à l'autre d'un même sporange, des différenciations assez marquées dans la constitution de la paroi, sans cependant qu'il y ait aucune tendance à la formation d'un anneau comparable à celui des Leptosporangiées. Mais il en est autrement sur certains sporanges découverts par M. B. Renault dans une préparation (Fig. 24) faite sur un fragment de magma quartzeux d'Autun et qu'il a bien voulu me confier

FIG. 24. — Groupes de sporanges observés dans un échantillon de quartz d'Autun, grossis 9 fois.

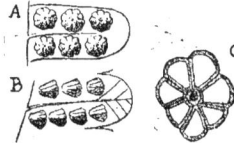

4

pour les étudier. Cette préparation montre en A trois rangées, dont une seule à peu près intacte, de groupes carrés juxtaposés les uns aux autres et dont chacun comprend quatre bandes de cellules occupant les angles du carré. Au-dessus et au-dessous, en B et en C, l'on voit des groupes de quatre sporanges, ceux-ci coupés en long et soudés entre eux à la base, ceux-là coupés sans doute transversalement ou obliquement et paraissant par suite indépendants. L'association de ces divers groupes, les dimensions des sporanges, la forme et la grandeur des cellules qui les constituent, l'examen d'autres groupes moins bien conservés qui se trouvent dans leur voisinage, semblent établir que toutes ces fructifications proviennent d'une seule et même plante et que les différences d'aspect qu'elles présentent sont dues à ce qu'elles sont rencontrées par la coupe à des hauteurs et suivant des directions différentes.

Les bandes des groupes A ne paraissent formées que d'un seul rang de

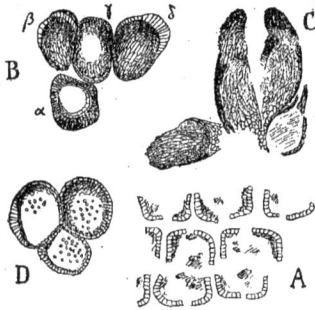

cellules un peu plus hautes que larges; mais, si l'on examine le groupe B, on voit nettement, sur la section du sporange inférieur α (Fig. 25 B), deux rangées de cellules; on pourrait toutefois se demander si ces deux rangées de cellules sont bien superposées l'une à l'autre en épaisseur et si leur présence ne tiendrait pas à ce que la coupe, très oblique, presque tangentielle, aurait coupé deux séries contiguës de cellules de la paroi,

Fig. 25. — Groupes de sporanges du même échantillon, grossis 35 fois.

celle-ci pouvant être formée d'une seule assise. En tout cas, si cette explication pouvait être admise pour le sporange α, elle ne saurait l'être pour le sporange γ, qui montre très nettement à sa région inférieure deux assises différemment constituées, l'assise interne formée de cellules beaucoup plus larges, à paroi mince, et difficilement discernables; cette assise interne

devait sans doute se détruire assez facilement, car on ne l'observe que sur
une certaine étendue; mais son existence n'en demeure pas moins nettement
établie, et ces sporanges viennent par conséquent se placer dans le groupe
des Eusporangiées. D'autre part, le sporange δ présente sur son bord supérieur des cellules très hautes et bien différenciées par rapport à celles du
reste de la paroi ; en examinant la surface interne du même sporange on
reconnaît également dans cette région que les mailles du réseau sont marquées par des traits plus épais, dénotant l'existence d'une plaquette formée
de cellules à parois légèrement épaissies. Il en est de même, mais d'une
façon moins accusée, sur le sporange β. Enfin, sur un autre groupe (Fig. 25 D),
l'un des sporanges offre également sur son bord des cellules assez nettement différenciées.

Sur le groupe C (Fig. 24, 25), les sporanges sont coupés en long, et ceux
qui sont placés au milieu se montrent prolongés au sommet en une sorte
de bec, dont les parois sont également formées de cellules plus hautes et
plus épaisses; à l'extrémité supérieure de l'un d'eux, il semble qu'on distingue
un ou deux poils articulés, mais ils ne sont peut-être qu'accidentellement
juxtaposés à ce sporange. A leur base, ces sporanges du groupe C sont visi-
siblement soudés en une masse commune.

Il semble qu'on ait affaire là à des groupes constitués à peu près comme
ceux des *Asterotheca*, mais dans lesquels les sporanges, tout en ayant des
parois formées, au moins en partie, de deux assises de cellules, seraient un
peu moins coriaces et porteraient sur leur dos une plaque de cellules assez
nettement différenciées ; la différenciation est évidemment moins prononcée
que chez les Leptosporangiées, mais elle l'est plus que chez les *Angiopteris*.
Cette plaquette ne s'étendait sans doute que sur une partie du sporange,
occupant la région du bec terminal et une portion de la région dorsale : les
groupes A représenteraient des synangium formés de quatre de ces sporanges
coupés vers leur sommet et ouverts; peut-être la portion plus mince de la
paroi, correspondant à la face ventrale, aurait-elle disparu.

On serait tenté de rapprocher cette disposition de celle que M. Renault
a observée chez le *Scolecopteris polymorpha*, d'une part, et chez le *Pecopteris*

geriensis[1], d'autre part, les sporanges de celui-ci présentant également, du côté de leur face ventrale, des parois très amincies; mais, chez aucune de ces deux Fougères, on ne constate l'existence de bande dorsale comparable à celle des sporanges que je viens de décrire. Par la constitution de leur paroi, formée de plusieurs assises de cellules, ceux-ci doivent être classés parmi les Eusporangiées, et leur groupement par trois ou par quatre en synangium semblables ou du moins très analogues à ceux des *Asterotheca* tend à les faire placer au voisinage de ce genre, c'est-à-dire dans la famille des Marattiacées. M. Stur avait du reste admis déjà que certaines Fougères houillères à sporanges présentant des cellules nettement différenciées, comparables à celles de l'anneau des Leptosporangiées, pouvaient appartenir aux Marattiacées, parmi lesquelles le genre *Angiopteris* aurait seul, à l'époque actuelle, conservé, avec son rudiment d'anneau, un vestige de cette organisation.

La constitution des sporanges observés dans les quartz d'Autun vient confirmer cette manière de voir, sans cependant qu'on puisse l'admettre définitivement pour les genres que M. Stur a eus en vue, avant d'être assuré d'abord que leurs sporanges avaient réellement des parois à plusieurs assises de cellules, et qu'ainsi ils appartenaient véritablement au groupe des Eusporangiées.

En tout cas, il m'a paru intéressant de signaler cette forme de fructification comme indice de l'existence, parmi les Marattiacées houillères, de Fougères à sporanges présentant, dans une certaine région de leur paroi, une différenciation assez accusée. Il est à souhaiter qu'on retrouve, dans les riches gisements de plantes silicifiées d'Autun, de nouveaux échantillons, plus complets, de ce type particulier et qu'on en puisse étudier la constitution avec plus de détail et en préciser les caractères : il devra évidemment former un genre à part ; mais il m'a paru qu'il était encore trop imparfaitement connu et trop insuffisamment défini pour qu'il y eût intérêt à introduire en sa faveur un nom générique nouveau dans la nomenclature.

---

1. *Cours de bot. foss.*, III, p. 127, pl. 22, fig. 3, 4.

OPHIOGLOSSÉES. — Les sporanges des Ophioglossées sont plongés dans le tissu même de la feuille, et placés sur un lobe ventral de la fronde fertile, entièrement dépourvu de limbe et affectant la forme d'un épi (Fig. 26) ou d'une grappe. Ils s'ouvrent par une fente transversale correspondant à une bande de cellules plus petites et à parois amincies.

M. Renault rapproche de cette famille tout un groupe de Fougères dont il a pu étudier les tiges, les pétioles et les fructifications, et qu'il a désignées sous le nom de Botryoptéridées; elles lui paraissent intermédiaires, à certains points de vue, entre les Fougères véritables et les Ophioglossées, qui elles-mêmes sont considérées par

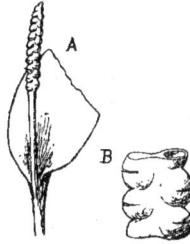

Fig. 26—. *Ophioglossum vulgatum*. L. A, fronde avec son épi fertile, grandeur naturelle; B, fragment d'épi coupé transversalement, grossi (d'après Hooker et Baker).

quelques auteurs, en raison de diverses particularités de structure, comme devant constituer une classe à part parmi les Cryptogames vasculaires. Je me bornerai du reste à cette simple mention, M. Renault devant faire connaître lui-même, dans la deuxième partie du présent travail, les observations qu'il a faites sur les Botryoptéridées, assez abondamment représentées dans les échantillons silicifiés du bassin d'Autun.

Les pages qui vont suivre seront consacrées à la description de toutes les espèces de Fougères dont j'ai pu constater la présence dans le bassin d'Autun. Tout en suivant le système de classification générale que j'ai indiqué plus haut comme le seul qui fût toujours applicable, le système fondé sur la forme et le mode de nervation des pinnules, j'indiquerai, pour les espèces observées à l'état fertile, à quel genre elles doivent être rapportées d'après la constitution de leurs fructifications. Après avoir ainsi étudié les espèces représentées en empreintes par leurs frondes, je passerai aux troncs de Fougères arborescentes et aux débris de pétioles observés, soit en empreintes, soit à l'état silicifié, ces débris ne pouvant, sauf de très rares exceptions, être raccordés aux frondes qu'ils ont portées, et devant forcément, par suite, être classés à part.

Sphénoptéridées.

Frondes divisées suivant le mode penné, profondément et d'ordinaire finement découpées, à pinnules généralement assez petites, rétrécies à leur base, souvent divisées elles-mêmes en lobes plus ou moins profonds, à bord entier ou dentelé, parcourues par une nervure médiane de laquelle partent des nervures secondaires simples ou ramifiées, naissant et se divisant sous des angles aigus.

Genre SPHENOPTERIS. Brongniart.

1822. **Filicites** (Sect. **Sphenopteris**). Brongniart, *Class. végét. foss.*, p. 33.
1826. **Sphænopteris.** Sternberg, *Ess. Fl. monde prim.*, I, fasc. 4, p. xv. Brongniart, *Prodr.*,
p. 50.

Frondes généralement tripinnées ou quadripinnées, plus rarement bipinnées; *pinnules* ordinairement assez petites, *contractées à la base* en pédicelle plus ou moins étroit, habituellement divisées en lobes aigus ou arrondis, eux-mêmes rétrécis en coin vers leur base. Nervules simples ou ramifiées, se détachant de la nervure médiane et se divisant sous des angles assez aigus.

Le genre *Sphenopteris*, extrêmement répandu dans le terrain houiller moyen et comprenant un nombre considérable d'espèces appartenant à des types très divers, tant au point de vue du mode de découpure des pinnules que de la constitution des organes de fructification, semble moins richement représenté dans le terrain houiller supérieur et surtout dans le Permien. Il en a été cependant observé plusieurs espèces dans les couches houillères de Commentry, et il paraît probable que la plupart de celles-ci ont dû exister à la même époque dans le bassin d'Autun; des recherches suivies, notamment à la partie supérieure de l'étage moyen ou dans l'étage

supérieur de ce bassin, devraient donc en faire découvrir quelques-unes.
C'est sans doute l'une d'elles que M. Grand'Eury a vue au Mont-Pelé, et qu'il
a mentionnée sous le nom de *Sph. Gravenhorsti*[1]; cette espèce, qui appartient
au Houiller moyen, ressemble en effet un peu à certaines des espèces
recueillies à Commentry, notamment au *Diplotmema Paleaui*, mais elle-même
ne doit pas s'élever jusque dans le Houiller supérieur. M. Grand'Eury
indique en outre, dans le Permien de l'Autunois, mais d'après des citations
qu'il regarde lui-même comme sujettes à caution, les *Sph. artemisiæfolia* et
Sph. (Mariopteris) latifolia, du Houiller moyen, ainsi que le *Sph. (Diplotmema)
elegans* du Culm[2]; il n'est pas douteux pour moi que ces citations ne
reposent sur des déterminations inexactes, et j'ignore quelles espèces on a
pu avoir en vue en les désignant. Quant à moi, parmi les échantillons,
très nombreux pourtant, que j'ai eus entre les mains, je n'ai reconnu que
deux espèces du genre *Sphenopteris*, et ce sont, par conséquent, les seules
dont il me soit possible de donner ici la description.

SPHENOPTERIS CASTELI. Zeiller.

(Pl. I, fig. 2.)

1888. **Sphenopteris Casteli.** Zeiller, *Fl. foss. terr. houill. de Commentry*, 1re part., p. 59,
   pl. II, fig. 1-5.

Fronde quadripinnée. Rachis striés longitudinalement. Pennes primaires étalées - dressées, d'autant plus divisées qu'elles sont plus éloignées
du sommet de la fronde. *Pennes secondaires* contiguës ou faiblement écartées,
à contour linéaire-lancéolé, atténuées vers le sommet, larges de 15 à 35 millimètres et longues de 6 à 12 centimètres.

Pennes de troisième ordre étalées, contiguës, *à bords parallèles,* obtuses ou
obtusément aiguës au sommet, longues de 10 à 25 millimètres sur $2^{mm},5$ à
6 millimètres de largeur. *Pinnules ovales, entières, contractées à la base et décur-*

Description
de
l'espèce.

---

1. Grand'Eury, *Flore carb. du dép. de la Loire,* p. 512.
2. *Ibid.,* p. 515.

rentes sur le rachis; celles des pennes inférieures longues de 3 à 4 millimètres sur $1^{mm},5$ à 2 millimètres de largeur, à bord parfois légèrement ondulé,
ou même subtrilobées, séparées par des sinus aigus très profonds; celles des
pennes plus élevées longues seulement de $1^{mm},5$ à 2 millimètres sur $0^{mm},75$ à
1 millimètre de largeur, tout à fait entières; plus haut encore, les pinnules
se soudent les unes aux autres, et les pennes de troisième ordre, simplement pinnatifides, longues de 5 à 8 millimètres, ne présentent plus que
des lobes arrondis, dressés, séparés par des sinus de moins en moins profonds, jusqu'à ce qu'elles deviennent tout à fait entières et passent à leur
tour à des pinnules simples.

Surface du limbe paraissant *munie* en dessus et en dessous *de poils courts
et fins, appliqués* sur elle. *Nervation* souvent *à peine distincte,* du moins sur la
face supérieure; *nervure médiane* de chaque pinnule *arquée, décurrente* à la
base, non ramifiée dans les pinnules les plus petites, émettant chez les
plus grandes 3 à 5 *nervules simples ou dichotomes,* naissant sous des angles
aigus.

Remarques
paléontologiques.

Les figures que j'ai données de cette espèce dans la *Flore fossile du
terrain houiller de Commentry* montrent les variations que subissent ses pinnules sous le rapport de la dimension, de la forme et du degré de soudure mutuelle, suivant la place qu'elles occupent sur la fronde; l'échantillon
du Mont-Pelé représenté sur la fig. 3 de la Pl. I ressemble de tout point,
sauf les dimensions très légèrement inférieures de toutes ses parties, à celui
de la fig. 3, pl. II, du travail précité; il doit, comme lui, provenir d'une
des pennes secondaires de la région inférieure de la fronde, ou d'une penne
primaire de la région supérieure. Le mode de fructification de cette espèce
n'est pas encore connu.

Rapports
et différences.

Ainsi que je l'ai fait remarquer en le décrivant pour la première
fois, le *Sph. Casteli* ne laisse pas d'offrir une certaine ressemblance
avec le *Sph. lyratifolia* Gœppert; mais chez celui-ci les pennes de
dernier ordre ont leurs segments extrêmes soudés en une grande expansion terminale ovale, entière ou divisée en lobes peu profonds; en outre,
les segments moyens et inférieurs, homologues des pinnules du *Sph. Cas-*

teli, sont plus séparés et moins nettement contractés à la base; enfin, des segments simples sont fixés sur le rachis entre les pennes simplement pinnées, et de petites pennes simplement pinnées occupent l'intervalle compris entre les pennes primaires bipinnées. Par ce dernier caractère comme par ses affinités avec plusieurs espèces qui seront décrites plus loin, il doit être rattaché au genre *Callipteris,* et le *Sph. Casteli* ne saurait, dès lors, être confondu avec lui.

Il y a, d'ailleurs, comme l'a indiqué M. Weiss[1], deux autres espèces avec lesquelles le *Sph. Casteli* présente des affinités bien plus marquées : ce sont le *Sph. Peckiana* Weiss et le *Sph. oblongifolia* Weiss, du Permien inférieur de Wünschendorf[2]. Il diffère néanmoins de l'une et de l'autre par ses pinnules plus serrées et par la forme même de celles-ci : chez le *Sph. Peckiana* les pinnules sont plus arrondies, beaucoup moins rétrécies à leur base, et la nervation est du type odontoptéroïde, plusieurs nervules naissant directement du rachis; chez le *Sph. oblongifolia,* qui se rapproche davantage du *Sph. Casteli,* surtout si l'on considère la figure 7 de M. Weiss, les pinnules sont au contraire plus contractées à la base, les nervures semblent plus abondamment ramifiées, et la surface du limbe ne présente pas cette fine villosité caractéristique de l'espèce qui vient d'être décrite. Ces deux espèces ne sont, au surplus, représentées que par de si petits fragments qu'il est difficile de préciser exactement leurs rapports avec d'autres espèces plus complètement connues.

Mont-Pelé, sommet de l'étage moyen ou base de l'étage supérieur du Houiller de l'Autunois.

Provenance.

SPHENOPTERIS CORDATO-OVATA. Weiss (sp.).

(Pl. I, fig. 1.)

1869. **Neuropteris cordato-ovata.** Weiss, *Foss. Fl. d. jüngst. Steinkohl.,* p. 28, pl. I, fig. 1.
1879. *An* **Pseudopecopteris cordato-ovata.** Lesquereux, *Atlas to the Coal-Flora,* p. 7, pl. XXXVII, fig. 4, 5; *Coal-Flora,* p. 205 ?

1. *Neues Jahrb. f. Min.,* 1889, II, Refer., p. 215.
2. Weiss, *Die Flora des Rothliegenden von Wünschendorf bei Lauban in Schlesien,* p. 16, pl. III, fig. 4 (*Sph. Peckiana*); p. 15, pl. III, fig. 5-7 (*Sph. oblongifolia*).

Fronde probablement tripinnée. *Pennes de dernier ordre* alternes ou subopposées, se touchant par leurs bords ou légèrement écartées, *à bords parallèles,* légèrement atténuées vers le sommet, longues de 5 à 8 centimètres sur 1 à 2 centimètres de largeur.

Pinnules alternes, étalées-dressées, *à contour ovale-triangulaire,* généralement *entières, aiguës* au sommet, *nettement contractées à la base* et légèrement décurrentes sur le rachis, séparées par des sinus aigus, se touchant par leurs bords, longues de 5 à 10 millimètres sur 3 à 5 millimètres de largeur ; les plus inférieures présentant parfois 3 à 5 lobes arrondis faiblement saillants.

Nervation presque indistincte ; *nervure médiane* légèrement *arquée, et décurrente* à la base ; *nervures secondaires nombreuses,* fines et serrées, naissant sous des angles aigus, *arquées,* une ou deux fois dichotomes.

L'échantillon figuré sur la Pl. I, fig. 1, le seul qui ait été recueilli de cette espèce, n'apprend sur le compte de celle-ci rien de plus que la figure publiée par M. Weiss ; cependant il offre un caractère qu'on ne remarquait pas sur cette dernière, c'est la tendance des pinnules inférieures de chaque penne, ou du moins des pennes les plus basses, à présenter des lobes arrondis plus ou moins distincts. Cette particularité me paraît de nature à écarter définitivement cette espèce du genre *Nevropteris,* dont elle diffère d'ailleurs par le mode d'attache de ses pinnules, adhérentes au rachis par une portion assez large de leur base, et se prolongeant sur lui de manière à se souder les unes aux autres, ainsi que l'avait fait remarquer M. Weiss. Par cette contraction des pinnules à leur partie inférieure, par la division de quelques-unes d'entre elles en lobes assez nets, elle me paraît se rattacher plus naturellement au genre *Sphenopteris* qu'à tout autre.

On pourrait cependant, en raison de ses analogies avec le *Dipl. Ribeyroni,* songer aussi au genre *Diplotmema,* qui se distingue du genre *Sphenopteris* par la constitution particulière de sa fronde, à pennes primaires bipartites formées chacune de deux pennes opposées, bipinnées ou tripinnées, portées par des rameaux nus. Mais il faudrait des échantillons assez complets pour qu'on pût se prononcer sur le mode de division de la fronde ; la différence

d'inclinaison que présentent, d'un côté à l'autre du rachis dont elles
dépendent, les pennes de l'échantillon que je figure, peut s'expliquer tout
aussi bien en regardant celui-ci comme un fragment d'une penne primaire
normale que comme une section d'une penne bipartite, et ce qui me porte
à croire que l'espèce dont je parle n'est pas un *Diplotmema*, c'est que la
pinnule la plus basse de chaque penne ne paraît avoir aucune tendance à
devenir bilobée ou bipartite, contrairement à ce qu'on remarque chez le
Dipl. Ribeyroni. Je crois donc devoir, jusqu'à plus ample informé, ranger
le *Nevropteris cordato-ovata* de M. Weiss dans le genre *Sphenopteris*, où il se
classerait assez naturellement parmi les *Sphenopteris* névroptéroïdes.

Le *Sph. cordato-ovata* ressemble assez, comme je viens de le dire, au *Rapports et différences.*
Diplotmema Ribeyroni; mais, outre que le lobe inférieur de ses pinnules
basilaires ne paraît pas plus développé ni plus indépendant que les suivants, il se distingue encore de cette espèce par ses pinnules plus aiguës au
sommet, plus allongées et moins étroitement contractées à la base; il
semble enfin avoir des nervules plus fines et plus serrées.

Je n'inscris qu'avec beaucoup de doute en synonymie les figures *Synonymie.*
publiées sous ce même nom spécifique par M. Lesquereux; elles montrent
en effet des pinnules terminées en pointe arrondie et non en pointe aiguë,
et parcourues, à ce qu'il semble, par des nervules moins serrées, caractères qui rapprocheraient plutôt l'espèce américaine du *Dipl. Ribeyroni,*
sans cependant que je croie pouvoir l'identifier à celui-ci.

Igornay, étage inférieur du Permien. Cette espèce n'avait été jusqu'à *Provenance.*
présent signalée qu'à Saarbrück, à la partie la plus élevée du système
d'Ottweiler, c'est-à-dire du terrain houiller supérieur.

Diplotmémées.

Frondes non régulièrement pennées, à rachis primaire plus ou moins
flexueux, émettant à droite et à gauche des rameaux alternes, nus, bifur-
qués à leur sommet tantôt en deux pennes feuillées divergentes, tantôt en

deux courts ramules nus, dont chacun porte à son sommet deux pennes feuillées divergentes, un peu inégales. Pinnules, tantôt sphénoptéroïdes, contractées à leur base, à limbe plus ou moins profondément découpé, tantôt pécoptéroïdes, attachées par toute leur largeur, à limbe entier ou faiblement lobé ou dentelé.

Ce groupe, qui comprend des espèces classées antérieurement, les unes parmi les Sphénoptéridées, les autres parmi les Pécoptéridées, est caractérisé par le mode tout particulier de ramification de ses frondes, qui rappellent par leur port les *Lygodium* et certaines Gleichéniées, telles que le *Mertensia glaucescens*. Les pennes primaires, au lieu d'être régulièrement pennées, sont tantôt bipartites, divisées en deux sections, comme dans le genre *Diplotmema*, tantôt quadripartites, divisées en quatre sections par deux bifurcations successives, comme dans le genre *Mariopteris ;* à sa base, c'est-à-dire depuis le point où il se détache du rachis primaire jusqu'à sa dernière bifurcation, le rachis de ces pennes reste nu, formant comme un pétiole qui porte, suivant le genre, tantôt deux, tantôt quatre pennes, constituées, elles, comme celles des autres Fougères.

On peut se demander si, à l'instar des *Lygodium* et de beaucoup de Gleichéniées, les frondes des Diplotmémées n'étaient pas grimpantes ou ne prenaient pas, pour s'élever, un appui sur les plantes voisines : il est à noter à l'appui de cette idée que, chez beaucoup d'espèces de ce groupe, les rachis de divers ordres se prolongent au delà de la portion feuillée en une pointe nue souvent assez longue, qui était peut-être susceptible de s'accrocher comme une vrille aux supports situés à portée.

Des observations suivies faites sur les empreintes de frondes de Diplotmémées, dans les régions où l'on peut en rencontrer, fourniraient sans doute de précieux éclaircissements au sujet de ces Fougères, dont, entre autres questions à résoudre, les fructifications sont demeurées jusqu'à présent inconnues ou du moins n'ont été observées qu'exceptionnellement, et dans un état de conservation tout à fait insuffisant pour qu'on en pût étudier la disposition et la structure.

Genre DIPLOTMEMA. Stur.

1877. **Diplothmema.** Stur, *Culm-Flora*, II, p. 226, 233 (*pars*); *Zur Morph. u. Syst. d. Culm u. Carb. Farne*, p. 183 (*pars*); *Carbon-Flora*, I, p. 283 (*pars*).
1879. **Diplotmema.** Schimper, *Handb. der Paläont.*, II, p. 110. Rothpletz, *Flora u. Fauna d. Culmform. b. Hainichen*, p. 12.

Pennes primaires bipartites, constituées par un rachis nu sur une certaine longueur, portant à son sommet deux sections feuillées divergentes, bipinnées ou tripinnées. *Pinnules sphénoptéroïdes,* contractées à leur base, à limbe plus ou moins profondément lobé ou dentelé.   –

Je restreins ici, comme je l'ai fait ailleurs, le genre *Diplotmema* aux espèces à pennes primaires bipartites, à pinnules de Sphénoptéridées, les autres Diplotmémées, qui ont en même temps les pennes primaires quadripartites et les pinnules pécoptéroïdes, composant un genre distinct, le genre *Mariopteris.* Ce dernier genre, très répandu dans le Houiller moyen, mais infiniment plus rare dans le Houiller supérieur, n'a pas été rencontré dans l'Autunois.

DIPLOTMEMA RIBEYRONI. Zeiller.
(Pl. IX A, fig. 1).

1888. **Diplotmema Ribeyroni.** Zeiller, *Fl. foss. terr. houiller de Commentry*, 1re part., p. 91, pl. IV, fig. 3-5.

Sections de chaque penne primaire bipinnées ou même tripinnatifides, rétrécies en pointe vers leur extrémité, et parfois prolongées en une arête nue au delà de la partie feuillée. Rachis strié longitudinalement. *Pennes secondaires* étalées-dressées, se touchant par leurs bords, à *contour linéaire-lancéolé,* longues de 2 à 8 centimètres, larges à leur base de 5 à 20 millimètres, *se rétrécissant graduellement vers leur extrémité et se terminant d'ordinaire par une longue pointe nue* formée par le prolongement du rachis. Pennes secondaires extrêmes passant à des pinnules d'abord pinnatifides, puis simplement lobées.

Description
de
l'espèce.

Pinnules alternes étalées-dressées, *empiétant légèrement les unes sur les autres, à contour ovale-triangulaire*, contractées en pédicelle à leur base et *légèrement décurrentes vers le bas sur le rachis*, obtuses ou *obtusément aiguës* au sommet, longues de 3 à 10 millimètres sur 2 à 7 millimètres de largeur, *les supérieures* tout à fait *entières, les inférieures souvent munies de 3 à 7 lobes arrondis* peu saillants; *lobe basilaire de la pinnule inférieure* de chaque penne *sensiblement plus développé que les suivants* et que les lobes homologues des autres pinnules.

Nervation presque indistincte ; nervure médiane décurrente à la base, parfois un peu flexueuse, *ne se poursuivant pas jusqu'au sommet des pinnules ;* nervures secondaires obliques, se divisant par une ou deux bifurcations successives en *nervules fines, assez serrées*, atteignant le bord du limbe sous des angles aigus.

Ainsi que je l'ai dit lorsque j'ai décrit les échantillons de cette espèce recueillis à Commentry, le *Dipl. Ribeyroni* n'est connu jusqu'à présent qu'en fragments incomplets, sur aucun desquels on n'a pu, en raison de leur faible étendue, observer la division des pennes primaires en deux sections opposées. Néanmoins, il ne me paraît pas douteux qu'il faille classer cette Fougère parmi les Diplotmémées : l'échantillon que je figure sur la Pl. IX A, fig. 1, présente notamment de la façon la plus nette un caractère que je n'ai jamais observé que dans ce groupe, à savoir le prolongement des rachis en une longue pointe nue au delà des dernières pinnules. Cet échantillon offre, dans toutes ses parties, des dimensions plus fortes qu'aucun de ceux qui ont été trouvés à Commentry, mais tous les caractères concordent d'une façon trop parfaite pour qu'on puisse hésiter sur l'identification : il est évident qu'on a affaire ici à un fragment plus voisin de la base de la penne primaire et sans doute aussi à une penne plus rapprochée de la base de la fronde; d'ailleurs on observe chez beaucoup de Diplotmémées, par exemple chez le *Dipl. Zeilleri* et surtout chez le *Mariopteris muricata*, des différences de taille encore plus marquées entre des échantillons qu'il est cependant tout à fait impossible de séparer spécifiquement.

On remarque sur la pinnule la plus basse de la penne inférieure, du côté gauche de la figure, la prédominance du lobe basilaire, presque indépendant du reste de la pinnule qui, par suite de cette disposition, tend à devenir bipartite; ce caractère, très fréquent chez les Diplotmémées, s'observerait sans doute d'une façon plus nette encore sur la pinnule basilaire du côté inférieur, malheureusement cette pinnule manque sur toutes les pennes de l'échantillon.

Le *Dipl. Ribeyroni* se rapproche surtout du *Dipl. Busqueti*, qui se rencontrera peut-être aussi quelque jour dans le Houiller de l'Autunois, mais qui a les pinnules plus dilatées à la base, plus profondément lobées, et beaucoup plus arrondies au sommet, et chez lequel, en outre, la nervation est beaucoup plus visible. *Rapports et différences.*

Parmi les Fougères observées jusqu'à présent dans le bassin d'Autun, la seule à laquelle ressemble le *Dipl. Ribeyroni* et avec laquelle il puisse risquer d'être confondu est le *Sphenopteris cordato-ovata;* mais il s'en distingue assez aisément par ses pinnules beaucoup moins aiguës au sommet, moins longues proportionnellement à leur largeur, plus contractées à la base et, à dimensions égales, plus nettement lobées; en outre, la partition de la pinnule basilaire résultant de la prédominance du lobe inférieur ne paraît pas se retrouver chez le *Sphen. cordato-ovata.*

Peut-être faudrait-il inscrire en synonymie le *Pseudopecopteris cordato-ovata* Lesquereux, qui, comme je l'ai dit plus haut, me paraît se rapprocher plutôt du *Dipl. Ribeyroni* que du *Sphen. cordato-ovata* vrai; le développement des lobes des pinnules basilaires que montre la fig. 4, pl. XXXVII, de la *Coal-Flora* militerait en faveur de cette réunion de l'espèce pensylvanienne au *Dipl. Ribeyroni;* cependant les pinnules sont plus allongées par rapport à leur largeur et plus fortement rétrécies au sommet que chez celui-ci; en outre, à en juger par les figures, la nervation serait très nettement visible, ce qui n'est pas plus le cas du *Dipl. Ribeyroni* que du *Sphen. cordato-ovata.* Aussi me paraît-il préférable de rester sur la réserve à cet égard. *Synonymie.*

Mont-Pelé, au sommet de l'étage moyen ou à la base de l'étage supérieur du Houiller. *Provenance.*

Pécoptéridées.

Frondes régulièrement pennées ; pinnules attachées au rachis par toute leur base, assez étalées, tantôt libres, tantôt plus ou moins soudées les unes aux autres, à bords généralement entiers, plus rarement lobés ou dentés ; nervure médiane se suivant jusqu'au sommet ou presque jusqu'au sommet des pinnules ; nervures secondaires plus ou moins nombreuses, affectant une disposition pennée, naissant sous des angles assez ouverts, tantôt simples, tantôt une ou plusieurs fois bifurquées.

Je réunis ici en un seul et même groupe les Pécoptéridées proprement dites, à pinnules relativement petites, à nervures assez peu nombreuses et d'ordinaire peu ramifiées, et les Aléthoptéridées, à pinnules plus grandes, plus obliques, généralement décurrentes vers le bas sur le rachis, et parcourues par des nervures plus nombreuses, plus serrées et souvent plus divisées, dont les plus inférieures naissent directement du rachis. S'il y a en effet d'assez grandes différences entre les types de ces deux sections, c'est-à-dire entre les *Pecopteris* et les *Alethopteris*, il n'est guère possible de séparer des premiers les *Callipteridium*, chez lesquels pourtant on observe déjà quelques-uns des caractères des *Alethopteris*, tels que la transformation, vers le sommet des pennes primaires, des pennes secondaires simplement pinnées en grandes pinnules simples, et la présence à la base des pinnules de nervures se détachant directement du rachis. Chez les *Callipteris*, ces caractères s'accentuent davantage, et beaucoup d'auteurs ont même rangé l'espèce type de ce genre, le *Call. conferta*, parmi les *Alethopteris*. On passe ainsi d'un genre à l'autre, et s'il est permis, lorsque l'on a affaire à une flore où l'un ou l'autre de ces genres fait défaut, de séparer, pour rendre les distinctions génériques plus faciles, les Aléthoptéridées des Pécoptéridées, il devient impossible de le faire lorsque ces quatre genres se présentent tous réunis. Il est vrai qu'à certains égards, et particulièrement en raison de leurs nervures naissant directement du rachis, les *Callipteris* et même les *Callipteridium* peuvent être aussi rapprochés des Odontoptéridées ; mais ils s'en écartent d'autre part par le mode de ramification bien plus régulier de leurs frondes, par la présence constante dans toutes leurs pinnules d'une nervure médiane bien caractérisée, et par leurs nervures secondaires moins divisées; aussi me paraît-il plus naturel de les laisser parmi les Pécoptéridées, et de maintenir ainsi réunies dans ce groupe les diverses coupes génériques faites dans l'ancien genre *Pecopteris* de Brongniart.

Genre PECOPTERIS. Brongniart.

1822. **Filicites** (Sect. **Pecopteris**). Brongniart, *Class. végét. foss.*, p. 33.
1826. **Pecopteris**. Sternberg, *Ess. Fl. monde prim.*, I, fasc. 4, p. xvii. Brongniart, *Prodr.*, p. 54 (*pars*).

Frondes généralement tripinnées, et souvent quadripinnatifides ou même quadripinnées, plus rarement bipinnées seulement. *Rachis de divers ordres restant nus entre les pennes homologues qui les garnissent, et ne portant entre les bases de celles-ci ni pennes plus petites, ni pinnules. Pinnules attachées au rachis par toute leur largeur,* d'ordinaire très étalées, *contiguës,* parfois plus ou moins soudées les unes aux autres, à bords parallèles ou faiblement convergents, le plus souvent entiers, plus rarement lobés ou dentés, à sommet ordinairement arrondi ou obtus, quelquefois aigu. *Nervure médiane nette,* se poursuivant presque jusqu'au sommet des pinnules; *nervures secondaires* disposées suivant le mode penné, *naissant sous des angles assez ouverts, ne partant jamais que de la nervure médiane et non directement du rachis,* tantôt simples, tantôt une ou plusieurs fois bifurquées.

Le genre *Pecopteris* est représenté dans le Houiller supérieur et le Permien par un grand nombre d'espèces, dont plusieurs ont été trouvées fructifiées et dans un état de conservation assez parfait pour qu'on ait pu reconnaître exactement la constitution de leurs fructifications; on a même rencontré dans les magmas quartzeux des environs d'Autun quelques pennes fertiles silicifiées, notamment de *Pecopteris densifolia,* de *Pec. polymorpha,* de *Pec. exigua,* de *Pec. unita,* qui ont été étudiées en détail par M. B. Renault, et dont il sera question plus loin. La plupart des espèces de ce genre ainsi

6

observées à l'état fertile se rangent dans les Marattiacées, et parmi elles le plus grand nombre appartient au genre *Asterotheca ;* les autres se distribuent entre les genres *Dactylotheca, Scolecopteris, Ptychocarpus ;* quelques autres constituent des types de fructification encore inédits ou mal connus. Enfin, sur certains *Pecopteris,* on a observé des sporanges annelés, notamment du genre *Oligocarpia,* qui a été mentionné plus haut comme paraissant appartenir à la famille des Gleichéniées.

La plupart des *Pecopteris* houillers et permiens ont dû avoir des frondes de grande taille, mesurant probablement plusieurs mètres de longueur et portées suivant toute vraisemblance au sommet de troncs arborescents. C'est à eux que correspondraient la plupart des tiges de Fougères trouvées soit en empreintes et classées dans les genres *Caulopteris* ou *Ptychopteris,* soit à l'état silicifié et connues sous le nom de *Psaronius.* Malheureusement les frondes ont été presque toujours séparées des troncs qui les portaient, et il est impossible de raccorder entre elles les divers éléments, tiges et feuilles, d'une même espèce. On a bien, il est vrai, trouvé à Commentry une de ces tiges portant à son sommet un bouquet de feuilles encore attachées et qui ont été reconnues pour celles du *Pec. Sterzeli,* mais c'est là un fait absolument exceptionnel.

Outre les espèces que j'ai pu voir par moi-même et qui vont être passées en revue, il en a été indiqué dans l'Autunois quelques-unes dont j'ai cru devoir m'abstenir de donner la description et que je vais mentionner : M. Grand'Eury signale à Épinac et au Mont-Pelé le *Pecopteris oreopteridia*[1], qu'on devait en effet s'attendre à rencontrer dans ces couches, puisqu'il est répandu dans tout le Houiller supérieur; mais, comme je le dirai plus loin, cette espèce est facile à confondre avec quelques autres, notamment avec le *Pec. Platoni,* qui se trouve aux mêmes niveaux et qui n'en a été distingué que depuis peu; aussi n'ayant pas vu les échantillons d'après lesquels cette indication a été donnée, n'ai-je pas voulu prendre sur moi d'affirmer l'existence de cette espèce, que M. E. Roche mentionne en outre dans l'étage

1. *Flore carb. du dép. de la Loire,* p. 511, 512.

de Millery[1]. M. Manès a, d'autre part, cité comme recueilli à Muse le *Pec. abbreviata*, qui est du Houiller moyen, et dont le nom a vraisemblablement été appliqué à tort à quelque fragment de *Pec. polymorpha*. M. Grand'Eury a indiqué en outre à Lally[2], sous les noms de *Pec. sub-Beyrichi* et de *Pec. subelegans*, deux espèces qu'il n'a pas décrites, mais qu'il a sans doute, d'après les noms sous lesquels il les désigne, jugées peu différentes, l'une du *Cyatheites Beyrichi* Weiss, qui est un *Pecopteris* assez voisin, à divers égards, du *Pec. dentata*, et l'autre du *Polypodites elegans* Gœppert, identique lui-même au *Pec. feminæformis;* il est évidemment impossible, sans voir les échantillons eux-mêmes, de savoir exactement ce que M. Grand'Eury a eu en vue, et, en l'absence de renseignements plus précis, je ne puis faire plus que de rappeler ces indications. Enfin il a observé, dit-il, le *Pec. Pluckeneti* au Mont-Pelé et à Igornay[3] : le *Pec. Pluckeneti* est une espèce à grandes pinnules généralement divisées en trois ou cinq lobes arrondis, sous le nom de laquelle on a confondu un certain nombre de formes spécifiques certainement différentes; je suis assez disposé à penser, d'après le niveau élevé de ces couches, étage moyen du Houiller, étage inférieur du Permien, que l'espèce observée dans l'Autunois doit être le *Pec. Sterzeli*[4] plutôt que le vrai *Pec. Pluckeneti;* mais je n'ai vu, de cette région, aucun spécimen susceptible d'être rapporté à l'une ou à l'autre de ces deux espèces.

PECOPTERIS (ASTEROTHECA) ARBORESCENS. Schlotheim (sp.).

(Pl. VIII, fig. 1.)

1804. Schlotheim, *Flora der Vorwelt*, pl. VIII, fig. 13.
1820. **Filicites arborescens**. Schlotheim, *Petrefactenkunde*, p. 404.
1826. **Pecopteris arborea**. Sternberg, *Ess. Fl. monde prim.*, I, fasc. 4, p. XVIII.

1. *Bull. Soc. Géol.*, 3ᵉ sér., IX, p. 80 (*Sur les fossiles du terrain permien d'Autun*).
2. *Flore carb. du dép. de la Loire*, p. 513.
3. *Ibid.*, p. 512, 514.
4. *Flore foss. du terr. houiller de Commentry*, 1ʳᵉ part., p. 178, pl. V, fig. 1, 2 pl. VI, VII, VIII.

1828. Pecopteris arborescens. Brongniart, *Prodr.*, p. 56; *Hist. végét. foss.*, I, p. 310, pl. 102,
fig. 1, 2; pl. 103, fig. 2, 3. Sternberg, *Ess. Fl. monde prim.*, II, fasc. 7-8, p. 147 (*pars*). Gutbier, *Verst. d. Rothlieg. in Sachs.*, p. 16, pl. II, fig. 9. Germar, *Verst. d. Steink. v. Wettin u.*
Löbejün, p. 97, pl. XXXIV, fig. 1-3 ; pl. XXXV, fig. 5-7 (*an* fig. 4 ?). Heer, *Urw. d. Schweiz*,
p. 13, pl. I, fig. 8. Rœmer, *Leth. geogn.*, I, p. 176, pl. LVIII, fig. 3. Grand'Eury, *Flore carb. du*
dép. de la Loire, p. 68, pl. VIII, fig. 6. Zeiller, *Expl. Carte géol. Fr.*, IV, p. 81, pl. CLXIX,
fig. 4. Schimper, *Handb. der Paläont.*, II, p. 127, fig. 103. Renault, *Cours bot. foss.*, III,
p. 108, pl. 17, fig. 1-3.

1836. Cyatheites arborescens. Gœppert, *Syst. fil. foss.*, p. 321. O. Feistmantel, *Zeitsch. d.*
deutsch. geol. Gesellsch., XXV, p. 600, pl. XVIII, fig. 15, 15 *a; Palæontogr.*, XXIII, p. 292,
pl. LXVII, fig. 6, 6 *a.* Heer, *Fl. foss. Helvet.*, p. 27, pl. VIII, fig. 1-4. Schenk, *in* Richthofen,
China, IV, p. 212, pl. XLV, fig. 14-16.

1869. Cyathocarpus arborescens. Weiss, *Foss. Fl. d. jüngst. Steinkohl.*, p. 84.

1883. Scolecopteris arborescens. Stur, *Zur Morph. u. Syst. d. Culm u. Carb. Farne*, p. 122;
Carbon-Flora, I, p. 196, fig. 24; p. 204.

1888. Pecopteris (Asterotheca) arborescens. Zeiller, *Fl. foss. terr. houiller de Com-*
mentry, 1re part., p. 111, pl. XI, fig. 1, 2.

1864. Cyatheites Schlotheimii. Gœppert, *Foss. Fl. d. perm. Form.*, p. 120 (*pars*), pl. XV,
fig. 1.

Description
de
l'espèce.

Frondes de grandes dimensions, tripinnées. Rachis lisses ou finement
ponctués. Pennes primaires étalées ou étalées-dressées, empiétant les unes
sur les autres, légèrement rétrécies à leur base, et assez rapidement
contractées en pointe au sommet, atteignant jusqu'à 50 centimètres de
longueur sur 20 centimètres de largeur. *Pennes secondaires* assez étalées,
légèrement espacées ou à peine contiguës, à contour linéaire-lancéolé, longues
de 2 à 11 centimètres sur 3 à 8 millimètres de largeur.

Pinnules étalées, très courtes, arrondies au sommet, non décurrentes sur
le rachis, *se touchant mutuellement par leurs bords,* longues de 1^{mm},5 à 4 millimètres, larges de 1 à 2 millimètres, *à surface légèrement bombée.* Nervure
médiane se continuant jusqu'au sommet de la pinnule ; *nervures secondaires*
très étalées, *droites,* et *non divisées.*

Pennes et pinnules fertiles semblables aux pennes et pinnules stériles ;
sporanges ovoïdes réunis par trois à cinq, généralement par quatre, légèrement soudés à la base ; synangium à contour carré, de 0^{mm},75 de diamètre
environ, disposés en deux rangées parallèles sous chaque pinnule de part
et d'autre de la nervure médiane, contigus les uns aux autres et couvrant
toute la face de la pinnule à l'exception du sommet.

Le *Pec. arborescens* est surtout répandu dans la région inférieure et moyenne du terrain houiller supérieur; mais, s'il est moins abondant à des niveaux plus élevés, il s'élève cependant jusqu'au sommet de ce terrain et passe même dans le Permien. La figure 1 de la Pl. VIII montre un petit fragment de cette espèce, appartenant à une penne primaire de la région moyenne ou supérieure d'une fronde, et bien caractérisé par ses petites pinnules bombées, qui provient précisément d'Igornay, c'est-à-dire du Permien.

Remarques paléontologiques.

Parmi les espèces rencontrées dans le bassin d'Autun, celle avec laquelle le *Pec.arborescens* a le plus d'affinités est le *Pec.cyathea,* que certains auteurs lui rattachent même comme variété, mais qui me paraît constituer une espèce distincte, et qui diffère du *Pec. arborescens* par ses pinnules plus plates, plus longues eu égard à leur largeur, et souvent inégales.

Rapports et différences.

Je n'ai pas vu d'échantillons de cette espèce provenant d'Épinac, bien que, suivant toute vraisemblance, elle doive se rencontrer à ce niveau; mais elle a été observée, et j'ai constaté son existence, dans les couches du Mont-Pelé, c'est-à-dire à la limite de l'étage moyen et de l'étage supérieur du Houiller de l'Autunois.

Provenance.

M. Roche en a recueilli de nombreux fragments dans le Permien, particulièrement à Igornay; on la retrouve même encore dans l'étage moyen, à Muse et à Cordesse; mais elle ne semble pas, du moins d'après les observations faites jusqu'à présent, s'élever jusqu'à l'étage de Millery.

PECOPTERIS (ASTEROTHECA) CYATHEA. Schlotheim (sp.).

(Pl. VIII, fig. 2 à 4).

1804. Schlotheim, *Flora der Vorwelt*, pl. VII, fig. 11.
1820. **Filicites cyatheus.** Schlotheim, *Petrefactenkunde*, p. 403.
1826. **Pecopteris Schlotheimii.** Sternberg, *Ess. Fl. monde prim.*, I, fasc. 4, p. XVIII.
1828. **Pecopteris cyathea.** Brongniart, *Prodr.*, p. 56 ; *Hist. végét. foss.*, I, p. 307, pl. 101, fig. 1-4. Sternberg, *Ess. Fl. monde prim.*, II, fasc. 7-8, p. 149. Heer, *Urw. d. Schweiz*, p. 13, pl. I, fig. 7. Grand'Eury, *Flore carb. du dép. de la Loire*, p. 68, pl. VIII, fig. 7. Zeiller, *Expl. Carte géol. Fr.*, IV, p. 82, pl. CLXIX, fig. 5, 6. Renault, *Cours bot. foss.*, III, p. 109, pl. 17, fig. 4, 5.

1836. **Cyatheites Schlotheimii.** Gœppert, *Syst. fil. foss.*, p. 320.
1838. **Steffensia cyatheoides.** Presl, *in* Sternberg, *Ess. Fl. monde prim.*, II, fasc. 7-8, p. 122.
1879. **Asterotheca cyathea.** Schimper, *Handb. der Paläont.*, II, p. 90, fig. 65 (3-5).
1883. **Scolecopteris cyathea.** Stur, *Zur Morph. u. Syst. d. Culm u. Carb. Farne*, p. 118, fig. 25 ; p. 122 ; *Carbon-Flora*, I, p. 202, fig. 29 ; p. 204.
1888. **Pecopteris (Asterotheca) cyathea.** Zeiller, *Fl. foss. terr. houiller de Commentry*, 1re part., p. 119, pl. XIII, fig. 1-4.
1855. **Cyatheites arborescens.** Geinitz, *Verst. d. Steink. in Sachs.*, p. 24 (*pars*), pl. XXVIII, fig. 7-11.

Description de l'espèce.

Frondes de grandes dimensions, tripinnées. Rachis lisses ou légèrement striés en long. Pennes primaires étalées-dressées, empiétant les unes sur les autres, très faiblement rétrécies à leur base, à bords à peu près parallèles, puis brusquement contractées vers le sommet en une pointe obtusément aiguë. *Pennes secondaires* étalées-dressées, *généralement contiguës* ou empiétant les unes sur les autres, à contour linéaire-lancéolé, longues de 4 à 10 centimètres et larges de 8 à 15 millimètres.

Pinnules très étalées, non décurrentes sur le rachis, *exactement contiguës, souvent inégales,* deux fois et demie à trois fois plus longues que larges, mesurant de 4 à 10 millimètres de longueur et 1mm,5 à 3 millimètres de largeur, *à surface plane,* ou à peine bombées sur les bords.

Nervure médiane droite, se continuant jusqu'au sommet de la pinnule ; *nervures secondaires* légèrement obliques, droites ou faiblement arquées, *tantôt simples, tantôt bifurquées* presque dès leur base.

Portions fertiles de la fronde semblables aux portions stériles, à pennes secondaires toutefois un peu plus espacées ; sporanges ovoïdes réunis en groupes par quatre, plus rarement par trois ou par cinq, légèrement soudés à leur base, dressés les uns contre les autres, longs de 1 millimètre à 1mm,5 sur 1/4 à 1/3 de millimètre de diamètre. Synangium à contour carré, de 0mm,75 de diamètre, dressés, plus rarement rabattus transversalement, disposés sous chaque pinnule en deux rangées parallèles et couvrant toute la face de la pinnule jusqu'au sommet.

Remarques paléontologiques.

Les échantillons figurés sur la Pl. VIII sont tous des échantillons fertiles ; celui de la figure 2, vu en dessus, montre bien l'espacement des pennes secondaires, plus grand qu'il n'est sur les portions stériles de la fronde; on y remarque en outre très nettement l'inégalité fréquente des pinnules. Sur le fragment de penne de la fig. 3, qui laisse voir la face inférieure des pinnules, les synangium, vus en dessus, se présentent suivant leur aspect le plus habituel, offrant la forme d'un carré à angles arrondis, les quatre sporanges convergeant vers le centre du carré (fig. 3 A); sur l'échantillon de la fig. 4, au contraire, les synangium sont rabattus normalement à l'axe de la pinnule, de telle sorte que l'on ne voit de chacun d'eux que deux sporanges, étroitement appliqués l'un contre l'autre (fig. 4 A).

Le *Pec. cyathea* offre une assez grande ressemblance avec le *Pec. arborescens*, d'une part, et avec le *Pec. Candollei*, d'autre part; il se distingue du premier par ses pinnules plus longues proportionnellement à leur largeur, tandis qu'il a au contraire les pinnules moins longues que le second; il a en outre les pinnules plus souvent inégales que l'un et que l'autre; enfin chez le *P. Candollei* les pinnules sont d'ordinaire un peu espacées au lieu d'être contiguës, légèrement contractées à leur base, et les nervures secondaires sont toutes bifurquées. Rapports et différences.

Le *Pec. cyathea* est l'une des Fougères les plus communes du Houiller supérieur, et s'élève jusque dans le Permien inférieur. J'ai constaté sa présence, d'après les échantillons que j'ai eus entre les mains, dans les localités suivantes du bassin d'Autun : Provenance.

Mont-Pelé, sommet de l'étage moyen ou base de l'étage supérieur du Houiller;

Igornay, dans l'étage inférieur du Permien, où il paraît très abondant; le Poisot, dans l'étage moyen; Millery, Muse et les Thélots dans l'étage supérieur.

PECOPTERIS (ASTEROTHECA) CANDOLLEI. Brongniart.

(Pl. VIII, fig. 5, 6).

1833 ou 1834. **Pecopteris Candolliana.** Brongniart, *Hist. végét. foss.*, I, p. 305, pl. 100, fig. 1. Germar, *Verst. d. Steink. v. Wettin u. Löbejün*, p. 108, pl. XXXVIII. Renault, *Cours bot. foss.*, III, p. 109 (*pars*), pl. 17, fig. 7.

1836. **Cyatheites Candolleanus**. Gœppert, *Syst. fil. foss.*, p. 321. Geinitz, *Verst. d. Steink. in Sachs.*, p. 24, pl. XXVIII, fig. 12, 13.

1869. **Cyathocarpus Candolleanus**. Weiss, *Foss. Fl. d. jüngst. Steinkohl.*, p. 85.

1879. **Pecopteris Candollei**. Zeiller, *Expl. Carte géol. Fr.*, IV, p. 84.

1883. **Scolecopteris Candolleana**. Stur, *Zur Morph. u. Syst. d. Culm u. Carb. Farne*, p. 123; *Carbon-Flora*, I, p. 205.

1888. **Pecopteris (Asterotheca) Candollei**. Zeiller, *Fl. foss. terr. houiller de Commentry*, 1re part., p. 128, pl. XI, fig. 3.

1833 ou 1834. **Pecopteris affinis**. Brongniart (*non* Schlotheim sp.), *Hist. végét. foss.*, I, p. 306, pl. 100, fig. 2, 3.

Description de l'espèce.

Frondes tripinnées. Rachis lisses ou légèrement striés en long. Pennes primaires empiétant les unes sur les autres. *Pennes secondaires* étalées-dressées, *empiétant les unes sur les autres, à contour linéaire*, rapidement contractées vers le sommet en pointe obtuse, longues de 6 à 10 centimètres sur 18 à 25 millimètres de largeur.

Pinnules étalées ou étalées-dressées, quelquefois un peu arquées, *contractées à la base*, au moins du côté antérieur, souvent un peu décurrentes vers le bas, à peine contiguës, plus *ordinairement légèrement séparées*, parfois un peu inégales, quatre à cinq fois plus longues que larges, mesurant 10 à 15 millimètres de hauteur sur 2 millimètres à 3mm,5 de largeur, légèrement bombées sur les bords. Nervure médiane droite, se continuant jusqu'au sommet de la pinnule; *nervures secondaires* assez étalées, un peu arquées, *se divisant en deux branches*, dont la plus élevée est quelquefois bifurquée.

Portions fertiles de la fronde semblables aux portions stériles; sporanges réunis généralement par quatre, légèrement soudés à leur base; synangium à contour carré, de 0mm,75 à 1 millimètre de côté, disposés en deux rangées de part et d'autre de la nervure médiane, et couvrant toute la face inférieure de la pinnule jusqu'au sommet.

Remarques paléontologiques.

Les figures 5 et 6 de la Pl. VIII montrent deux portions de pennes de cette espèce, l'une fertile et l'autre stérile; sur l'échantillon de la figure 5, les synangium sont vus par le haut, comme sur la penne de *Pec. cyathea* de la figure 3; mais il arrive assez fréquemment, par suite du léger bombement de la face supérieure des pinnules, que les axes des synangium des deux rangées latérales devaient converger légèrement, ce qui fait qu'on les trouve alors, sur les empreintes, rabattus transversalement vers la nervure médiane de manière à avoir leurs sommets appliqués contre elle.

Le *Pec. Candollei* se distingue assez aisément du *Pec. cyathea* par ses pinnules plus grandes, plus étroites par rapport à leur longueur, habituellement plus séparées, et par ses nervures toujours bifurquées. Il appartient d'ailleurs au même groupe que lui et que le *Pec. hemitelioides*, tandis que les espèces qui seront énumérées après celui-ci se distinguent par la soudure graduelle que contractent les unes avec les autres les pinnules, à mesure qu'elles diminuent de longueur en approchant du sommet, soit des pennes primaires, soit de la fronde; il en résulte qu'aux pennes simplement pinnées à pinnules distinctes succèdent des pennes seulement pinnatifides, puis lobées, ce qui n'a pas lieu chez les espèces qui viennent d'être décrites. Quant au *Pec. hemitelioides*, le *Pec. Candollei* en diffère par ses nervures toujours au moins une fois bifurquées. Rapports
et différences.

Comme le *Pec. cyathea*, mais sans être en général aussi répandu que lui, le *Pec. Candollei* se rencontre à la fois dans le Houiller supérieur et dans le Permien inférieur. Il est vraisemblable que des recherches plus attentives en feraient reconnaître la présence dans les schistes du Mont-Pelé, mais je ne l'ai pas vu parmi les échantillons de cette provenance. M. Grand'Eury le mentionne dans les couches houillères des environs de Sully et dans l'étage permien inférieur, à Lally[1]; quant à moi, je l'ai observé seulement dans les localités suivantes : Provenance.

Cortecloux, dans l'étage supérieur du Houiller ;

Igornay, Cordesse et Margenne, c'est-à-dire dans les trois étages successifs du Permien.

----

1. *Flore carb. du dép. de la Loire*, p. 512, 513.

PECOPTERIS (ASTEROTHECA) HEMITELIOIDES. Brongniart.

(Pl. IX A, fig. 2).

1833 ou 1834. **Pecopteris hemitelioides**. Brongniart, *Hist. végét. foss.*, I, pl. 108, fig. 1, 2 ;
p. 314. Grand'Eury, *Flore carb. du dép. de la Loire*, p. 70, pl. VIII, fig. 9. Renault, *Cours bot. foss.*, III, p. 140, pl. 17, fig. 9-11.
1836. **Hemitelites cibotioides**. Gœppert, *Syst. fil. foss.*, p. 330.
1838. **Partschia Brongniartii**. Presl, *in* Sternberg, *Ess. Fl. monde prim.*, II, fasc. 7-8,
p. 116.
1838. **Steffensia hemitelioides**. Presl, *in* Sternberg, *ibid.*, II, fasc. 7-8, p. 122.
1838. **Steffensia ? dubia**. Presl, *in* Sternberg, *ibid.*, II, fasc. 7-8, p. 124.
1879. **Asterotheca hemitelioides**. Schimper, *Handb. der Paläont.*, II, p. 90, fig. 65 (1, 2).
1883. **Scolecopteris hemitelioides**. Stur, *Zur Morph. u. Syst. d. Culm u. Carb. Farne*,
p. 123 ; *Carbon-Flora*, I, p. 205.
1888. **Pecopteris (Asterotheca) hemitelioides**. Zeiller, *Fl. foss. terr. houiller de Commentry*, 1re part., p. 433, pl. XI, fig. 6, 7.

Description de l'espèce.

Frondes vraisemblablement tripinnées. Rachis munis de courtes écailles appliquées, ou marqués de ponctuations éparses. Pennes primaires larges de 10 à 20 centimètres. *Pennes secondaires* étalées-dressées, *empiétant légèrement les unes sur les autres, à contour linéaire,* rapidement rétrécies à leur sommet en pointe obtuse, longues de 6 à 15 centimètres sur 12 à 25 millimètres de largeur.

Pinnules étalées ou étalées-dressées, souvent un peu *arquées,* à bords parallèles, arrondies au sommet, tantôt contiguës, tantôt légèrement séparées, *deux fois et demie à quatre fois plus longues que larges,* hautes de 6 à 12 millimètres sur 2 à 4 millimètres de largeur.

Nervation très nette ; *nervure médiane* se suivant jusqu'au sommet des pinnules, *non décurrente* à la base ; *nervures secondaires* obliques, *droites* ou à peines arquées, *toutes simples.*

Portions fertiles de la fronde semblables aux portions stériles ; sporanges réunis d'ordinaire par quatre ou par cinq, longs de 0mm,75 à 1 millimètre sur 0mm, 3 à 0mm, 4 de largeur ; synangium disposés en deux rangées de part et d'autre de la nervure médiane, contigus dans chaque rangée, et couvrant toute ou presque toute la face inférieure des pinnules.

Les pennes de cette espèce se rencontrent le plus souvent détachées des rachis qui les portaient et éparses à la surface des schistes ; on trouve quelquefois des portions de pennes primaires avec leurs pennes secondaires encore en place, mais le plus ordinairement les pennes secondaires elles-mêmes sont dissociées, et ce sont elles qu'on observe, dispersées les unes à côté des autres, en fragments plus ou moins étendus ; tel est le cas de l'échantillon représenté sur la figure 2 de la Pl. IX A. Il est probable, en raison de la très grande affinité qui existe entre le *Pec. hemitelioides* et les espèces précédentes, que ses frondes étaient constituées comme celles de ces dernières, c'est-à-dire tripinnées.

Remarques paléontologiques.

Il se distingue d'ailleurs très facilement parce que les nervures secondaires de ses pinnules restent toujours simples et n'offrent pas les bifurcations qu'on observe constamment chez le *Pec. Candollei*, et çà et là tout au moins chez le *Pec. cyathea*. A cet égard, il ressemble au *Pec. arborescens*, mais les dimensions beaucoup plus considérables de ses pinnules et leur longueur relative bien plus grande ne permettent pas de le confondre avec lui.

Rapports et différences.

Ce caractère, des nervures secondaires toujours simples, rapproche aussi le *Pec. hemitelioides* du *Pec. unita*, mais il diffère de celui-ci par l'indépendance de ses pinnules, ainsi que par l'absence de décurrence de la nervure médiane, et parce que ses nervures secondaires sont toujours droites ou du moins à peine arquées.

Le *Pec. hemitelioides* a été observé à diverses hauteurs dans le terrain houiller supérieur ; je n'ai, jusqu'à présent, constaté sa présence dans l'Autunois qu'au Mont-Pelé, au sommet de l'étage houiller moyen. M. E. Roche l'indique cependant dans les étages inférieur et moyen du Permien[1] ; M. Grand'Eury le signale en outre à Millery[2], dans l'étage permien supérieur, mais d'après le catalogue des collections du Muséum d'histoire naturelle et sans l'avoir vu par lui-même ; aussi cette indication ne doit-elle être acceptée que sous réserves.

Provenance.

1. *Bull. Soc. Géol.*, 3ᵉ sér., IX, p. 79.
2. *Flore carb. du dép. de la Loire*, p. 515.

PECOPTERIS (ASTEROTHECA) PLATONI. GRAND'EURY.

(Pl. VIII, fig. 7).

1885. **Pecopteris oreopteridia.** Zeiller (*non* Schlotheim sp.), *Bull. Soc. Géol.*, 3ᵉ sér., XIII, p. 138 (*pars*), pl. IX, fig. 1.
Pecopteris Platoni. Grand'Eury *msc.*
1888. **Pecopteris (Asterotheca) Platoni.** Zeiller, *Fl. foss. terr. houiller de Commentry*, 1ʳᵉ part., p. 141, pl. XXII, fig. 5, 6.

Description de l'espèce.

Frondes de grande taille, quadripinnées, du moins dans leur région inférieure, à pennes de moins en moins découpées à mesure qu'on approche du sommet. Rachis lisses. Pennes primaires étalées-dressées, empiétant les unes sur les autres, à contour lancéolé ou linéaire-lancéolé, variant, suivant la place qu'elles occupent, entre 20 et 75 centimètres de longueur sur 10 à 30 centimètres de largeur. *Pennes secondaires étalées-dressées, empiétant les unes sur les autres; à contour linéaire-lancéolé, longues de 5 à 20 centimètres, larges de 1 à 5 centimètres; celles de la région inférieure bipinnées, celles de la région supérieure simplement pinnées, les intermédiaires bipinnatifides.*

Pennes tertiaires de la région inférieure et moyenne étalées-dressées, se touchant par leurs bords, à contour linéaire, effilées au sommet en pointe obtuse, longues de 2 à 3 centimètres sur 5 à 15 millimètres de largeur. *Pinnules étalées-dressées,* arrondies au sommet, *à surface bombée, à bords repliés en dessous,* hautes de 3 à 8 millimètres et larges de 1 à 2 millimètres; *les plus grandes non contiguës, légèrement élargies à la base;* les plus petites se touchant par leurs bords. Vers les extrémités des pennes primaires comme vers le haut de la fronde, les pinnules se soudent graduellement, constituant des *pennes tertiaires pinnatifides,* divisées sur les deux tiers environ de leur longueur en lobes arrondis ou triangulaires, séparés par des sinus arrondis, leur sommet restant simple ou offrant seulement des ondulations plus ou moins irrégulières.

Nervure médiane des grandes pinnules large, flexueuse, finement ponctuée en dessous. *Nervures secondaires* légèrement obliques, les *inférieures bifurquées*, les supérieures simples.

Portions fertiles de la fronde ne différant des portions stériles que par un léger rétrécissement du limbe. Sporanges groupés par quatre ou cinq et peut-être davantage, étroitement serrés les uns contre les autres ; *synangium* à contour rectangulaire ou arrondi, de 0ᵐᵐ,60 à 0ᵐⁱⁿ,80 de diamètre, *très saillants*, couvrant toute la face inférieure des pinnules, bisériés sur chacune d'elles, et souvent plurisériés sur les pinnules terminales, tout au moins dans leur portion inférieure à contour lobé.

Remarques
paléontologiques.

Je n'ai eu entre les mains, parmi les échantillons du bassin d'Autun, qu'un petit fragment de cette espèce, représenté sur la figure 7 de la Pl. VIII ; on y voit l'extrémité d'une penne fertile, garnie au sommet de grandes pinnules simples, au-dessous desquelles on distingue des pinnules pinnatifides, ou du moins lobées à la base, sur une partie desquelles les sporanges sont plurisériés. Cette disposition provient de ce que, sur chaque lobe, on a trois ou quatre synangium, placés les uns à droite, les autres à gauche, et parfois l'un d'eux au sommet de la nervure médiane du lobe ; sur des pennes plus éloignées du sommet, ces lobes deviendraient des pinnules distinctes, portant chacune deux séries de synangium.

La largeur du rachis des quelques pinnules de l'échantillon figure 7, la constitution et la forte saillie des sporanges, ne me permettent pas d'hésiter sur l'attribution de ce fragment de penne au *Pec. Platoni*.

Rapports
et différences.

Cette espèce offre une si grande ressemblance avec le *Pec. oreopteridia*, dont la présence a été signalée dans le terrain houiller de l'Autunois, notamment à Épinac et au mont Pelé [1], qu'elles ont été souvent prises l'une pour l'autre. C'est un des motifs pour lesquels j'ai cru devoir m'abstenir de faire figurer dans le présent travail la description du *Pec. oreopteridia*, n'ayant pu vérifier son existence dans le bassin, et ne voulant mentionner que les espèces bien positivement constatées ; il est fort possible, en effet,

1. Grand'Eury, *Flore carb. du dép. de la Loire*, p. 511, 512. Delafond, *Bassin houiller et permien d'Autun et d'Épinac ;* Fasc. I, *Stratigraphie*, p. 23, 31.

que l'on ait désigné sous ce nom des empreintes de *Pec. Platoni*, la confusion étant facile lorsqu'on n'a sous les yeux que des fragments incomplets, ne montrant que des portions de pennes garnies de petites pinnules. La différence se reconnaît surtout sur les grandes pinnules pinnatifides qui succèdent, vers le sommet des pennes, aux pennes de dernier ordre simplement pinnées : chez le *Pec. oreopteridia*, les lobes sont plus larges, plus arrondis, plus serrés, et se continuent jusqu'à une moindre distance du sommet, tandis que chez le *Pec. Platoni* les pinnules pinnatifides ne sont lobées que sur une moins grande étendue et se terminent par une étroite bande tout à fait simple ; en outre, chez l'espèce qui vient d'être décrite, la nervure médiane est beaucoup plus large, plate, et finement ponctuée en dessous.

Provenance. L'échantillon figuré, le seul que j'aie vu de l'Autunois, a été recueilli par M. Roche dans les schistes bitumineux d'Igornay, c'est-à-dire dans la région inférieure du Permien ; mais on peut se demander, comme je l'ai dit tout à l'heure, si les empreintes du Houiller signalées sous le nom de *Pec. oreopteridia* appartiennent vraiment à cette espèce ou bien au *Pec. Platoni*, qui a été trouvé dans le Gard et à Commentry à divers niveaux du Houiller supérieur.

PECOPTERIS (ASTEROTHECA?) DENSIFOLIA. Gœppert (sp.).

(Pl. VII, fig. 3.)

1864. Cyatheites densifolius. Gœppert, *Foss. Fl. d. perm.* Form., p. 120, pl. XVII, fig. 1, 2.
1869. Pecopteris densifolia. Schimper, *Trait. de pal. vég.*, I, p. 503. Renault, *Cours bot. foss.*, III, p. 143, pl. 18, fig. 1, 2, (*an* pl. 19, fig. 1-6 ?). Zeiller, *Fl. foss. terr. houiller de Commentry*, 1re part., p. 152, pl. XVI, fig. 1-4.
1883. *An* Grand'Eurya autunensis. Stur, *Zur Morph. u. Syst. d. Culm u. Carb. Farne*, p. 46, fig. 12 *a*, *b*; *Carbon-Flora*, I, p. 104, fig. 16 *a*, *b* ?

Description de l'espèce. Frondes vraisemblablement tripinnées, et même quadripinnatifides à leur base. Rachis marqués de stries très fines, peu régulières, et de petites ponctuations éparses. Pennes primaires longues de 0^m,60 et plus sur 10 à

12 centimètres de largeur. Pennes secondaires étalées ou étalées-dressées, habituellement contiguës, à contour linéaire-lancéolé, longues de 5 à 12 centimètres, larges de 1 à 2 centimètres.

Pinnules étalées-dressées, *largement arrondies au sommet, légèrement contractées à la base,* au moins du côté antérieur, *un peu décurrentes* vers le bas, ordinairement contiguës, quelquefois partiellement soudées les unes aux autres, généralement *bombées sur les bords,* deux à trois fois plus longues que larges, hautes de 6 à 12 millimètres sur $2^{mm},5$ à 5 millimètres de largeur. Pinnules basilaires des pennes primaires inférieures plus grandes, et munies de lobes arrondis peu saillants.

Nervure médiane se prolongeant jusqu'au sommet de la pinnule, décurrente à la base; *nervures secondaires* assez étalées, *se divisant un peu au-dessus de leur base en deux branches presque toujours simples* et légèrement arquées.

Le fragment de penne représenté Pl. VII, fig. 3, doit appartenir à la région supérieure d'une penne primaire, à en juger par la soudure partielle de ses pinnules; à cet égard, il ressemble exactement à quelques-uns des spécimens de cette espèce recueillis à Commentry [1], sur lesquels on voit également les pinnules légèrement soudées à leur base, et le rachis de la penne offrant sur la face supérieure une dépression assez marquée au fond de laquelle court le faisceau vasculaire. Les pinnules de l'échantillon de la Pl. VII, fig. 3, présentent le long de leurs bords un bourrelet assez prononcé qui donnerait à penser que la penne portait des fructifications et que les pinnules se recourbaient en dessous pour protéger celles-ci; mais l'empreinte ne montrant que la face supérieure, il est impossible de se prononcer avec certitude.

Remarques paléontologiques.

On ne connaît d'ailleurs jusqu'à présent aucune empreinte de *Pec. densifolia* munie de fructifications visibles, de sorte que l'on ne doit accepter qu'avec quelque réserve l'identification que M. Renault a faite à cette espèce de pinnules fertiles trouvées à l'état silicifié dans les magmas quartzeux d'Autun. Je reproduis ci-contre les dessins que M. Renault a publiés de ces

1. *Fl. foss. terr. houiller de Commentry,* pl. XVI, fig. 4.

pinnules, auxquelles j'ai déjà fait allusion plus haut en parlant du genre *Asterotheca*. On voit sur les fig. 27 A et B que la dimension, la disposition,

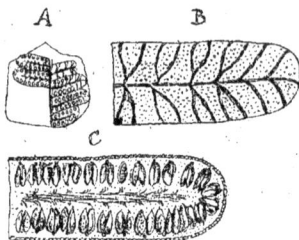

et la nervation de ces pinnules sont exactement conformes à ce qu'on observe chez le *Pec. densifolia*; de telle sorte que, si l'attribution reste légèrement douteuse, en raison de la petitesse du fragment A, elle est du moins extrêmement vraisemblable.

Il résulte de l'étude que M. Renault a faite de ces pinnules fertiles [1],

Fɪɢ. 27. — *Pec. densifolia.* Gœpp.(?) A. Fragment de ponne fertile, grand. nat. Quartz d'Autun. B, C. Pinnules du même échantillon, grossies 9 fois (D'après B. Renault).

que chacune d'elles porte, à droite et à gauche de sa nervure médiane, deux à trois séries de synangium, rangés les uns à la suite des autres le long des nervures secondaires : sur chacune des branches de celles-ci on compte en effet le plus souvent huit sporanges (Fig. 28 C_1), constituant deux synangium composés chacun de quatre sporanges ; quelquefois il y a, à l'extrémité de la nervule, deux sporanges de plus constituant par leur réunion un synangium plus petit que les précédents (Fig. 28 C_2). Ces sporanges sont ovoïdes, effilés en pointe au sommet, comme ceux des *Asterotheca*.

Les bords des pinnules étant fortement repliés en dessous

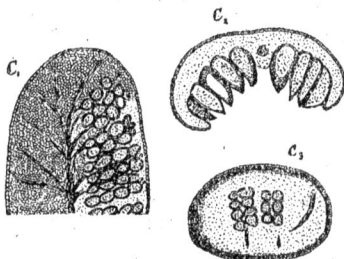

Fɪɢ. 28. — Pinnules fertiles du même échantillon, plus fortement grossies. C_1, coupe parallèle au limbe. C_2, coupe normale à la nervure médiane. C_3, coupe transversale faite à l'extrémité d'une pinnule (D'après B. Renault).

(Fig. 28 C_3), les synangium les plus éloignés de la nervure médiane ont leur axe presque parallèle au plan de la face supérieure de la pinnule et se

1. *Cours de botanique fossile,* 3ᵉ année, p. 114, pl. 19, fig. 1 à 6.

montrent coupés en long sur les sections faites parallèlement à ce plan
(Fig. 27 C). On voit alors bien nettement que les sporanges sont soudés à
leur base à un réceptacle commun, dressés les uns contre les autres, et dis-
joints seulement vers le sommet, disjonction qui paraît devoir être attribuée
à ce que ces fructifications approchaient de la maturité. Toutefois, l'époque
de la déhiscence n'était pas arrivée, car l'enveloppe, coriace et sans anneau,
ne présente aucun indice de rupture, et les spores, sphériques, très petites,
mesurant à peine 0^{mm},03 de diamètre, sont encore renfermées dans l'intérieur des sporanges. Le reploiement des bords de la pinnule avait apparemment pour but la protection des sporanges jusqu'au moment où ils
devaient disséminer leurs spores : il est vraisemblable qu'alors la convexité du limbe diminuait peu à peu, ce qui devait avoir pour conséquence
nécessaire la disjonction graduelle des sporanges de chaque synangium.
C'est par suite de ce reploiement que la section C, (Fig. 28), faite au voisinage de l'extrémité de la pinnule, rencontre le limbe suivant une courbe
fermée, à l'intérieur de laquelle on voit les coupes transversales des synangium extrêmes dressés normalement au limbe et parallèles à la nervure
médiane.

Le reploiement très accentué qu'on observe sur l'échantillon de la
fig. 3, Pl. VII, vient d'ailleurs à l'appui de l'identification des pinnules
silicifiées étudiées par M. Renault avec le *Pec. densifolia*.

Je serais également porté à attribuer à cette espèce les pinnules fertiles dont j'ai parlé plus haut[1], et qui ne diffèrent de celles que M. Renault
a décrites que par leurs dimensions un peu plus grandes ; ces dimensions
rentrent, au surplus, dans celles qu'on observe sur les grandes pinnules de
Pec. densifolia, et les lobes légèrement saillants que présente la pinnule A
de la figure 20 ne sont point un obstacle à cette attribution, certains échantillons de *Pec. densifolia* recueillis à Commentry portant, à la base des pennes
inférieures, des pinnules nettement lobées. Si l'on se reporte à la figure 20,
on voit que, sur ces pinnules, chaque nervule portait trois synangium à la

1. Voir *supra*, p. 23, 24, Fig. 20, 21.

suite l'un de l'autre, et les figures 20 C et 21 montrent que, ces synangium étant bien réellement constitués comme ceux du genre *Asterotheca*, il n'y a pas lieu d'admettre pour ces fructifications la création d'un genre distinct, proposée par M. Stur.

Si donc, comme tout porte à le croire, ces pinnules silicifiées appartiennent au *Pec. densifolia*, cette espèce viendrait se ranger parmi les *Asterotheca*, présentant seulement cette particularité, déjà observée sur certaines portions de pennes de *Pec. Platoni*, d'avoir des synangium plurisériés.

Le *Pec. densifolia* ne peut guère être confondu qu'avec le *Pec. polymorpha*, mais il s'en distingue facilement par sa nervation, ses nervures secondaires n'étant qu'une fois bifurquées, tandis que celles du *Pec. polymorpha* se bifurquent à deux reprises successives et se divisent ainsi en quatre nervules ; en outre, les variations de forme des pinnules vers l'extrémité des pennes sont infiniment moins étendues chez le *Pec. densifolia* que chez le *Pec. polymorpha*. Enfin, si le *Pec. densifolia* est bien un *Asterotheca*, les deux espèces différeraient encore par leurs fructifications, le *Pec. polymorpha* appartenant, par ses synangium nettement pédicellés, formés de capsules longuement effilées, au genre *Scolecopteris*.

Provenance. Le *Pec. densifolia*, considéré longtemps comme exclusivement permien, se montre déjà vers le haut du terrain houiller supérieur, notamment à Commentry, où il est relativement fréquent; peut-être se rencontrera-t-il également dans la région moyenne ou supérieure du Houiller de l'Autunois ; mais jusqu'à présent il n'a été observé dans le bassin que dans les schistes bitumineux de l'étage permien supérieur, à Millery, à moins, toutefois, que ce ne soit lui que M. Grand'Eury ait voulu signaler à Saint-Léger-du-Bois et à Chambois, sous le nom d'*Alethopteris densifolia*[1].

_____

1. *Fl. carb. du dép. de la Loire*, p. 543.

PECOPTERIS (SCOLECOPTERIS) POLYMORPHA, Brongniart.

(Pl. VIII, fig. 8.)

1834. **Pecopteris polymorpha.** Brongniart, *Hist. végét. foss.*, I, p. 334, pl. 113. Grand'Eury, *Flore carb. du dép. de la Loire*, p. 74, pl. VIII, fig. 10, 11. Zeiller, *Expl. Carte géol. Fr.*, IV, p. 91, pl. CLXIX, fig. 1-3. Renault, *Cours bot. foss.*, III, p. 446, pl. 20, fig. 1-10.

1877. **Scolecopteris conspicua.** Grand'Eury, *Flore carb. du dép. de la Loire*, p. 74, pl. VIII, fig. 10, 11.

1879. **Acitheca polymorpha.** Schimper, *Handb. der Paläont.*, II, p. 91, fig. 66 (9-12).

1883. **Scolecopteris polymorpha.** Stur, *Zur Morph. u. Syst. d. Culm u. Carb. Farne*, p. 107, fig. 21 ; p. 124 ; *Carbon-Flora*, I, p. 498, fig. 25 ; p. 205. Solms-Laubach, *Einleit. in die Paläophyt.*, p. 147, fig. 43 D. Zeiller, *Fl. foss. bass. houiller de Valenciennes*, p. 39, fig. 25 B.

1888. **Pecopteris (Scolecopteris) polymorpha.** Zeiller, *Fl. foss. terr. houiller de Commentry*, 1re part., p. 155, pl. XVI, fig. 5, 6.

1834. **Pecopteris Miltoni.** Brongniart (*non* Artis sp.), *Hist. végét. foss.*, I, p. 333 (*pars*), pl. 114, fig. 1-7 (*non* fig. 8). Sternberg, *Ess. Fl. monde prim.*, II, fasc. 7-8, p. 451 (*pars*).

1876. **Cyatheites Miltoni.** Heer, *Fl. foss. Helvet.*, p. 28, pl. VIII, fig. 5 (*an* fig. 6 ?) ; pl. IX ; pl. X, fig. 1, 2 ; pl. XX, fig. 6 (*an* fig. 7 ?).

1883. **Hawlea Bosquetensis.** Stur, *Zur Morph. u. Syst. d. Culm u. Carb. Farne*, p. 54 ; *Carbon-Flora*, I, p. 111.

Frondes de grandes dimensions, tripinnées, et même quadripinnatifides ou quadripinnées à leur base. Rachis lisses ou à peine marqués de quelques stries longitudinales. Pennes primaires étalées-dressées, empiétant légèrement les unes sur les autres, à contour linéaire-lancéolé, variant de 20 à 60 centimètres de longueur sur 5 à 12 centimètres de largeur. Pennes secondaires étalées, se touchant par leurs bords, à contour linéaire-lancéolé, longues de 2 à 8 centimètres, larges de 6 à 20 millimètres.

Pinnules étalées ou étalées-dressées, *largement arrondies au sommet*, à surface généralement un peu bombée, une fois et demie à trois fois plus longues que larges, hautes de 3 à 15 millimètres, larges de 2 à 5 millimètres ; *les plus grandes légèrement contractées à la base* en avant et en arrière ; *les plus petites* non contractées, *plus ou moins soudées les unes aux autres ;* cette soudure s'accentuant de plus en plus à mesure qu'on approche de l'extré-

Description de l'espèce.

mité des pennes primaires ou du sommet de la fronde, les pennes secondaires deviennent ainsi d'abord pinnatifides, à lobes arrondis de moins en
moins saillants, puis entières ; inversement vers le bas de la fronde, les
pinnules se transforment en petites pennes pinnatifides ou même pinnées.
Pinnule basilaire de chaque penne, du côté inférieur, *naissant presque dans
l'angle des deux rachis.*

Nervure médiane assez forte, non décurrente à la base. *Nervures secondaires assez étalées, bifurquées* un peu au-dessus de leur base *en deux branches
elles-mêmes* ordinairement *dichotomes;* nervules assez serrées.

Portions fertiles de la fronde semblables aux portions stériles; pennes
de dernier ordre fertiles seulement sur une portion de leur étendue et restant stériles à leur sommet. Sporanges groupés généralement par quatre,
longs de 3 à 4 millimètres sur $0^{mm},50$ à $0^{mm},75$ de diamètre, longuement
effilés en pointe au sommet; synangium bisériés, portés sur des récep-
tacles très saillants, souvent rabattus transversalement contre le limbe, les
pointes des sporanges dépassant alors notablement les bords des pinnules.

Remarques
paléontologiques. La figure 8 de la Pl. VIII représente un fragment de penne stérile
de cette espèce, vu en dessous, de telle façon que le rachis cache la plus
grande partie des pinnules basilaires. Il n'est généralement pas rare de rencontrer des échantillons fertiles de cette Fougère, avec leurs sporanges
rabattus normalement à la nervure médiane contre la surface du limbe, et
dépassant les bords de celui-ci, de manière à donner aux pinnules l'apparence de peignes à dents aiguës. La figure 22 B, que j'ai donnée plus haut,
montre d'ailleurs, en coupe longitudinale, la situation normale de ces
groupes de sporanges, qui diffèrent de ceux des *Asterotheca* par leur longueur beaucoup plus grande et surtout par le réceptacle saillant sur lequel
ils sont portés.

M. B. Renault a pu étudier complètement, sur des échantillons silicifiés recueillis au champ des Espargeolles, la constitution de ces fructifications; j'emprunte les renseignements suivants à la description qu'il en a
donnée : les synangium, bisériés sous chaque pinnule, sont formés chacun
de quatre sporanges, à l'exception cependant de ceux qui se trouvent à

l'extrémité de la pinnule et qui n'en comprennent souvent que trois (Fig. 29 A). Les bords du limbe, très développés, se recourbent en dessous de manière à envelopper presque complètement les groupes de sporanges (Fig. 29 B). Ceux-ci sont constitués par un réceptacle c (Fig. 29 B), normal au limbe, long de 1 millimètre environ, présentant en coupe transversale la forme d'une croix (Fig. 29 A et Fig. 30), et par quatre sporanges, soudés au réceptacle

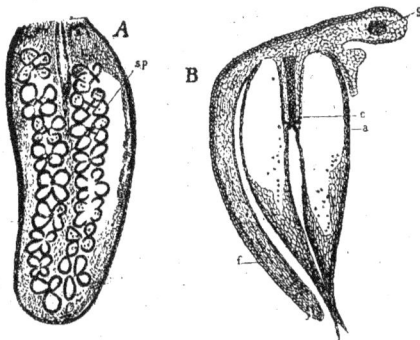

Fig. 29. — Pec. (Scolecopteris) polymorpha. Brong. A, coupe d'une pinnule fertile parallèle au plan du limbe, grossie 7 fois : sp, sporanges. B, coupe longitudinale d'un synangium, grossie 15 fois : a, enveloppe du sporange; c, réceptacle; f, bord de la pinnule replié en dessous; g, faisceau vasculaire. (D'après B. Renault.)

sur le quart ou le tiers inférieur de leur longueur, complètement libres sur le reste de leur étendue. Dans la portion qui regarde le réceptacle

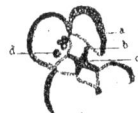

Fig. 30. — Coupe transversale d'un synangium du même échantillon, grossie 15 fois : a, portion épaissie de l'enveloppe du sporange; b, portion amincie de l'enveloppe; c, réceptacle; d, spores (D'après B. Renault).

et par laquelle chacun des sporanges vient s'attacher à l'une des branches de celui-ci, l'enveloppe n'est formée que d'une seule assise de cellules à parois minces (b, Fig. 30), tandis que, sur la région dorsale, elle est constituée par une ou plusieurs assises de cellules à parois épaissies, allongées dans le sens de la hauteur. A maturité, la membrane délicate de la face ventrale devait évidemment se déchirer pour mettre en liberté les spores contenues à l'intérieur du sporange. Ces spores (d, Fig. 30), étaient de forme sphérique, lisses, et mesuraient environ $0^{mm},08$ de diamètre.

On voit qu'il y avait là, d'un point à l'autre d'un même sporange, une

différenciation très accentuée dans la constitution de la paroi; cet épaississement de l'enveloppe ne saurait évidemment être assimilé à l'anneau
des Leptosporangiées, mais il remplissait le même but. On peut le rapprocher, ainsi que je l'ai dit, de l'épaississement que présentent sur leur face
dorsale certains sporanges trouvés à Autun, dont j'ai parlé plus haut[1];
mais, chez ces derniers, les cellules épaissies sont plus saillantes, plus distinctes de leurs voisines, et forment une bande moins étendue; la forme
et la taille des sporanges sont d'ailleurs très différentes.

**Rapports
et différences.**Parmi les espèces dont j'ai constaté la présence dans le bassin d'Autun,
le *Pec. densifolia* est la seule avec laquelle le *Pec. polymorpha* risque d'être
confondu; la confusion n'est toutefois possible que pour les pennes de la
région moyenne de la fronde, les pennes de dernier ordre voisines du sommet des pennes primaires ayant, chez le *Pec. polymorpha,* leurs pinnules très
réduites, soudées sur la plus grande partie de leur étendue, et ne formant
plus que des lobes arrondis plus ou moins saillants, caractère qui ne semble
pas se retrouver chez le *Pec. densifolia;* quant aux pinnules de taille
moyenne, celles du *Pec. polymorpha* ont, comme je l'ai dit, leurs nervules
beaucoup plus serrées, par suite de la double division des nervures secondaires, et la nervure médiane n'est pas décurrente à sa base, ce qui permet, avec un peu d'attention, de distinguer toujours ces deux espèces l'une
de l'autre.

Quant aux portions de pennes voisines du sommet de la fronde, elles
peuvent, avec leurs pinnules graduellement soudées, être prises pour des
pennes de *Pec. abbreviata,* et j'ai lieu de croire que c'est à une confusion de
ce genre qu'est due la mention, faite par M. Manès, du *Pec. abbreviata*
comme existant dans les schistes bitumineux de Muse[2]; en réalité, le *Pec.
abbreviata* ne paraît pas s'élever plus haut que la base du Houiller supérieur,
et il est facile à distinguer du *Pec. polymorpha* d'abord par la fine villosité
qui couvre ses pinnules, puis par ses nervules moins divisées, moins ser-

---

1. V. *supra*, p. 25-28.
2. Manès, *Statist. min., géol. et métall. de Saône-et-Loire,* p. 120. Grand'Eury, *Flore carb.
du dép de la Loire,* p. 514.

rées et d'ordinaire moins visibles; la constitution des fructifications est en outre quelque peu différente, le *Pec. abbreviata* appartenant au genre *Asterotheca*.

Provenance.

Le *Pec. polymorpha* est incontestablement l'une des Fougères les plus répandues dans le Houiller supérieur et dans le Permien inférieur, et il existe certainement à tous les niveaux du bassin d'Autun : j'ai en effet constaté sa présence à Épinac, dans l'étage houiller inférieur, à Igornay dans les schistes bitumineux inférieurs, et à Millery dans l'étage le plus élevé du Permien; il devra donc se rencontrer également dans les étages intermédiaires.

PECOPTERIS (PTYCHOCARPUS) UNITA. Brongniart.

(Pl. VIII, fig. 11).

1832 ou 1833. **Pecopteris longifolia**. Brongniart (*non* Phillips), *Hist. végét. foss.*, I, p. 273, pl. 82, fig. 2. Sternberg, *Ess. Fl. monde prim.*, II, fasc. 7-8, p. 158. Germar, *Verst. d. Steink. v. Wettin u. Löbejün*, p. 35, pl. XIII, fig. 1-5.

1838. **Diplazites longifolius**. Gœppert, *Syst. fil. foss.*, p. 275.

1849. **Desmophlebis longifolia**. Brongniart, *Tabl. d. genr. d. végét. foss.*, p. 23.

1869. **Goniopteris (Desmophlebis) longifolia**. Schimper, *Trait. d. pal. vég.*, I, p. 544.

1869. **Stichopteris longifolia**. Weiss, *Foss. Fl. d. jüngst. Steinkohl.*, p. 97, pl. IX-X, fig. 7, 8.

1835 ou 1836. **Pecopteris unita**. Brongniart, *Hist. végét. foss.*, I, p. 342, pl. 116, fig. 1-5. Sternberg, *Ess. Fl. monde prim.*, II, fasc. 7-8, p. 158. Grand'Eury, *Flore carb. du dép. de la Loire*, p. 76, pl. VIII, fig. 13. Lesquereux, *Coal-Flora*, p. 223, pl. XL, fig. 1-7. Renault, *Cours bot. foss.*, III, p. 119, pl. 20, fig. 11-19. Schmalhausen, *Pflanzenreste d. Artinsk. u. Perm-Ablager.*, p. 6, 34, pl. II, fig. 43. Kidston, *Trans. Roy. Soc. Edinb.*, XXXIII, part. II, p. 367, pl. XXIV, fig. 2-9.

1848. **Cyatheites unitus**. Gœppert, in Bronn, *Ind. pal.*, I, p. 365. Geinitz, *Verst. d. Steink. in Sachs.*, p. 25, pl. XXIX, fig. 4, 5.

1859. **Cyathocarpus unitus**. Weiss, *Foss. Fl. d. jüngst. Steinkohl.*, p. 88, pl. XII, fig. 5, 6.

1877. **Oligocarpia unita**. Stur, *Culm-Flora*, p. 294, 306.

1879. **Stichopteris unita**. Schimper, *Handb. der Paläont.*, II, p. 90, fig. 65 (6-8).

1883. **Diplazites unitus**. Stur, *Zur Morph. u. Syst. d. Culm u. Carb. Farne*, p. 143; *Carbon-Flora*, I, p. 214.

1888. **Ptychocarpus unitus**. Zeiller, *Fl. foss. bass. houiller de Valenciennes*, p. 40, fig. 26.

1888. **Pecopteris (Ptychocarpus) unita**. Zeiller, *Fl. foss. terr. houiller de Commentry*, 1re part., p. 162, pl. XVIII, fig. 1-5.

1836. **Diplazites emarginatus**. Gœppert, *Syst. l. foss.*, p. 274, pl. XVI, fig. 1, 2.

1838. **Pecopteris emarginata**. Presl, in Sternberg, *Ess. Fl. monde prim.*, II, fasc. 7-8, p. 158.

Bunbury, *Quart. Journ.*, II, p. 84, 90, pl. VI, fig. 1-5. Lesquereux, *Coal-Flora*, p. 225, pl. XXXIX, fig. 11.

1869. **Goniopteris (Desmophlebis) emarginata.** Schimper, *Trait. de pal. vég.*, I, p. 544.

1870. **Alethopteris emarginata.** Lesquereux, *Geol. Surv. of Illinois,* IV, p. 398, pl. XIII, fig. 4

1881. **Goniopteris emarginata.** Weiss, *Aus d. Steink.*, p. 17, pl. 18, fig. 110.

1869. **Ptychocarpus hexastichus.** Weiss, *Foss. Fl. d. jüngst. Steinkohl.*, p. 95, pl. XI, fig. 2.

1880. **Goniopteris oblonga.** Fontaine et White, *Permian Flora*, p. 83, pl. XXX, fig. 3-5.

Description de l'espèce.

Frondes de grande taille, tripinnées. Rachis munis de petites écailles caduques, et après leur chute, de petites cicatricules éparses. *Pennes facilement caduques,* se trouvant le plus habituellement détachées du rachis. Pennes primaires plus ou moins étalées, empiétant fortement les unes sur les autres, à contour linéaire-lancéolé, longues de 20 à 60 centimètres et larges de 4 à 12 centimètres. Pennes secondaires plus ou moins étalées, se touchant ou empiétant légèrement les unes sur les autres, à bords parallèles, contractées au sommet en pointe obtuse, longues de 4 à 12 centimètres sur 5 à 15 millimètres de largeur.

Pinnules étalées-dressées, *arrondies au sommet,* hautes de 3 à 8 millimètres et larges de 1^{mm},5 à 3^{mm},5, *exactement contiguës, soudées les unes aux autres sur une hauteur variable,* suivant la position sur la fronde de la penne considérée; celles de la région moyenne et inférieure soudées sur 1/6 à 1/4 de leur longueur, celles de la région supérieure se soudant de plus en plus complètement de manière à former des pennes d'abord de moins en moins profondément pinnatifides, puis seulement lobées, et enfin tout à fait entières.

Nervure médiane décurrente à la base; *nervures secondaires* plus ou moins obliques, *toutes simples, se courbant en avant* à mesure que les pinnules se soudent entre elles, *de manière à atteindre toujours le bord libre du limbe.*

Portions fertiles de la fronde semblables aux portions stériles; pennes de dernier ordre souvent fertiles sur une portion de leur étendue et restant stériles à leur sommet. Sporanges presque cylindriques, au nombre de cinq à huit, dressés autour d'un réceptacle très développé et soudés latérale-

' ment les uns aux autres sur toute leur hauteur, formant ainsi des *synan-gium très saillants, bisériés sur les pinnules normales, plurisériés sur les pennes* pinnatifides ou simples *de la région supérieure.*

La fig. 11 de la Pl. VIII représente une penne secondaire de la région moyenne ou inférieure de la fronde, détachée du rachis, ainsi qu'il arrive le plus souvent. Il est assez rare, pour cette espèce, de rencontrer les pennes secondaires et surtout les pennes primaires encore en place sur les rachis qui les portaient.

On en trouve assez fréquemment des spécimens fructifiés, bien recon-naissables à leurs synangium très charbonneux, fortement saillants, présen-tant à leur surface autant de côtes saillantes qu'il entre de sporanges dans leur constitution; j'ai donné plus haut, du reste (Fig. 23, p. 25), des dessins de ces fructifications, dont M. B. Renault a pu étudier la structure au moyen de coupes minces faites sur des échan-tillons silicifiés recueillis par lui aux environs d'Autun.

Je reproduis ci-contre les figures qu'il en a publiées : on voit sur la Fig. 31 A que les nervules fertiles s'ar-rêtent à peu près à mi-chemin du bord du limbe, pour se recourber à angle droit et constituer un réceptacle sail-lant, le long duquel s'attachent les spo-ranges, étroitement soudés eux-mêmes les uns aux autres : la Fig. 31 C montre, au centre du synangium, la coupe trans-versale du faisceau vasculaire de la ner-vule qui se prolonge dans le réceptacle.

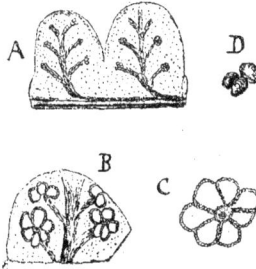

Fig. 31. — *Pec. (Ptychocarpus) unita.* Brong. A, coupe de pinnules fertiles passant dans le plan du limbe un peu au-dessous de la base des synangium, grossie 10 fois. B, coupe d'une portion de pinnule fertile avec 4 synangium, grossie 15 fois. C, coupe transversale d'un synangium, plus fortement grossie. D, spores, grossies 100 fois. (D'après B. Renault.)

Cette disposition des sporanges peut être rapprochée de celle qu'on observe dans le genre vivant *Kaulfussia* (Fig. 15, p. 20), chez lequel les sporanges sont également rangés en couronne autour d'un réceptacle central, et soudés latéralement les uns aux autres sur toute leur longueur;

9

mais, dans le genre *Ptychocarpus*, ils sont en outre soudés au réceptacle, qui se prolonge jusqu'à leur sommet, et ils constituent ainsi des synangium très saillants dont la forme rappelle un peu celle d'un gâteau de Savoie. Ces sporanges sont entièrement coriaces et leur paroi ne semble offrir aucun indice de différenciation. Les spores, très petites, ressemblent, par leur dimension, à celles des Marattiacées vivantes.

La soudure graduelle très prononcée des pinnules, l'absence de bifurcation des nervures secondaires, permettent de distinguer facilement le *Pec. unita* de toutes les autres espèces de Fougères qu'on a rencontrées avec lui dans le bassin d'Autun. Peut-être cependant pourrait-on le rapprocher à cet égard du *Pec. dentata*, chez lequel les pinnules peuvent aussi se souder les unes aux autres et dont les nervules sont souvent tout à fait simples ; mais celui-ci a les pinnules rétrécies vers le sommet en pointe obtuse et, de plus, souvent lobées dans leur région inférieure ; les nervures secondaires qui se rendent dans ces lobes sont alors toujours ramifiées ; enfin la transformation des pennes normales en pennes simples est beaucoup plus brusque ; il est donc impossible de confondre ces deux espèces.

Le *Pec. unita* a été rencontré à peu près à tous les niveaux du Houiller supérieur, depuis sa base jusqu'à son sommet, et il se montre également dans le Permien, sans peut-être s'y élever aussi haut que les deux espèces précédentes.

Je n'en ai pas vu d'empreintes provenant du terrain houiller de l'Autunois ; mais j'ai reconnu sa présence dans l'étage permien inférieur, à Igornay, où M. Roche en a recueilli quelques échantillons.

PECOPTERIS (DACTYLOTHECA) DENTATA. BRONGNIART.

(Pl. IX A, fig. 3.)

1825. *An* **Filicites plumosus**. Artis, *Anted. Phyt.*, pl. 17 ?
1834. **Pecopteris dentata**. Brongniart, *Hist. végét. foss.*, I, pl. 124 ; p. 346 ; pl. 123, fig. 1-5. Lindley et Hutton, *Foss. Fl. Gr. Brit.*, II, pl. 154. Sternberg, *Ess. Fl. monde prim.*, II, fasc. 7-8, p. 152. Zeiller, *Expl. Carte géol. Fr.*, IV, p. 86, pl. CLXVIII, fig. 3, 4. Renault, *Cours bot. foss.*, III, p. 121, pl. 21 ; fig. 4, 5.

1836. **Cyatheites dentatus.** Gœppert, *Syst. fil. foss.*, p. 325. Geinitz, *Verst. d. Steink. in Sachs.*, p. 26 (*pars*), pl. XXIX, fig. 10-12; pl. XXX, fig. 2.

1838. **Pecopteris Brongniartiana.** Presl, *in* Sternberg, *Ess. Fl. monde prim.*, II, fasc. 7-8, p. 160.

1869. **Cyathocarpus dentatus.** Weiss, *Foss. Fl. d. jüngst. Steinkohl.*, p. 86.

1877. **Senftenbergia dentata.** Stur, *Culm-Flora*, II, p. 293.

1883. **Dactylotheca dentata.** Zeiller, *Ann. sc. nat.*, 6ᵉ sér., Bot., XVI, p. 184, 207 ; pl. 9, fig. 12-15 ; *Fl. foss. bass. houiller de Valenciennes*, p. 30, fig. 16.

1884. **Pecopteris (Dactylotheca) dentata.** Zeiller, *Bull. Soc. Géol.*, 3ᵉ sér., XII, p. 201 ; *Fl. foss. bass. houiller de Valenciennes*, p. 496, pl. XXVI, fig. 1, 2 ; pl. XXVII, fig. 1-4; pl. XXVIII, fig. 5 (var. *delicatula*).

1835 ou 1836. **Pecopteris plumosa.** Brongniart, *Hist. végét. foss.*, I, p. 348, pl. 121, fig. 1, 2 ; pl. 122, fig. 1-4.

1877. **Senftenbergia plumosa.** Stur, *Culm-Flora*, II, p. 293 ; *Carbon-Flora*, I, p. 92, pl. LI, fig. 1-3.

1886. **Dactylotheca plumosa.** Kidston, *Catal. palæoz. plants Brit. Mus.*, p. 128, 259 (*pars*); *Trans. Roy. Soc. Edinb.*, XXIII, part. II, p. 381 (*pars*).

1888. **Dactylotheca plumosa,** var. **dentata.** Kidston, *Trans. Roy. Soc. Edinb.*, XXIII, part. II, p. 382.

1885. **Senftenbergia acuta.** Stur, *Carbon-Flora*, I, p. 96, pl. LI, fig. 4-5.

Frondes d'assez grande dimension, tripinnées, et même quadripinnatifides ou peut-être quadripinnées dans leur région la plus inférieure. *Rachis marqués de fines ponctuations.* Pennes primaires étalées-dressées, empiétant les unes sur les autres, à contour lancéolé, très légèrement rétrécies à leur base, longues de 20 à 40 centimètres sur 5 à 10 centimètres de largeur ; rachis primaire muni, à la base de chacune de ces pennes, d'une foliole ou penne anomale (*Aphlebia*), souvent caduque, dressée le long du rachis, profondément pinnatifide ou bipinnatifide, divisée en étroites lanières linéaires, longue de 15 à 20 millimètres sur 10 à 12 millimètres de largeur. *Pennes secondaires* plus ou moins étalées, *empiétant les unes sur les autres*, à contour linéaire-lancéolé, *effilées au sommet en pointe obtusément aiguë*, longues de 3 à 5 centimètres sur 4 à 8 millimètres de largeur.

Pinnules étalées-dressées, *légèrement bombées* en dessus, *à contour* plus ou moins *étroitement triangulaire, obtusément aiguës* au sommet, entières, ou munies vers le bas de quelques lobes arrondis, légèrement saillants, hautes de 3 à 5 millimètres, larges à leur base de 1 millimètre à 2ᵐᵐ,5, *légèrement soudées* entre elles, mais se soudant plus complètement au voisinage du

Description de l'espèce.

sommet des pennes primaires, de manière à former d'abord des pennes simplement pinnatifides, qui passent ensuite rapidement à de grandes pinnules entières. Pinnule basilaire de chaque penne généralement plus courte que les suivantes et munie d'un lobe plus accentué.

Nervation nette ; *nervure médiane à peine décurrente* à la base ; *nervures secondaires* plus ou moins étalées, *les plus basses bifurquées* ou même ramifiées, *les supérieures simples.*

Portions fertiles de la fronde ne différant des portions stériles que par une légère contraction du limbe ; pennes de divers ordres généralement fertiles sur une partie seulement de leur étendue et restant stériles dans leur partie supérieure. *Sporanges indépendants,* ovoïdes, aigus au sommet, longs de $0^{mm},50$ à $0^{mm},75$, *couchés sur les dernières ramifications des nervures* secondaires.

Remarques
paléontologiques.
La fig. 3 de la Pl. IX A montre une portion de fronde de cette espèce, mais dépourvue des *Aphlebia* ou pennes anomales profondément laciniées, qui souvent masquent presque complètement le rachis primaire et qui, sur l'échantillon figuré, avaient disparu avant la fossilisation, ou plutôt peut-être sont restées engagées dans la roche de la contre-empreinte. Le peu de développement des lobes à la partie inférieure des pinnules s'accorde avec le peu de largeur des pennes primaires pour indiquer qu'on a affaire ici à une région déjà assez voisine du sommet de la fronde. Sur des pennes plus basses, les pinnules présenteraient des lobes plus nombreux et plus saillants, avec des nervures secondaires plus divisées, ainsi qu'on peut le voir sur la figure que j'ai donnée plus haut (Fig. 17, p. 21) des fructifications de cette espèce.

Rapports
et différences
Le *Pec. dentata* se distingue aisément, ainsi que je l'ai déjà dit, du *Pec. unita* par la forme triangulaire de ses pinnules, beaucoup moins arrondies à leur sommet, d'ordinaire moins largement soudées entre elles et munies de lobes dans leur région inférieure, ainsi que par la division des nervures secondaires les plus basses. Il a, en revanche, les affinités les plus étroites avec certaines espèces du Houiller supérieur, telles que le *Pec. Bioti* et le *Pec. Gruneri,* qui pourront être rencontrées quelque jour dans l'Autunois ; on

peut cependant, quand on a affaire à des échantillons assez complets et suffisamment bien conservés, parvenir à les distinguer, grâce à quelques caractères que je vais indiquer : le *Pec. Bioti* a les rachis lisses, et non ponctués, les pennes primaires plus linéaires et plus étroites par rapport à leur longueur, les pinnules moins profondément lobées, et les lobes généralement plus étroits ; le *Pec. Gruneri* a également les rachis lisses et les pennes proportionnellement plus étroites ; ses pinnules sont beaucoup moins nettement lobées et plus arrondies à leur sommet ; enfin le limbe est beaucoup plus épais, de telle sorte que la nervation reste à peu près indistincte.

Il serait sans intérêt de discuter ici la synonymie de cette espèce, sur laquelle j'ai donné suffisamment de détails dans mon étude sur la flore fossile du bassin de Valenciennes ; je me bornerai à rappeler que, tout en réunissant ensemble le *Pec. plumosa* et le *Pec. dentata* de Brongniart, j'avais émis des doutes sur leur identité avec le *Filicites plumosus* d'Artis ; depuis lors M. Kidston, dont les beaux travaux sur la flore houillère d'Angleterre fournissent à la science de si précieux renseignements, a exprimé la conviction, d'après l'étude qu'il a pu faire des échantillons anglais, que le *Pec. dentata* n'était qu'une forme du *Pec. plumosa* ; s'il en est ainsi, le nom spécifique d'Artis devra évidemment être conservé, comme ayant la priorité. Toutefois, dans une récente brochure[1], M. Kidston lui-même a fait remarquer que le *Pec. dentata* manquait ou semblait tout au moins fort rare dans des couches où le *Pec. plumosa* se rencontre en abondance ; aussi, tout en persistant à croire que l'un n'est probablement qu'une variété de l'autre, s'est-il demandé s'il ne conviendrait pas de laisser encore la question pendante.

Ce parti me paraît aussi préférable, et je conserve ici, comme je l'ai déjà fait ailleurs, le nom spécifique de *dentata* sans rien préjuger sur l'identité de l'espèce de Brongniart et de l'espèce d'Artis.

Le *Pec. dentata,* répandu dans tout le Houiller moyen, passe de là dans

Synonymie.

Provenance.

1. *Trans. Roy. Soc. Edinb.,* XXXV, part. II, p. 410.

le Houiller supérieur; mais il ne paraît pas s'y élever bien haut. Il n'a été rencontré, aux environs d'Autun, que dans les couches d'Épinac, et sa présence dans ces couches vient confirmer l'ancienneté relative de leur formation.

PECOPTERIS EXIGUA. Renault.

1883. **Pecopteris exigua.** Renault, *Cours bot. foss.*, III, p. 115, pl. 19, fig. 13-18.
1883. **Senftenbergia exigua.** Stur, *Zur Morph. u. Syst. d. Culm u. Carb. Farne,* p. 37, fig. 10; p. 44; *Carbon-Flora,* I, p. 68, fig. 14; p. 72.

Description de l'espèce.

Pennes fertiles larges d'environ 2 millimètres. *Pinnules* étalées-dressées, légèrement bombées en dessus, contiguës, *contractées à la base en avant et en arrière*, à bords parallèles, *arrondies au sommet, très petites,* longues de 1 millimètre sur $0^{mm},25$ à $0^{mm},50$ de largeur. Nervure médiane légèrement sinueuse; *nervures secondaires* alternes ou subopposées, un peu arquées, *toutes simples.*

Sporanges dépourvus d'anneau, indépendants, ovoïdes, aigus au sommet, longs de $0^{mm},40$ à $0^{mm},50$, au nombre de six à huit sous chaque pinnule; disposés en deux séries parallèles de part et d'autre de la nervure médiane, *dirigés normalement au limbe* et se touchant mutuellement.

Remarques paléontologiques.

Cette espèce a été créée par M. Renault sur un fragment de penne fertile silicifiée trouvé par lui dans les quartz des environs d'Autun; le croquis ci-contre (Fig. 32) reproduit les dessins qu'il en a publiés.

Sur la penne A, les pinnules sont détachées du rachis qui les portait et montrent nettement à leur base la contraction de leurs bords; la coupe B, menée perpendiculairement au rachis commun, et le fragment de penne E font voir, sous chaque pinnule, trois ou quatre sporanges placés à la suite l'un de l'autre sur un des côtés de la nervure médiane, et fixés au limbe par une certaine étendue de leur base, mais non pédicellés. Une coupe normale à la nervure médiane de l'une des pinnules, telle que C, montre les sporanges placés en deux séries l'une à droite, l'autre à gauche de la nervure médiane; on y remarque en outre le reploiement des bords de la pinnule, qui s'appliquent sur les sporanges jusqu'au tiers ou à la moitié de leur longueur. La disposition bisériée des sporanges se voit mieux encore sur la

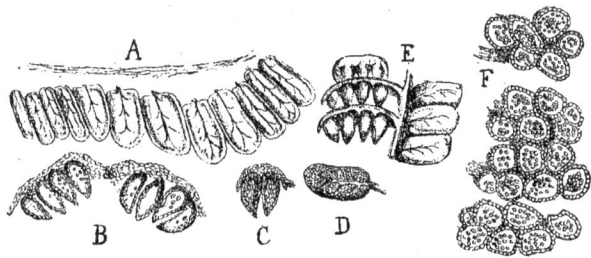

FIG. 39. — *Pec. exigua.* Renault. A, portion de penne, vue en dessus, grossie 20 fois. B, coupe transversale d'une penne, grossie 20 fois. C, coupe transversale d'une pinnule. D, pinnule isolée montrant la nervation, grossie 15 fois. E, portion de penne dont les pinnules sont vues à plat d'un côté et coupées obliquement de l'autre. F, section parallèle au plan du limbe montrant la coupe transversale des sporanges de quatre pinnules consécutives, grossie plus fortement. (D'après B. Renault.)

coupe plus fortement grossie F, menée parallèlement au limbe et à peu de distance de celui-ci; les sporanges y apparaissent pressés les uns contre les autres et plus ou moins déformés par leur contact mutuel.

On ne constate aucune trace de différenciation des parois, et cette espèce vient ainsi se classer parmi les Marattiacées. Considérés isolément, les sporanges ont d'ailleurs par leur forme et leurs dimensions une ressemblance frappante avec ceux du genre *Dactylotheca,* et notamment avec ceux du *Dact. dentata;* comme eux ils sont indépendants, au lieu d'être réunis en synangium comme chez les *Asterotheca;* mais leur disposition n'est pas la même : ils sont en effet perpendiculaires au limbe au lieu d'être couchés sur les nervures, et il ne paraît pas possible d'admettre que cette différence doive être attribuée uniquement à la différence des conditions de fossilisation, ainsi que l'a pensé M. Stur[1]. D'après lui, les sporanges de l'échantillon silicifié auraient conservé leur position naturelle, tandis que ceux des *Dactylotheca* observés

1. *Carbon-Flora,* I, p. 71.

en empreintes n'apparaîtraient couchés sur les nervures que par suite de la compression qui les aurait rabattus sur le limbe. Or il est évident ici, d'après l'examen de la coupe C (Fig. 32), que les sporanges, s'ils étaient rabattus sur le limbe, en dépasseraient de beaucoup les bords, ce qui n'a pas lieu chez les *Dactylotheca;* de plus ce rabattement accidentel devrait se faire pour tous à peu près dans le même sens ou tout au moins les étaler au hasard dans une direction quelconque, et non point coucher chacun d'entre eux le long de la nervure sur laquelle il était fixé, ainsi qu'on le voit chez le *Dact. dentata* et chez les autres espèces du même genre que j'ai pu examiner. Enfin la réduction du limbe, si accentuée chez le *Pec. exigua*, dont les pinnules stériles ne pouvaient manquer d'avoir des dimensions plus grandes que celles de l'échantillon silicifié, constitue encore un caractère distinctif qui s'ajoute à ceux que je viens de signaler pour empêcher de rattacher cette espèce au genre *Dactylotheca*, malgré les affinités qu'il peut avoir avec lui.

Quant à l'attribution de cette espèce au genre *Senftenbergia*, elle découle de l'interprétation admise par M. Stur et d'après laquelle les sporanges de ce dernier genre, au lieu d'être munis d'une calotte apicale nettement différenciée comme l'a indiqué Corda et comme nous l'avons également constaté M. Renault et moi, auraient été dépourvus de plaque élastique; les genres *Dactylotheca* et *Senftenbergia* seraient dès lors identiques. Ayant donné ailleurs[1], avec tous les détails nécessaires, les raisons pour lesquelles je ne puis souscrire à cette interprétation, je crois inutile d'y revenir ici.

A mon avis le *Pec. exigua* devrait constituer un type générique nouveau, voisin, mais distinct du genre *Dactylotheca;* en tout cas M. Renault n'ayant pas jugé à propos d'imposer un nom spécial à ce genre, peut-être encore un peu trop insuffisamment connu, je crois devoir observer la même réserve.

Rapports et différences.   Il est impossible, sur un échantillon aussi fragmentaire et en l'absence de pinnules stériles, de comparer cette espèce aux autres *Pecopteris;* tout ce qu'on en peut dire, d'après la contraction de la base, c'est que le *Pec. exigua* paraît, au point de vue de la forme extérieure, se rapprocher des espèces à

1. *Ann. des sc. nat.*, 6ᵉ sér., Bot., XVI, p. 185, 188; *Fl. foss. du bass. houiller de Valenciennes*, p. 31, 51; *Fl. foss. du terr. houiller de Commentry*, p. 106, 107.

pinnules névroptéroïdes, tandis qu'il s'en écarte par ses nervures secondaires non divisées, se rapprochant au contraire à cet égard de diverses autres espèces, comme les *Pec. arborescens* et *P. cyathea* d'une part, et le *Pec. dentata* d'autre part.

Quartz des gisements permiens des environs d'Autun.

Provenance.

PECOPTERIS FEMINÆFORMIS. Schlotheim (sp.).

(Pl. VIII, fig. 9, 10).

1804. Schlotheim, *Flora der Vorwelt,* pl. IX, fig. 16.
1820. **Filicites fœminæformis**. Schlotheim, *Petrefactenkunde,* p. 407.
1826. **Pecopteris arguta**. Sternberg, *Ess. Fl. monde prim.,* I, fasc. 4, p. xix; II, fasc. 7-8, p. 157. Brongniart, *Hist. végét. foss.,* I, p. 303, pl. 108, fig. 3, 4. Zeiller, *Expl. Carte géol. Fr.,* IV, p. 93, pl. CLXVI, fig. 5, 6. Renault, *Cours bot. foss.,* III, p. 120, pl. 20, fig. 20, 21.
1836. **Polypodites elegans**. Gœppert, *Syst. fil. foss.,* p. 344, pl. XV, fig. 10.
1836. **Aspidites argutus**. Gœppert, *ibid.,* p. 359.
1838. **Pecopteris ? Schlotheimii**. Presl, *in* Sternberg, *Ess. Fl. monde prim.,* II, fasc. 7-8, p. 161.
1855. **Cyatheites argutus**. Geinitz, *Verst. d. Steink. in Sachs.,* p. 24, pl. XXIX, fig. 1-3.
1869. **Goniopteris (Eugoniopteris) arguta**. Schimper, *Trait. de pal. vég.,* I, p. 543.
1877. **Oligocarpia fœminæformis**. Stur, *Culm-Flora,* p. 294, 306.
1881. **Pecopteris fœminæformis**. Sterzel, *Paläont. Charakt. d. ob. Steink. u. d. Rothl. im erzgeb. Beck.,* p. 116. Zeiller, *Fl. foss. terr. houiller de Commentry,* 1re part., p. 174, pl. XVIII, fig. 6; pl. XXXI, fig. 6.
1881. **Goniopteris arguta**. Weiss, *Aus d. Steink.,* p. 17, pl. 18, fig. 109.

Frondes probablement tripinnées. Rachis lisses ou marqués çà et là de fines ponctuations peu visibles. Pennes primaires larges de 20 à 30 centimètres, longues d'au moins 40 à 50 centimètres. *Pennes secondaires plus ou moins étalées, se touchant ou empiétant un peu les unes sur les autres par leurs bords, à contour linéaire-lancéolé, effilées vers le sommet en pointe très aiguë,* longues de 10 à 15 centimètres, larges de 2 à 3 centimètres.

Pinnules ordinairement étalées à angle droit sur le rachis, à contour étroitement triangulaire, aiguës ou obtusément aiguës au sommet, soudées entre elles à la base, *dentelées en scie sur les bords,* hautes de 7 à 20 millimètres sur 2 à 5 millimètres de hauteur.

Nervure médiane non décurrente à la base; *nervures secondaires obliques,*

Description de l'espèce.

10

toutes simples, aboutissant au sommet des dents, les deux plus inférieures aboutissant au milieu de la bande qui soude chaque pinnule à ses voisines.

On n'a jamais rencontré de cette espèce que des fragments de ses pennes primaires, mais on n'a pas, jusqu'à présent, trouvé celles-ci attachées au rachis principal; très souvent on ne trouve même que des portions éparses de pennes secondaires, comme sur les échantillons de la Pl. VIII, fig. 9 et fig. 10. Il arrive assez fréquemment, comme sur l'empreinte de la fig. 9, que, par suite d'un défaut de conservation, la bande étroite qui réunit les pinnules à leur base semble manquer, de sorte qu'elles paraissent alors rétrécies en coin vers leur insertion et complètement indépendantes; c'est ce qui a lieu, au reste, sur la figure type publiée par Schlotheim dans sa *Flora der Vorwelt;* mais ce n'est là qu'une apparence accidentelle, et, si le limbe a été détruit ou déchiré sur quelques points dans cette région, il est presque toujours possible, sur d'autres points, de constater, avec un peu d'attention, la soudure mutuelle des pinnules.

Cette espèce n'a été rencontrée, jusqu'ici, qu'à l'état stérile.

Par la soudure franche de ses pinnules à leur base, le *Pec. feminæformis* peut être rapproché des deux espèces qui précèdent, mais la dentelure très marquée des pinnules ne permet de le confondre avec aucun autre.

Il se rencontre dans presque toute l'étendue du Houiller supérieur, sauf peut-être à sa base; sans être rare, il ne semble cependant très commun à aucun niveau : on doit s'attendre à le trouver au mont Pelé et dans l'étage du Molloy, mais je ne l'ai pas vu de ces provenances. M. Roche en a recueilli plusieurs spécimens à Igornay, dans l'étage permien inférieur, et il l'a signalé aussi dans l'étage moyen [1]; peut-être est-ce à lui qu'il faudrait rapporter l'espèce mentionnée par M. Grand'Eury comme fréquente à Lally, sous le nom de *Pec. subelegans;* mais, ainsi que je l'ai dit plus haut, je ne puis savoir exactement quelle est la plante qui a été désignée sous ce nom, et je n'émets cette hypothèse que sous toutes réserves.

---

[1]. *Bull. Soc. Géol.,* 3ᵉ sér., IX, p. 79.

Genre CALLIPTERIDIUM. Weiss.

1828. **Pecopteris**. Brongniart, *Prodr.*, p. 54 *(pars)* ; *Hist. végét. foss.*, I, p. 267 *(pars)*.
1869. **Neuropteridium**. Weiss *(non* Schimper), *Foss. Fl. d. jüngst. Steinkohl*, p. 28.
1870. **Callipteridium**. Weiss, *Zeitschr. d. deutsch. geol. Gesellsch.*, XXII, p. 858.

Frondes habituellement tripinnées. *Rachis primaire garni, dans l'intervalle des pennes primaires bipinnées, de petites pennes simplement pinnées; rachis secondaires portant directement, entre les bases de deux pennes secondaires consécutives, de une à trois pinnules* de forme normale ou à contour triangulaire. *Pinnules attachées au rachis par toute leur largeur,* d'ordinaire très étalées, contiguës au moins à la base et souvent légèrement soudées entre elles, à bords parallèles ou faiblement convergents, entières, arrondies ou obtusément aiguës au sommet. *Nervure médiane nette, se subdivisant en nervules un peu avant d'atteindre le sommet* des pinnules; *nervures secondaires* se détachant sous des angles plus ou moins ouverts, *une ou d'ordinaire plusieurs fois bifurquées sous des angles aigus; nervures inférieures, au-dessus comme au-dessous de la nervure médiane, naissant directement du rachis.*

Bien qu'il ait été recueilli de très grands échantillons de quelques-unes des espèces de ce genre, les frondes en sont, en général, moins bien connues que celles des *Pecopteris*. Dans l'espèce qu'on a pu étudier le plus complètement, le *Call. pteridium,* ces frondes, au lieu de porter jusqu'à leur sommet des pennes primaires bipinnées graduellement décroissantes, se terminaient par une sorte de bifurcation, le rachis primaire s'infléchissant pour se continuer par une penne bipinnée semblable aux pennes latérales. Vers le sommet des pennes primaires, les pinnules se soudent les unes aux autres, donnant ainsi naissance à de petites pennes simples qui remplacent les pennes simplement pinnées. Il me paraît probable que les frondes des *Callipteridium* ne devaient pas être portées sur des troncs arborescents, mais qu'elles partaient directement du sol. Quant au mode de fructification, il n'est connu encore pour aucune espèce.

Outre les espèces qui vont être décrites, je mentionnerai, comme indiqué à Chambois par M. Grand'Eury[1], un *Callipteridium* qu'il désigne sous le
nom de *Call. densifolium*; je présume qu'il a eu en vue l'espèce décrite par
Rœmer[2] sous le nom de *Neuropteris densifolia* et qui, en effet, est bien certainement un *Callipteridium*; mais la seule figure qui en ait été publiée est si
insuffisante, surtout au point de vue de la nervation, qu'il est bien difficile
de se faire une idée exacte de cette espèce. C'est sans doute pour ce motif
que M. Weiss l'a passée sous silence dans son étude sur le genre *Callipteridium*; en tout cas il me paraît prudent de suivre son exemple.

CALLIPTERIDIUM PTERIDIUM. Schlotheim (sp.).

(Pl. VIII, fig. 12, 13.)

1804. Schlotheim, *Flora der Vorwelt*, pl. XIV, fig. 27.
1820. **Filicites pteridius.** Schlotheim, *Petrefactenkunde*, p. 406.
1828. **Pecopteris pteroides.** Brongniart, *Prodr.*, p. 57; (*an Hist. végét. foss.*, I, p. 329, pl. 99,
    fig. 1?).
1888. **Callipteridium pteridium.** Zeiller, *Fl. foss. terr. houiller de Commentry*, 1re part.,
    p. 194, pl. XIX, fig. 1-3.
1833 ou 1834. **Pecopteris ovata.** Brongniart, *Hist. végét. foss.*, I, pl. 107, fig. 4; p. 328. Stern-
    berg, *Ess. Fl. monde prim.*, II, fasc. 7-8, p. 150.
1836. **Alethopteris ovata.** Gœppert, *Syst. fil. foss.*, p. 345.
1845. **Neuropteris ovata.** Germar, *Verst. d. Steink. v. Wettin u. Löbejün*, p. 33, pl. XII.
1877. **Callipteridium ovatum.** Grand'Eury, *Flore carb. du dép. de la Loire*, p. 109. Zeiller,
    Expl. Carte géol. Fr., IV, p. 66, pl. CLXVI, fig. 3, 4. Renault, *Cours bot. foss.*, III, p. 155,
    pl. 15, fig. 4; pl. 18, fig. 3, 4.
1839. **Neuropteris mirabilis.** Rost, *De filic. ectyp.*, p. 23.
1869. **Neuropteridium mirabile.** Weiss, *Foss. Fl. d. jüngst. Steinkohl.*, p. 29.
1870. **Callipteridium mirabile.** Weiss, *Zeitschr. d. deutsch. geol. Gesellsch.*, XXII, p. 877;
    Aus d. Steink., p. 14, pl. 13, fig. 85, 86.

Description
de
l'espèce.

Frondes d'assez grande taille, tripinnées, larges de 1 mètre et davantage. Rachis finement striés en long; *rachis primaire généralement infléchi
en zigzag* à l'origine de chacune des pennes primaires bipinnées, et muni
entre celles-ci de petites pennes simplement pinnées. Pennes primaires

1. *Flore carb. du dép. de la Loire*, p. 513.
2. *Palæontogr.*, IX, p. 29, pl. XI, fig. 3.

très étalées, se touchant ou empiétant légèrement les unes sur les autres par leurs bords, à contour ovale-lancéolé, rétrécies au sommet en pointe aiguë, longues de 20 à 60 centimètres, et larges de 8 à 25 centimètres. *Pennes secondaires* plus ou moins étalées, contiguës par leurs bords, à contour linéaire-lancéolé, *obtusément aiguës au sommet*, longues de 6 à 15 centimètres sur 8 à 30 millimètres de largeur.

Pinnules très étalées, souvent légèrement *arquées en faux en avant, exactement contiguës à la base*, à surface un peu bombée, *à bords parallèles ou faiblement convergents*, arrondies ou obtusément aiguës au sommet, parfois soudées les unes aux autres à leur base sur une très faible hauteur, longues de 4 à 18 millimètres sur 3 à 6 millimètres de largeur ; *pinnule terminale ovale-linéaire*, un peu plus longue que celles qui la précèdent. *Rachis secondaire portant, entre deux pennes secondaires* consécutives, *de une à trois pinnules*, attachées directement sur lui, souvent un peu élargies à la base et affectant alors un contour triangulaire.

Nervure médiane nette, non décurrente à la base, *légèrement arquée en avant; nervures secondaires nombreuses,* plus ou moins obliques, arquées, *se divisant par une ou deux et quelquefois trois bifurcations successives en nervures fines et serrées ;* nervules inférieures naissant directement du rachis.

Le petit échantillon représenté sur la Pl. VIII, fig. 13, montre un fragment de penne primaire à rachis portant, au-dessous de la naissance de chaque penne secondaire, une ou deux petites pinnules triangulaires. Le fragment de penne de la fig. 12, à pinnules beaucoup plus longues, doit provenir d'une des pennes primaires de la région tout à fait inférieure de la fronde.

Malgré l'abondance de cette espèce dans le Houiller supérieur, on n'en a jamais rencontré de spécimens fertiles, et l'on est dans l'ignorance la plus complète sur son mode de fructification.

Le *Call. pteridium* ressemble extrêmement au *Call. gigas*, mais il est plus petit dans toutes ses parties : les pinnules sont moins longues, moins larges, et leurs nervures secondaires sont moins divisées et plus étalées ; en outre, chez le *Call. pteridium*, les bords des pinnules sont d'ordinaire plus

Remarques
paléontologiques.

Rapports
et différences.

convergents vers le sommet, de telle sorte que les pinnules ne se touchent mutuellement que sur une moindre portion de leur longueur. A cet égard, l'échantillon de la fig. 12, Pl. VIII, se rapproche plus qu'il n'est d'habitude du *Call. gigas,* mais l'étroitesse de ses pinnules et les caractères de la nervation l'écartent de cette espèce et conduisent à le rapporter au *Call. pteridium.*

Comparée au *Call. Rochei,* l'espèce qui vient d'être décrite se distingue par l'absence constante d'oreillette et même d'élargissement quelconque à la base des pinnules, de telle sorte que ses pinnules ne sont jamais séparées dès la base; elle a en outre les nervures secondaires moins divisées, et les nervules un peu moins fines et moins serrées.

Provenance.   Le *Call. pteridium* est assez répandu dans toute la hauteur du Houiller supérieur, sauf peut-être à son extrême base. Il a été observé au mont Pelé par M. Grand'Eury[1], et M. B. Renault en a recueilli de nombreux échantillons dans l'étage houiller supérieur, à Cortecloux.

Il se montre en outre dans le Permien, et j'en ai vu, dans la collection de M. Roche, plusieurs spécimens provenant d'Igornay et de Saint-Léger-du-Bois, dans l'étage inférieur, ainsi que du Poisot et de Cordesse dans l'étage moyen ; il ne semble pas qu'il s'élève jusqu'au niveau de Millery.

CALLIPTERIDIUM GIGAS. Gutbier (sp.).

(Pl. IX, fig. 4.)

1849. **Pecopteris gigas.** Gutbier, *Verst. d. Rothl. in Sachs.,* p. 14, pl. VI, fig. 1-3 (*an* pl. IX, fig. 8 ?).

1858. **Alethopteris gigas.** Geinitz, *Leitpfl. d. Rothl. u. d. Zechst. in Sachs.,* p. 12, pl. I, fig. 2, 3.

1870. **Callipteridium gigas.** Weiss, *Zeitschr. d. deutsch. geol. Gesellsch.,* XXII, p. 879. Sterzel, *Fl. d. Rothl. im nordw. Sachs.,* p. 49, pl. VII, fig. 5. Zeiller, *Fl. foss. terr. houiller de Commentry,* p. 199, pl. XX, fig. 1-3.

Description de l'espèce.   Frondes de grande taille, probablement tripinnées comme celles de l'espèce précédente et constituées comme elles. Rachis finement striés en

1. *Flore carb. du dép. de la Loire,* p. 512.

long. Pennes primaires à contour ovale-lancéolé, rétrécies en pointe au sommet, longues de 0ᵐ,60 à 1 mètre et atteignant 0ᵐ,40 de largeur. *Pennes secondaires* plus ou moins étalées, contiguës par leurs bords, à contour linéaire-lancéolé, *obtusément aiguës au sommet*, longues de 10 à 25 centimètres sur 25 à 55 millimètres de largeur.

Pinnules étalées, souvent un peu arquées en faux en avant, *exactement contiguës sur la plus grande partie de leur longueur,* d'ordinaire légèrement bombées, *à bords parallèles,* arrondies ou obtusément aiguës au sommet, souvent un peu soudées les unes aux autres à leur base, trois à quatre fois plus hautes que larges, longues de 10 à 25 millimètres sur 4 à 9 millimètres de largeur ; *pinnule terminale ovale-linéaire, très étroite,* un peu plus longue que celles qui la précèdent. *Rachis secondaire portant, entre deux pennes secondaires* consécutives, *deux ou trois pinnules* attachées directement sur lui.

Nervure médiane très nette, non décurrente à la base, souvent un peu arquée en avant vers le haut ; *nervures secondaires très nombreuses, assez obliques, arquées, se divisant plusieurs fois par dichotomie en nervules fines et très serrées ;* nervules inférieures naissant directement du rachis.

La figure 4 de la Pl. IX représente un petit fragment de penne secondaire Remarques paléontologiques. de cette espèce, bien caractérisé par la grande dimension de ses pinnules. On ne connaît jusqu'à présent, du *Call. gigas,* que des portions de frondes beaucoup moins complètes que celles qu'on a pu recueillir du *Call. pteridium ;* mais il est plus que probable que ses frondes étaient constituées comme celles de cette dernière espèce, c'est-à-dire tripinnées, et qu'entre les pennes secondaires bipinnées le rachis principal portait directement de petites pennes simplement pinnées.

Le *Call. gigas* se distingue, ainsi qu'il a été dit plus haut, du *Call. pteri-* Rapports et différences. *dium,* avec lequel il a les plus étroites affinités, par ses pinnules plus grandes, généralement moins effilées vers le sommet et se touchant par suite les unes les autres sur presque toute leur longueur, ainsi que par ses nervures plus divisées et ordinairement un peu plus dressées.

Comparé au *Call. regina,* il a les pinnules beaucoup moins larges par rapport à leur longueur, moins arrondies au sommet, et la pinnule terminale des pennes secondaires plus étroite et plus effilée. Quant au *Call. Rochei*, il ne peut guère être confondu avec lui, ce dernier ayant les pinnules plus petites et bien plus nettement séparées, sans parler de l'élargissement marqué qu'elles présentent habituellement à leur base.

Provenance.   Bien que le *Call. gigas* ait été à diverses reprises rencontré vers le haut du Houiller supérieur, il n'a, jusqu'à présent, pas été trouvé dans la formation houillère de l'Autunois. Il a été observé dans les schistes bitumineux de Millery, c'est-à-dire dans l'étage permien supérieur, et aussi, d'après M. Roche[1], dans l'étage inférieur d'Igornay; on doit donc s'attendre à le découvrir également quelque jour dans l'étage moyen du même terrain, le seul où sa présence n'ait pas encore été signalée.

CALLIPTERIDIUM ROCHEI. n. sp.

(Pl. IX, fig. 1 à 3.)

1864. **Neuropteris pteroides.** Gœppert (*non* Brongniart sp.), *Foss. Fl. d. perm. Form.*, p. 104, pl. XI, fig. 3, 4.
1869. **Alethopteris pteroides.** Schimper, *Trait. de pal. vég.*, I, p. 558.
1870. **Callipteridium pteroides.** Weiss, *Zeitschr. d. deutsch. geol. Gesellsch.*, XXII, p. 877.

Description de l'espèce.   Frondes probablement constituées comme celles du *Call. pteridium.* *Pennes de dernier ordre à contour linéaire,* se rétrécissant lentement vers le sommet, atteignant 30 centimètres de longueur et davantage, larges de 25 à 35 millimètres.

Pinnules plus ou moins étalées, *droites ou arquées* en avant, *élargies et contiguës à la base,* parfois légèrement contractées du côté inférieur et *munies alors d'une oreillette arrondie* faiblement *saillante, ensuite* graduellement *rétrécies et ne se touchant pas par leurs bords,* arrondies ou obtusément aiguës au sommet, longues de 12 à 18 millimètres sur 4 à 8 millimètres de largeur.

Nervure médiane très nette, non décurrente à la base, droite ou arquée; ner-

1. *Bull. Soc. Géol.*, 3ᵉ sér., IX, p. 79.

vures secondaires nombreuses, *assez obliques à leur origine, puis arquées, se divisant par plusieurs dichotomies successives en nervules fines et très serrées ;* nervules inférieures naissant directement du rachis.

Cette espèce n'est connue, jusqu'à présent, que par des fragments de pennes secondaires ; mais il ne paraît guère douteux, d'après la ressemblance qu'elle présente avec les deux espèces qui viennent d'être décrites, et surtout avec la première d'entre elles, qu'elle doive être rapportée au genre *Callipteridium*. A en juger par la longueur considérable de la portion de penne secondaire figurée par Gœppert, les frondes du *Call. Rochei* devaient avoir des dimensions considérables, comparables à celles du *Call. gigas,* bien que ses pinnules ne semblent pas avoir jamais dû atteindre la taille de celles de cette dernière espèce. Le fragment de penne de la figure 3, Pl. IX, avec ses pinnules contractées à leur base et munies du côté inférieur d'une oreillette arrondie assez développée, doit provenir de la région inférieure d'une fronde ; l'échantillon de la figure 2, sur lequel cette oreillette se soude au rachis et tend à s'atténuer, proviendrait d'une région plus élevée, et celui de la figure 1, dont les pinnules sont seulement un peu élargies à leur base, aurait sans doute sa place plus près encore du sommet de la fronde ou tout au moins de l'extrémité des pennes primaires.

Il est à désirer qu'on parvienne à recueillir des spécimens plus complets de cette intéressante espèce, sur lesquels il soit possible d'observer les pinnules qui devaient garnir le rachis entre les pennes simplement pinnées, ou mieux encore les pennes simples qui devaient sans doute, comme chez le *Call. pteridium,* remplir le long du rachis principal les intervalles compris entre les pennes bipinnées.

Cette espèce a les plus grandes analogies avec le *Call. pteridium ;* pourtant elle s'en distingue nettement par la taille plus forte et la largeur relative plus grande de ses pinnules, mais surtout par l'élargissement marqué que celles-ci présentent à leur base et par suite duquel elles ne se touchent mutuellement qu'à leur insertion même sur le rachis ; de plus, les nervures secondaires sont plus divisées et un peu plus arquées, et dans son ensemble la nervation offre une apparence plus serrée.

Remarques paléontologiques.

Rapports et différences.

11

Le *Call. Rochei* s'éloigne davantage du *Call. gigas* et ne peut guère être confondu avec lui : ils se distinguent notamment l'un de l'autre par ce caractère, que chez l'un les pinnules ne sont contiguës qu'à leur base, par suite de l'élargissement qu'elles présentent à leur insertion, tandis que chez l'autre les pinnules, conservant à peu près la même largeur jusqu'au voisinage de leur sommet, se touchent par leurs bords sur presque toute leur hauteur.

Synonymie. Je n'hésite pas à regarder comme identiques l'espèce de l'Autunois représentée sur les figures 1 à 3 de la Pl. IX et celle du Permien de Bohême que Gœppert a décrite et figurée sous le nom de *Nevropteris pteroides* : les pinnules de celles-ci présentent notamment à leur base, du côté inférieur, l'élargissement caractéristique que j'ai signalé ; les nervures secondaires se divisent de même plusieurs fois en nervules fines et très serrées, et les nervules les plus basses naissent directement du rachis ; tous les caractères, en un mot, sont parfaitement concordants.

Le nom spécifique de Gœppert ne peut, malheureusement, être conservé dans le genre *Callipteridium,* comme constituant un double emploi avec le nom appliqué en 1828 par Brongniart au *Filicites pteridius* de Schlotheim ; il m'a donc paru indispensable de choisir un nom nouveau, et j'en ai profité pour dédier l'espèce à M. Roche, aux patientes recherches de qui l'on doit tant de précieux renseignements sur la faune et sur la flore des couches permiennes des environs d'Autun.

Provenance. Le *Call. Rochei* ne semble pas très rare à Igornay, dans l'étage permien inférieur ; je lui rapporte en outre, bien qu'avec quelque hésitation, un échantillon malheureusement un peu incomplet recueilli à Dracy-Saint-Loup, dans l'étage moyen ; je n'en ai vu jusqu'à présent aucun spécimen provenant de l'étage de Millery.

CALLIPTERIDIUM REGINA. Rœmer (sp.).

(Pl. IX, fig. 5.)

1862. **Neuropteris Regina**. Rœmer, .*Palæontogr.,* IX, p. 29, pl. XI, fig. 4.

1869. **Callipteris Regina**. Schimper, *Trait. de pal. vég.*, I, p. 469. Weiss, *Aus d. Steink.*, p. 14, pl. 13, fig. 84.
1870. **Callipteridium Regina**. Weiss, *Zeitschr. d. deutsch., geol. Gesellsch.* XXII, p. 878.

Frondes vraisemblablement constituées comme celles du *Call. pteridium* et atteignant de grandes dimensions. Rachis lisses. *Pennes secondaires* assez étalées, *contiguës ou empiétant un peu les unes sur les autres par leurs bords, à contour linéaire-lancéolé, obtusément aiguës* au sommet, atteignant au moins 20 centimètres de longueur avec une largeur de 3 à 4 centimètres.

Pinnules étalées, droites ou faiblement arquées en avant, *exactement contiguës sur presque toute leur longueur, à bords parallèles ou très faiblement convergents, largement arrondies au sommet*, d'ordinaire légèrement soudées les unes aux autres à leur base, *deux fois à deux fois et demie plus hautes que larges*, mesurant de 15 à 20 millimètres de longueur sur 6 à 8 millimètres de largeur; *pinnule terminale* formée par la soudure des pinnules extrêmes graduellement réduites, et *affectant un contour rhomboïdal* à angles arrondis. *Rachis secondaire portant, entre deux pennes secondaires* consécutives, *une ou deux larges pinnules à contour triangulaire* attachées directement sur lui.

Nervure médiane très nette, *droite ou à peine arquée*, non décurrente à la base; *nervures secondaires nombreuses, assez obliques, faiblement arquées, se divisant par plusieurs bifurcations* successives *en nervules fines et serrées; nervules inférieures naissant directement du rachis.*

Description de l'espèce.

Bien que l'échantillon représenté sur la figure 5 de la Pl. IX soit assez incomplet, il ne me paraît pas douteux qu'il doive être rapporté au *Call. regina*, dont il a les larges pinnules et la nervation fine et serrée. Il montre le mode de terminaison d'une penne de dernier ordre, ce qui n'avait pas encore été observé, la figure type, la seule publiée jusqu'à présent, ne comprenant que des pennes brisées à peu de distance de leur insertion sur le rachis commun.

Remarques paléontologiques.

Par la grande dimension de ses pinnules, cette espèce se rapproche du *Call. gigas;* mais elle s'en distingue facilement par ses pinnules beaucoup plus larges par rapport à leur longueur, plus largement arrondies au

Rapports et différences.

sommet, et par la forme bien différente de la pinnule terminale, assez large et deltoïde, et non pas étroite et linéaire comme chez le *Call. gigas.*

Le *Call. regina* ressemble d'autre part beaucoup, lorsqu'on n'en a sous les yeux que des pennes détachées, à l'*Alethopteris Grandini* ; ils ne peuvent guère cependant être confondus, l'*Aleth. Grandini* ayant les pinnules moins étroitement contiguës, séparées par des sinus arrondis, légèrement décurrentes vers le bas, et ses nervures secondaires étant plus étalées et moins divisées, de telle façon que les nervules sont beaucoup moins serrées que chez le *Call. regina.*

Provenance.   . Cette espèce n'a été encore signalée, du moins à ma connaissance, que dans la formation houillère supérieure du Hartz. L'échantillon représenté sur la Pl. IX, le seul que j'en aie vu, a été recueilli dans les schistes bitumineux de Millery, c'est-à-dire dans l'étage supérieur du Permien.

Genre CALLIPTERIS. Brongniart.

1828. **Pecopteris.** Brongniart, *Prodr.*, p. 54 (*pars*); *Hist. végét. foss.*, 1, p. 267 (*pars*).
1836. **Hemitelites.** Gœppert, *Syst. fil. foss.*, p. 329 (*pars*).
1849. **Callipteris.** Brongniart, *Tabl. des genr. de végét. foss.*, p. 24.

Frondes bipinnées ou tout au plus tripinnatifides. *Pennes primaires décurrentes sur le rachis commun, celui-ci étant garni,* entre leurs points d'insertion, *de pinnules faisant suite à celles de ces pennes et décroissant graduellement* de la base de l'une jusqu'à l'origine de celle qui est située immédiatement au-dessous. *Pinnules attachées au rachis par toute leur base,* plus ou moins obliques, *décurrentes vers le bas,* le plus souvent contiguës au moins à la base et alors légèrement soudées entre elles, *tantôt entières, tantôt légèrement crénelées ou même lobées, plus rarement tout à fait pinnatifides,* à sommet arrondi ou obtus. *Nervure médiane arquée et décurrente à la base,* se suivant jusque plus ou moins près du sommet des pinnules; *nervures secondaires obliques,* tantôt simples, tantôt une ou plusieurs fois bifurquées; *nervures inférieures, au-dessous de la nervure médiane, naissant directement du rachis.*

Je prends ici le genre *Callipteris* exclusivement dans le sens où l'avait entendu Brongniart, c'est-à-dire caractérisé essentiellement par la décurrence des pennes primaires, de la base desquelles les pinnules descendent le long du rachis en se réduisant graduellement jusqu'à l'insertion de la penne précédente, et sans affecter jamais la forme deltoïde qu'on observe presque toujours chez les *Callipteridium*. J'exclus ainsi de ce genre les espèces qui, comme le *Callipteris discreta* Weiss, par exemple, ne lui appartiendraient que par les caractères de la nervation, sans avoir les pennes décurrentes le long du rachis; ces espèces me paraissent devoir rentrer beaucoup plus naturellement dans le genre *Alethopteris*. Parmi les Fougères qui possèdent ce caractère essentiel, de la décurrence des pennes sur le rachis primaire, quelques-unes, comme le *Call. bibractensis*, le *Call. lyratifolia*, le *Call. Naumanni*, ont les pinnules assez profondément découpées pour qu'on soit au premier abord porté à les classer plutôt parmi les Sphénoptéridées, ainsi que l'ont fait pour ces deux dernières les auteurs qui les ont décrites pour la première fois. Pourtant il est impossible de ne pas réunir génériquement ces espèces à celles qui ont des pinnules entières comme le *Call. conferta :* on passe en effet des unes aux autres par une série continue de modifications, le *Call. Pellati*, par exemple, certainement voisin des *Call. conferta* et *Call. prælongata,* offrant déjà des pinnules lobées et assez nettement contractées à la base, et les espèces suivantes, *Call. bibractensis* et *Call. lyratifolia,* présentant seulement des lobes de plus en plus indépendants et des pinnules rétrécies en coin à leur base. Il est à noter, d'ailleurs, que ce dernier caractère, qui dénoterait des Sphénoptéridées, est beaucoup plus apparent que réel : il résulte de ce que le lobe basilaire de la pinnule, correspondant à la portion décurrente de celle-ci, se trouve attaché directement sur le rachis, et séparé par un sinus très profond du lobe qui le suit immédiatement; mais si l'on rattache par la pensée ce lobe basilaire aux suivants, la pinnule apparaît alors fixée au rachis par toute sa base comme cela doit être chez les Pécoptéridées. L'examen du *Call. Naumanni,* et particulièrement des figures grossies 1 A, Pl. II; 2 A et 2 B, Pl. I, prouve au surplus la réalité de cette interprétation.

Les *Callipteris* paraissent avoir eu tous des frondes de taille relativement petite, restant bien en arrière de celles des *Alethopteris*, des *Pecopteris*, et même des *Callipteridium*; c'étaient certainement des Fougères herbacées. On ne connaît encore le mode de fructification d'aucun d'entre eux; tout au moins les quelques observations faites à cet égard sur le *Callipteris conferta* sont-elles trop incomplètes et trop peu concordantes pour qu'on en puisse déduire aucune indication précise.

Le genre *Callipteris* n'a été, jusqu'à présent, rencontré que dans le Permien inférieur, dans l'étage du Rothliegende, les quelques espèces houillères qui lui ont été rapportées ne pouvant y être maintenues quand on le limite, ainsi que je l'ai fait, au sens où l'avait entendu Brongniart; il est à noter que ce genre, ainsi compris, semble correspondre à un groupe véritablement naturel.

Bien que le *Call. prælongata* Weiss ait été formellement signalé par M. Renault dans l'étage moyen de la Comaille-Chambois[1], et avec quelque doute à Millery par M. Grand'Eury[2], je n'ai pas cru devoir le faire figurer parmi les espèces dont la description va suivre, n'en ayant vu de l'Autunois aucun spécimen authentique : il me paraît probable en effet, en ce qui concerne Millery, qu'il a pu y avoir confusion avec le *Call. Pellati*, qui lui ressemble beaucoup et qui sera décrit plus loin; or, il est fort possible que celui-ci se trouve déjà dans l'étage moyen des schistes bitumineux et qu'il y ait été, au premier coup d'œil, confondu avec le *Call. prælongata*.

M. Grand'Eury signale aussi à Millery le *Call. Carioni*[3]; celui-ci a été simplement cité par Brongniart dans une liste des végétaux fossiles des schistes de Lodève[4]; mais il n'a jamais été décrit ni figuré, et il ne m'a pas été possible de retrouver dans les collections du Muséum l'échantillon

---

1. B. Renault, *Cours de bot. foss.*, III, p. 454. Delafond, *Bassin houiller et permien d'Autun et d'Épinac*; Fasc. I, *Stratigraphie*, p. 68.
2. *Flore carb. du dép. de la Loire*, p. 515.
3. *Ibid.*, p. 515.
4. *Tabl. des genr. de végét. foss.*, p. 100.

qui avait dû être étiqueté sous ce nom; on ne peut ainsi savoir quelle est l'espèce que Brongniart a eue en vue, ni quelle est celle que M. Grand'Eury a voulu désigner; peut-être serait-ce l'une des formes spécifiques nouvelles qui seront décrites plus loin.

CALLIPTERIS CONFERTA. Sternberg (sp.)

(Pl. V, fig. 3; Pl. VI, fig. 1 à 3.)

1723. Schouchzor, *Herb. diluv.*, pl. II, fig. 3.
1820. *An* **Filicites giganteus.** Schlotheim, *Petrefactenkunde*, p. 404 ?
1826. **Neuropteris conferta.** Sternberg, *Ess. Fl. monde prim.*, I, fasc. 4, p. xvii; II, fasc. 5-6,
p. 75, pl. XXII, fig. 5. Gœppert, *Syst. fil. foss.*, p. 204, 425, pl. XL; *Genr. d. plant. foss.*,
livr. 5-6, p. 106, pl. VIII-IX, fig. 2, 3.
1849. **Callipteris conferta.** Brongniart, *Tabl. d. genr. d. vég. foss.*, p. 24. Gœppert, *Foss. Fl.
d. perm. Form.*, p. 105, pl. XIV, fig. 1 (var. *intermedia*). Schimper, *Trait. de pal. vég.*, I,
p. 466, pl. XXXII, fig. 1-7; *Handb. der Paläont.*, II, p. 119, fig. 94. Rœmer, *Leth. geogn.*,
pl. 58, fig. 5; p. 192. Fontaine et White, *Permian Flora*, p. 54, pl. XI, fig. 1-4. Renault, *Cours
bot. foss.*, III, p. 153, pl. 14, fig. 5; pl. 15, fig. 1. Sterzel, *Fl. d. Rothlieg. im nordwest. Sachs.*,
p. 46, pl. V, fig. 4; pl. VI, fig. 2, 3; pl. VII, fig. 1 (an fig. 2?) (var. *polymorpha*). Schmalhausen,
Pflanzenreste d. Artinsk. u. Perm-Ablager., p. 8, 35; pl. II, fig. 22; pl. III, fig. 1, 4 (an
fig. 2, 3?).
1862. **Cyatheites confertus.** Geinitz, *Dyas*, p. 144, pl. XXVII, fig. 4-8.
1869. **Alethopteris conferta.** Weiss, *Foss. Fl. d. jüngst. Steinkohl.*, p. 73, pl. VI, fig. 1-11;
pl. VII, fig. 3-6.
1870. **Alethopteris (Callipteris) conferta.** Weiss, *Zeitschr. d. deutsch. geol. Gesellsch.*,
XXII, p. 870, pl. XX, fig. 4 (*non* pl. XXI *a*, fig. 4, 5).
1826. **Neuropteris decurrens.** Sternberg, *Ess. Fl. monde prim.*, I, fasc. 4, p. xvii; II, fasc.
5-6, p. 75, pl. XX, fig. 2.
1832 ou 1833. **Pecopteris gigantea.** Brongniart, *Hist. végét. foss.*, I, pl. 92; p. 293. Sauveur,
Vég. foss. terr. houiller Belg., pl. XLIII, fig. 2, 3. Gutbier, *Verst. d. Rothl. in Sachs.*, p. 15,
pl. VI, fig. 4 (an fig. 5?).
1836. **Hemitelites giganteus.** Gœppert, *Syst. fil. foss.*, p. 331.
1838. **Alethopteris gigantea.** Presl, *in* Sternberg, *Ess. Fl. monde prim.*, II, fasc. 7-8,
p. 144.
1849. **Callipteris gigantea.** Brongniart, *Tabl. d. genr. d. vég. foss.*, p. 24. Zeiller, *Expl. Carte
géol. Fr.*, IV, p. 64, pl. CLXVII, fig. 6, 7.
1832 ou 1833. **Pecopteris punctulata.** Brongniart, *Hist. végét. foss.*, I, pl. 93, fig. 1, 2;
p. 295.
1838. **Cyphopteris punctulata.** Presl, *in* Sternberg, *Ess. Fl. monde prim.*, II, fasc. 7-8,
p. 121.
1849. **Callipteris punctulata.** Brongniart, *Tabl. d. genr. d. vég. foss.*, p. 24.
1845. **Nevropteris tenuifolia.** Brongniart, *in* Murchison, *Géol. de la Russie d'Europe*, II, p. 6;
pl. B, fig. 3.

1846. **Neuropteris obliqua.** Gœppert, *Genr. d. plant. foss.*, livr. 5-6, p. 106, pl. XI, fig. 1.

1849. **Callipteris obliqua.** Brongniart, *Tabl. d. genr. d. vég. foss.*, p. 24. Gœppert, *Foss. Fl. d. perm. Form.*, p.106. Schmalhausen, *Pflanzenreste d. Artinsk. u. Perm-Ablager.*, p. 8, 35 ; pl. II, fig. 21.

1858. *An* **Hymenophyllites semialatus.** Geinitz, *Leitpfl. d. Rothl. u. d. Zechst. in Sachs.*, p. 10 (*excl. syn.*), pl. I, fig. 17

Description de l'espèce.

Frondes bipinnées, à contour ovale allongé, longues de $0^m,25$ à 1 mètre et davantage, larges de 8 à 35 ou 45 centimètres. Rachis primaire strié longitudinalement, creusé le long de sa face antérieure d'une rigole peu profonde sur les bords de laquelle viennent s'attacher les pennes primaires et les pinnules simples situées entre elles. *Pennes primaires* partant du rachis sous des angles de 30° à 55°, *se touchant par leurs bords* ou faiblement espacées, droites ou légèrement flexueuses, *à contour linéaire,* obtuses au sommet, longues de 5 à 25 centimètres sur 1 à 4 centimètres de largeur.

Pinnules plus ou moins obliques, droites ou très légèrement arquées, décurrentes vers le bas sur le rachis, *soudées les unes aux autres sur une hauteur variable,* à surface généralement un peu bombée, *à contour ovale-linéaire,* parfois un peu élargies vers leur milieu, *arrondies au sommet, à bord entier,* quelquefois cependant muni de crénelures arrondies, *généralement contiguës,* plus rarement très légèrement espacées, *séparées par des sinus très aigus,* longues de 5 à 20 millimètres sur 3 à 10 millimètres de largeur; pinnules fixées sur le rachis primaire garnissant complètement l'intervalle compris entre les pennes primaires, et décroissant graduellement de longueur dans chaque intervalle de la base de l'une à l'origine de celle qui la précède vers le bas. *Pinnules d'autant plus soudées en général que la fronde est moins grande, et que les pennes primaires auxquelles elles appartiennent sont plus éloignées du milieu de la fronde;* pennes primaires extrêmes devenant souvent, par suite de la confluence des pinnules, tout à fait simples, à bords seulement lobés ou crénelés.

Nervure médiane nette, décurrente à la base, plus ou moins arquée, *ne se suivant pas jusqu'au sommet; nervures secondaires assez obliques,* plus ou moins nombreuses, *simples ou bifurquées,* les branches de la bifurcation restant alors habituellement simples, mais pourtant quelquefois bifurquées à leur tour; dans la partie décurrente de la pinnule, quelques nervures naissent directement du rachis.

Le *Call. conferta* paraît avoir été très polymorphe, et l'on serait tenté au premier abord de considérer plusieurs de ses formes comme constituant des espèces distinctes; de là le nombre considérable de noms spécifiques différents qui figurent dans la liste synonymique donnée plus haut; mais, lorsqu'on a sous les yeux une série tant soit peu complète d'échantillons, on reconnaît que ces diverses formes se lient les unes aux autres par des passages insensibles et qu'il est réellement impossible de les séparer. On constate d'ailleurs que ces variations correspondent, du moins dans une assez large mesure, aux différences de taille que les frondes étaient susceptibles de présenter, suivant sans doute l'âge de la plante à laquelle elles appartenaient et suivant ses conditions d'existence.

Remarques paléontologiques.

On a trouvé, à diverses reprises, des spécimens assez complets pour être maintenant bien fixé sur la constitution des frondes du *Call. conferta* : le rachis primaire, gros comme le pouce chez les grandes frondes et comme un tuyau de plume chez les plus petites, était nu à sa partie inférieure, de sorte que la fronde était pétiolée, et non pas feuillée jusqu'à son origine. M. Weiss a figuré une empreinte du bassin de Saarbrück[1] qui montre nettement cette disposition, bien reconnaissable également sur quelques-uns des échantillons de l'Autunois qui se trouvent dans les collections du Muséum de Paris.

Les pennes primaires et les pinnules comprises entre elles s'attachaient, non sur les côtés du rachis, mais sur sa face supérieure, le long d'une rigole longitudinale plus ou moins marquée; ce caractère, qui ne se remarque guère sur les échantillons à rachis mince, se voit nettement sur ceux où le rachis est tant soit peu large, surtout lorsque la fronde montre sa face supérieure. On le reconnaît également sur la figure 3 de la Pl. VI, bien que la fronde soit vue en dessous, en observant que le rachis masque la naissance des pennes et des pinnules qui viennent s'attacher sur lui.

1. *Foss. Fl. d. jüngst. Steinkohl.*, pl. VII, fig. 3.

12

Les pennes primaires, d'abord assez courtes, allaient en augmentant peu à peu vers le milieu de la fronde et décroissaient de nouveau vers le sommet : le même échantillon (Fig. 3, Pl. VI) montre bien ce raccourcissement graduel des pennes à mesure qu'on se rapproche de la région inférieure; on voit de même sur les figures 1 et 2 de la même planche les pennes primaires diminuer peu à peu de longueur vers le sommet, en même temps que leurs pinnules se soudent de plus en plus, de telle façon que la fronde se termine par des pennes simples à bord crénelé; il en était de même, à cet égard, vers le bas de la fronde, ainsi qu'on le constate sur la figure publiée par M. Weiss à laquelle il a été fait allusion tout à l'heure. Toutefois cette soudure graduelle des pinnules ne semble s'être produite, du moins aussi complètement, que sur les frondes relativement petites; sur les portions de frondes de dimensions plus considérables, les pinnules restent plus grandes, plus indépendantes, et la fronde se termine au sommet par une assez longue penne simplement pinnée, à segments bien distincts, semblable aux pennes primaires qui la précèdent, ou munie de même de pinnules un peu plus grandes.

Quant à la dimension et à la forme des pinnules, elles sont également susceptibles de variations notables : au point de vue de la taille, les pinnules de l'échantillon fig. 3, Pl. V, représentent à peu près le maximum observé; cependant M. Sterzel a trouvé en Saxe des spécimens à pinnules encore plus longues et présentant alors sur leurs bords une série de crénelures arrondies; il a considéré cette forme comme une variété particulière, à laquelle il a donné le nom de *polymorpha;* certains échantillons du Permien de la Corrèze m'ont offert également des pinnules à bord crénelé et même presque lobé; mais ce n'est là qu'une exception, et le bord est presque toujours tout à fait entier. Les pinnules peuvent d'ailleurs, tout en restant très larges, être beaucoup moins longues, ce qui modifie sensiblement leur aspect, la longueur arrivant ainsi à être égale ou à peine supérieure à la largeur. Enfin, quelle que soit leur forme, les pinnules peuvent se réduire beaucoup, lorsque les frondes sont peu développées, et n'avoir plus que quelques millimètres de longueur comme de largeur.

Leur obliquité sur le rachis est également susceptible de varier entre des limites assez étendues : en général, les pinnules courtes sont ou tout au moins paraissent assez étalées ; les pinnules longues sont insérées plus obliquement, elles sont libres sur une plus grande étendue, et en même temps elles présentent parfois un élargissement sensible vers leur milieu ; c'est cette forme que Gœppert a décrite sous le nom spécifique d'*obliqua;* mais presque tous les auteurs s'accordent aujourd'hui à la réunir au *Call. conferta* et n'en font même plus une variété distincte : l'échantillon de la fig. 3, Pl. VI, peut être considéré comme se rattachant à cette forme.

Il convient enfin de mentionner une particularité assez fréquente, c'est l'existence, sur les pinnules, de ponctuations arrondies, parfois disposées avec une certaine régularité apparente, faisant saillie à la face supérieure du limbe, et déprimées à leur centre; on les avait prises autrefois pour des fructifications, mais on n'y voit plus aujourd'hui que des Champignons parasites comparables aux *Excipula* vivants, et qu'on a désignés sous le nom d'*Excipulites Callipteridis.*

Quant au mode de fructification du *Call. conferta,* il est encore inconnu, ou tout au moins on ne possède à son sujet que des indications des plus douteuses : M. Weiss, ayant reconnu sur la face inférieure des pinnules de certains échantillons un repli marginal continu, y voyait jadis l'indice d'une ligne continue de fructifications protégées par le reploiement du bord du limbe, comme chez les *Pteris* actuels, et il s'était demandé, en classant pour cette raison l'espèce qui vient d'être décrite dans le genre *Alethopteris,* si ce genre ne devrait pas être purement et simplement identifié au genre *Pteris* [1]. Les découvertes faites depuis lors sur le mode de fructification de divers types de fougères paléozoïques ont montré combien la plupart d'entre elles s'éloignaient des formes vivantes et combien il était peu probable que le rapprochement avec les *Pteris* reposât sur autre chose que des analogies superficielles. Rien ne prouve d'ailleurs que des organes fructificateurs aient été réellement abrités sous ce rebord du limbe, pas plus chez le *Callipteris*

1. *Foss. Fl. d. jüngst. Steinkohl.,* p. 72, 73.

conferta que chez les *Alethopteris,* où l'on a constaté la même disposition. M. E. Bureau a, il est vrai, signalé assez récemment [1] une empreinte de *Callipteris* de Lodève sur laquelle il a reconnu, à l'extrémité des nervures, des épaississements marqués, voilés précisément par le bord replié des pinnules, et qu'il regarde comme devant représenter des synangium ovoïdes plus ou moins semblables à ceux que M. Grand'Eury a observés sur certaines pinnules d'*Odontopteris.* Mais il est clair qu'on ne peut accepter que sous réserve cette interprétation pour des corps qui n'ont pu être examinés directement, et le problème du mode de fructification des *Callipteris* doit être considéré comme restant encore à résoudre.

Le *Call. conferta* ne laisse pas d'offrir d'assez grandes analogies avec quelques autres espèces du même genre : il ressemble surtout beaucoup au *Call. subauriculata,* mais il s'en distingue par ses pinnules toujours entières ou du moins à peine crénelées, et en outre beaucoup moins nettement séparées dès la base, de sorte que les pennes se présentent, au premier coup d'œil, sous un aspect différent. Il se rapproche aussi, du moins par ses formes à grandes pinnules, du *Call. prælongata* de M. Weiss ; mais chez celui-ci la forme même des pennes est différente, les pinnules croissant graduellement de la base de celles-ci vers le sommet et les plus élevées présentant toujours des lobes arrondis assez accentués ; en outre, la nervation paraît plus fine et plus serrée. Comparé au *Call. Pellati,* le *Call. conferta* se distingue également par le raccourcissement graduel de ses pinnules vers le sommet des pennes, par leur rapprochement, et par l'absence habituelle de lobes sur leur pourtour. Enfin, il diffère du *Call. Jutieri* par ses pinnules toujours contiguës ou tout au moins très rapprochées, séparées par des sinus très étroits, et moins nettement élargies au-dessus de leur base.

Tous les auteurs reconnaissent aujourd'hui l'identité spécifique des *Neuropteris conferta* et *Neur. decurrens* de Sternberg, et du *Pecopteris gigantea* de Brongniart ; mais on peut se demander lequel de ces noms a la priorité, et

---

1. *Sur la fructification du genre* Callipteris (*Comptes rendus Acad. sc.,* C, p. 1550-1552).

la question ne laisse pas d'être assez délicate à résoudre. Sternberg avait donné, dès 1826, la diagnose de ses deux espèces, mais sans les figurer, et le classement qu'il en avait fait dans le genre *Nevropteris* était de nature à les rendre assez difficilement reconnaissables; si bien que Brongniart les mentionnait seulement comme espèces douteuses dans la 6ᵐᵉ livraison de son *Histoire des végétaux fossiles*, parue en 1831 ou 1832, et ne songeait pas à retrouver en elles son *Pecopteris gigantea*. La figure de celui-ci paraissait dans la 7ᵐᵒ livraison du même ouvrage, vers la fin de 1832 ou le commencement de 1833, c'est-à-dire, suivant toute probabilité, un peu avant l'apparition du fascicule 5-6 de la *Flora der Vorwelt* de Sternberg, publié dans le courant de l'année 1833, et contenant, avec des diagnoses plus complètes, les figures des *Neur. conferta* et *Neur. decurrens*. A s'en tenir aux publications des figures, qui seules ont permis de reconnaître définitivement les espèces annoncées, le nom spécifique de Brongniart aurait ainsi la priorité; mais ce nom spécifique, inscrit dès 1828 dans le *Prodrome*, n'était autre que celui du *Filicites giganteus*, décrit en 1820, en termes très insuffisants, par Schlotheim dans la *Petrefactenkunde*; or bien que Brongniart ait affirmé, dans son *Histoire des végétaux fossiles*, l'identité de l'espèce figurée par lui avec le *Filicites giganteus*, dont il tenait un échantillon de Schlotheim lui-même, il est permis de se demander si cet échantillon était réellement identique au type de l'auteur, la diagnose que celui-ci en avait publiée ne donnant guère l'idée de cette identité : en effet, Schlotheim, qui avait figuré, en outre du *Filicites cyatheus*, les *Fil. oreopteridius*, *Fil. pteridius*, *Fil. aquilinus*, signale son *Fil. giganteus* comme ressemblant à la première de ces espèces et s'en distinguant surtout par la décurrence de ses pinnules le long du rachis; si ce dernier caractère s'applique bien au *Call. conferta*, on doit, par contre, s'étonner que Schlotheim ait pris comme terme de comparaison le *Fil. cyatheus* plutôt que telle ou telle des autres espèces qui viennent d'être citées et auxquelles le *Call. conferta* ressemblerait à coup sûr bien davantage.

Dans ces conditions il semble que l'identité du *Pec. gigantea* figuré par Brongniart avec le *Fil. giganteus* doive être regardée comme quelque peu douteuse, et l'on est alors conduit à laisser de côté ce nom spécifique, et, à défaut de lui, à revenir à celui de Sternberg.

Comme il a été dit plus haut, les *Call. punctulata* et *Call. obliqua* ne représentent que des états particuliers ou des formes du *Call. conferta*. De même, la figure publiée par M. H.-B. Geinitz sous le nom d'*Hymenophyllites semialatus* semble pouvoir être rattachée à la forme *obliqua* de cette même espèce; cependant l'écartement plus prononcé des pinnules, leurs crénelures assez accentuées et le lobe qu'elles présentent à leur base me laissent quelque hésitation, et autoriseraient peut-être avec plus de raisons l'assimilation de cette figure au *Call. Pellati*; je ne l'inscris donc qu'avec doute dans la liste synonymique.

Enfin je me suis abstenu de faire figurer dans cette liste deux espèces que plusieurs auteurs regardent pourtant comme des formes du *Call. conferta*, à savoir le *Pecopteris Gœpperti* Morris[1] et le *Pec. neuropteroides* Kutorga[2] du Permien de Russie; l'un et l'autre me paraissent en effet différer du *Call. conferta* par les dimensions très considérables de leurs pinnules, qui laissent bien loin derrière elles celles des spécimens, même les plus développés, de l'espèce qui vient d'être décrite.

Provenance. Le *Call. conferta* peut être considéré comme l'une des espèces les plus caractéristiques du Permien inférieur. D'après les renseignements que m'a communiqués M. Renault, M. Roche, qui en 1880 le signalait comme apparaissant seulement dans l'étage moyen du Permien de l'Autunois[3], l'aurait découvert depuis lors dans l'étage inférieur d'Igornay, mais il y serait excessivement rare; il devient un peu plus fréquent dans les couches moyennes de la Comaille-Chambois; enfin il abonde dans l'étage supérieur, particulièrement à Millery.

---

1. Murchison, *Géol. de la Russie d'Europe*, II, p. 2, 7, pl. A, fig. 2 *a-c*; pl. F, fig. 1 *a-e*.
2. *Verhandl. d. mineral. Gesellsch. zu St-Petersburg*, 1844, p. 75, pl. 4, fig. 3.
3. *Bull. Soc. Géol.*, 3ᵉ sér., IX, p. 79.

CALLIPTERIS SUBAURICULATA. Weiss (sp.).

(Pl. VII, fig. 1, 2.)

1869. **Cyatheites subauriculatus.** Weiss, *Foss. Fl. d. jüngst. Steinkohl.*, p. 71, pl. IV-V, fig. 3.
1874. **Pecopteris subauriculata.** Schimper, *Trait. de pal. vég.*, III, p. 497.
1877. **Callipteris subauriculata.** Grand'Eury, *Flore carb. du dép. de la Loire*, p. 515.

Frondes bipinnées, à contour ovale allongé, atteignant au moins 0^m,30 à 0^m,40 de longueur sur 8 à 15 centimètres de largeur et peut-être davantage. Rachis primaire marqué de stries longitudinales légèrement flexueuses. *Pennes primaires* se détachant sous des angles de 40° à 60°, se touchant par leurs bords ou légèrement espacées, *à contour linéaire,* arrondies ou obtusément aiguës au sommet, longues de 5 à 8 centimètres sur 6 à 15 millimètres de largeur.

Pinnules insérées très obliquement sur le rachis, assez longuement décurrentes et faiblement soudées les unes aux autres à la base, séparées par des sinus aigus, *légèrement arquées en arrière, se touchant à peine par leurs bords,* à surface plane ou très faiblement bombée, *à contour ovale, un peu élargies vers leur milieu, tout à fait arrondies au sommet, tantôt entières, tantôt incisées plus ou moins irrégulièrement sur leur bord postérieur et munies alors à leur base d'un lobe arrondi* plus ou moins saillant, longues de 5 à 10 millimètres, larges de 2^{mm},5 à 5 millimètres en leur milieu.

Nervure médiane décurrente à la base, légèrement arquée en arrière, se suivant presque jusqu'au sommet; nervures secondaires obliques, simples ou une seule fois bifurquées, les plus inférieures naissant directement du rachis.

Les frondes de cette espèce sont constituées comme celles du *Call. conferta,* mais elles ne semblent pas, du moins d'après les échantillons que j'ai vus, avoir dû atteindre d'aussi grandes dimensions. On voit sur la figure 2 de la Pl. VII le pétiole nu qui sert de support à la portion feuillée de la fronde, et l'on constate que les pennes primaires, d'abord assez courtes,

Description de l'espèce.

Remarques paléontologiques.

augmentaient peu à peu de longueur pour décroître de nouveau vers le sommet.

Sur les divers échantillons que j'ai eus entre les mains, et qui ont été recueillis à Millery par M. Jutier, inspecteur général des mines, on constate des variations assez importantes dans la forme des pinnules, variations dont les termes extrêmes sont représentés sur les figures 1 et 2 de la Pl. VII : tantôt, comme sur la figure 2 et sur les pennes supérieures de la figure 1, les pinnules sont tout à fait entières et à peine élargies vers leur milieu ; tantôt, comme sur une partie des pennes de la figure 1, sur celles de gauche notamment, l'élargissement du limbe est plus accentué, les pinnules paraissent alors un peu contractées à leur base, et souvent leur bord postérieur s'incise plus ou moins profondément, de manière à donner naissance à un lobe basilaire plus ou moins saillant qui semble parfois inséré directement sur le rachis : c'est ce qu'on voit d'une façon très nette sur la cinquième penne de gauche de la figure 1 en partant du bas, et c'est ce caractère, plus constant sur le fragment de penne figuré par M. Weiss, qui a motivé le choix du nom spécifique. Vers l'extrémité des pennes, les pinnules se soudent graduellement et plus ou moins complètement les unes aux autres ; toutefois cette soudure n'est pas aussi marquée qu'on pourrait le croire d'après certaines pennes de la figure 1, l'apparence qu'elles présentent tenant à ce que, sur certains points, la roche qui porte l'empreinte est aussi noire que les portions de fronde elles-mêmes, et qu'il devient alors presque impossible de discerner les sinus séparatifs des pinnules.

Les pennes primaires et les pinnules comprises entre elles s'inséraient évidemment, comme chez le *Call. conferta,* sur la face supérieure du rachis ; car sur l'échantillon de la figure 1, où la fronde est vue en dessous, le rachis s'applique sur la base de ces pennes et de ces pinnules et masque leur insertion. Le limbe paraît avoir été assez coriace, de telle sorte que la nervation n'est pas toujours facilement discernable.

Cette espèce est certainement voisine du *Call. conferta,* mais elle en diffère par plusieurs caractères, dont le plus saillant, mais non le plus constant, est la présence d'un lobe arrondi à la base des pinnules ; en l'absence de ce caractère, la distinction s'établit néanmoins assez aisément par la forme des pinnules, qui affectent ici un contour ovale, qui sont plus arquées en arrière, plus élargies en leur milieu, plus largement arrondies au sommet, plus séparées, et enfin un peu plus petites proportionnellement à la taille de la fronde. L'aspect général est d'ailleurs sensiblement différent.

Le *Call. subauriculatæ*, découvert à Schwarzenbach, dans les couches permiennes des environs de Saarbrück appartenant à la zone de Lebach, n'a été rencontré aux environs d'Autun que dans l'étage supérieur, à Millery, o il semble assez répandu.

Provenance.

CALLIPTERIS JUTIERI. n. sp.

(Pl. V, fig. 1, 2.)

1864. *An* **Odontopteris permiensis.** Gœppert (*non* Brongniart), *Foss. Fl. d. perm. Form.*, p. 112 (*pars*), pl. XII, fig. 3?

Frondes bipinnées, larges de 15 à 25 centimètres, atteignant sans doute 0^m,80 à 1 mètre de longueur. Rachis primaire strié longitudinalement. *Pennes primaires* se détachant sous des angles de 40° à 55°, droites ou un peu arquées, *empiétant légèrement les unes sur les autres* par leurs bords, *à contour linéaire ou ovale-linéaire,* terminées au sommet en pointe obtuse, longues de 10 à 15 centimètres sur 2 à 3 centimètres de largeur.

Description de l'espèce.

Pinnules insérées obliquement sur le rachis, *longuement décurrentes* et faiblement soudées entre elles à la base, *puis* libres et très étalées, *à contour ovale-cunéiforme,* *obtusément aiguës* au sommet, *à bord entier ou muni de crénelures espacées peu nombreuses,* plus rarement lobé, *nettement écartées les unes des autres,* longues de 1 à 2 centimètres sur 4 à 8 millimètres de largeur en leur milieu.

Nervure médiane nette, *très faiblement décurrente* à la base, *droite, se suivant jusqu'au sommet; nervures secondaires très obliques,* simples ou une fois bifurquées, les plus inférieures naissant directement du rachis.

13

Remarques
paléontologiques.
La fig. 1 de la Pl. V montre nettement la forme caractéristique des pinnules, rétrécies en coin vers leur base et obliquement tronquées du côté antérieur, de manière à offrir un contour rhomboïdal à angles arrondis : le sinus compris entre la portion décurrente d'une pinnule et la base de celle qui la précède arrive presque jusqu'à la nervure médiane. La plupart des pinnules présentent des crénelures plus ou moins espacées, qui, sur les pinnules les plus élevées de l'une des pennes supérieures, se transforment en véritables lobes assez profondément séparés ; au contraire, sur les pennes les plus basses, les pinnules sont tout à fait entières. En outre, sur ces pennes, les pinnules conservent à peu près la même longueur du haut en bas, décroissant vers le sommet, tandis que, sur les pennes les plus élevées, elles s'allongent sensiblement vers le haut pour décroître ensuite assez brusquement.

On peut remarquer au bas de la fig. 1 une portion de rachis inclinée à 45° environ sur le rachis du reste de l'empreinte, et qui donnerait à penser que ce rachis a été fortement plié : en réalité, il appartient à une autre fronde et croise simplement le premier, ainsi que le prouve un examen attentif de la partie inférieure de l'échantillon, non représentée sur le dessin à cause de sa mauvaise conservation et de la nécessité de placer la figure grossie 1 A ; les deux pennes inférieures de droite ne s'attachaient pas à ce rachis incliné, mais bien au prolongement du rachis vertical.

Quant à la fig. 2, elle montre une petite portion d'une autre fronde à pinnules plus entières, mais également rétrécies en coin à la base et nettement séparées. Il paraît probable, d'après l'examen de cet échantillon, dont on n'a pu représenter qu'un fragment, comme de celui de la fig. 1, que les frondes de cette espèce avaient à peu près la même forme que celles des deux espèces précédentes et présentaient également un contour général ovale allongé.

Rapports
et différences.
Le *Call. Jutieri* a, comme le *Call. subauriculata,* les pinnules non contiguës, mais l'écartement est beaucoup plus marqué que chez celui-ci ; en outre les pinnules sont plus grandes et présentent une forme très différente avec leur rétrécissement à la base en forme de coin à bords presque recti-

lignes; lorsqu'elles sont crénelées ou lobées, elles le sont plus régulièrement et plus abondamment, et l'on ne voit jamais à leur base ce lobe unique qu'on trouve dans ce cas chez le *Call. subauriculata.*

C'est également par la forme des pinnules que le *Call. Jutieri* est facile à distinguer du *Call. Pellati*, les pinnules de ce dernier n'étant pas cunéiformes, les échancrures de leurs bords étant moins espacées, et leur partie inférieure, décurrente sur le rachis, constituant souvent un lobe distinct, faiblement saillant entre les deux pinnules qu'il sépare.

Cette espèce est dédiée à feu M. Jutier, inspecteur général des mines, qui l'a découverte dans l'Autunois, et à qui l'École des mines doit une belle série d'empreintes des schistes bitumineux de cette région, de Millery particulièrement.

Gœppert a figuré, sous le nom d'*Odontopteris permiensis,* un échantillon dont la penne supérieure ressemble singulièrement à celles du *Call. Jutieri ;* mais les deux pennes qui sont situées au-dessous paraissent avoir leurs pinnules soudées les unes aux autres sur presque toute leur hauteur, ce qui semble difficile à concilier avec l'indépendance absolue et l'écartement marqué de celles de la penne suivante. Il est donc impossible de se prononcer sur les rapports que peut avoir avec le *Call. Jutieri* cet échantillon, indiqué par Gœppert comme provenant du Permien de Russie; mais il m'a paru utile d'appeler l'attention sur la ressemblance que je viens d'indiquer, en l'inscrivant, sous réserve, en synonymie. Synonymie.

Millery, dans l'étage supérieur du Permien. Provenance.

CALLIPTERIS PELLATI. n. sp.

(Pl. IV, fig. 1.)

Frondes bipinnées, à contour ovale allongé, larges de 30 à 40 centimètres, atteignant sans doute un mètre de longueur ou même davantage. Rachis primaire épais, strié longitudinalement. *Pennes primaires* partant du rachis sous des angles de 35° à 50°, *empiétant les unes sur les autres* par leurs Description de l'espèce.

bords, droites ou flexueuses, *à contour ovale-linéaire, effilées au sommet* en pointe obtuse, longues de 15 à 25 centimètres, larges de 2 à 4 centimètres.

Pinnules plus ou moins obliques sur le rachis, *un peu arquées en arrière, non contiguës, à contour ovale allongé, munies* sur leurs bords *de 5 à 11 lobes arrondis faiblement saillants, le plus inférieur attaché directement sur le rachis,* les suivants parfois séparés les uns des autres par des sinus assez profonds, obliques et très étroits ; *pinnules* longues de 8 à 20 millimètres sur 4 à 7 millimètres de largeur, *augmentant légèrement de longueur depuis la base jusqu'au delà du milieu des pennes,* puis décroissant rapidement vers le sommet.

Nervation difficilement discernable, le limbe étant apparemment assez épais ; *nervure médiane* légèrement décurrente à la base, *ne se suivant pas jusqu'au sommet ; nervures secondaires* obliques, *plusieurs fois ramifiées ;* les plus inférieures, correspondant au lobe le plus bas, naissant directement du rachis.

Remarques paléontologiques.

La Pl. IV représente une portion seulement d'une grande plaque que M. Edm. Pellat a bien voulu me communiquer et qui porte l'empreinte, malheureusement assez mal conservée en beaucoup de points, d'une portion de fronde considérable. Les pinnules sont très nettement lobées, et bien séparées les unes des autres ; leur partie inférieure décurrente constitue le plus souvent entre elles un lobe distinct assez peu saillant, comme le montre la figure grossie 1 A ; sur quelques pennes, dont les pinnules ont les lobes plus accentués et séparés par des sinus plus profonds, ce lobe inférieur s'allonge davantage, et, se dressant plus obliquement, paraît alors moins indépendant de ceux qui lui font suite.

D'autres échantillons plus petits, mais un peu mieux conservés, présentent les mêmes caractères.

Rapports et différences.

L'allongement assez sensible des pinnules, à mesure qu'on s'éloigne de la base des pennes, rapproche cette espèce du *Call. prælongata* Weiss [1] ; mais chez celui-ci cet allongement est beaucoup plus accentué, et se continue jusqu'à une distance beaucoup moindre du sommet des pennes primaires,

1. *Foss. Fl. d. jüngst. Stei:kohl.,* p. 81, pl. IV-V, fig. 1, 2.

de sorte que celles-ci ne sont pas aussi longuement effilées et affectent une
forme générale un peu différente; de plus, les pinnules sont moins nettement lobées et surtout elles ne sont pas, comme chez le *Call. Pellati*,
séparées les unes des autres à leur base par un lobe presque indépendant
attaché directement sur le rachis; il n'est donc pas possible de songer à les
identifier, ce dernier caractère me paraissant de nature, à lui seul, à
séparer nettement ces deux espèces l'une de l'autre. Le *Call. Pellati* se
distingue par les mêmes caractères du *Call. sinuata* Brongniart [1], que je
suis d'ailleurs très porté à regarder comme identique au *Call. prælongata*.

Comparé aux espèces qui le précèdent, il ne peut guère être rapproché
que du *Call. Jutieri*, mais il s'en distingue aisément par la forme de ses
pinnules non rétrécies en coin à leur base, plus nettement lobées, et par
le lobe saillant qui correspond à leur portion inférieure décurrente.

On peut, ainsi que je l'ai fait remarquer plus haut, se demander s'il Synonymie.
ne faudrait pas rapporter au *Call. Pellati* les fragments de pennes figurés
par M. H.-B. Geinitz sous le nom d'*Hymenophyllites semialatus* [2]; toutefois la
figure publiée sous ce nom montre des pinnules un peu moins séparées,
moins nettement lobées, et à lobe basilaire moins indépendant. Je me
borne donc à signaler ce rapprochement sans conclure à l'identité. Dans
tous les cas, le nom spécifique de *semialatus* n'aurait pu être conservé, l'auteur l'ayant, dans sa diagnose, appliqué à une autre espèce, ainsi que l'a
fait remarquer M. Weiss [3].

L'espèce qui vient d'être décrite devant ainsi, quels que soient ses
rapports avec l'échantillon figuré par M. Geinitz, recevoir un nom nouveau,
a été dédiée à M. Edm. Pellat, à qui nous sommes redevables, M. B. Renault et moi, de la communication de diverses empreintes très intéressantes
de l'Autunois.

Millery, étage supérieur du Permien. Provenance.

1. *Pecopteris sinuata.* Brongniart, *Hist. végét. foss.*, I, p. 296, pl. 93, fig. 3.
2. *Leitpfl. d. Rothl. u. d. Zechst. in Sachs.*, pl. I, fig. 4.
3. *Flora des Rothlieg. von Wünschendorf*, p. 12.

CALLIPTERIS BIBRACTENSIS. n. sp.

(Pl. III, fig. 3.)

Description
de
l'espèce.

Frondes bipinnées, ou plus exactement tripinnatilobées, atteignant vraisemblablement 30 centimètres et plus de largeur sur 1 mètre au moins de longueur. Rachis primaire très épais, finement strié en long. *Pennes primaires se détachant du rachis sous des angles de 35° à 60°, se touchant à peine par leurs bords, à contour linéaire,* larges de 2 à 3 centimètres, longues sans doute de 10 à 15 centimètres et davantage.

Pinnules plus ou moins obliques, droites, *écartées les unes des autres, et non soudées entre elles à la base, à contour ovale-linéaire, obtusément aiguës* au sommet, *munies de 5 à 9 lobes obliques, obtusément aigus,* séparés par d'étroits sinus plus ou moins profonds; *lobe basilaire, du côté inférieur, indépendant, attaché directement sur le rachis un peu au-dessous de la base de la pinnule;* pinnules longues de 12 à 20 millimètres sur 4 à 7 millimètres de largeur.

Nervure médiane droite, faiblement décurrente à la base; *nervures secondaires* obliques, *plusieurs fois ramifiées.*

Remarques
paléontologiques.

Parmi les divers échantillons, assez peu nombreux d'ailleurs, qui ont été recueillis de cette espèce, il ne s'en est trouvé aucun montrant l'extrémité des pennes primaires; il est par conséquent impossible de savoir avec certitude quelles pouvaient être les dimensions et la forme générale de la fronde. La grosseur du rachis principal permet toutefois de préjuger que les frondes devaient avoir une taille égale ou même supérieure à celles du *Call. conferta.* Les pinnules, très écartées, sont nettement pinnatilobées, cependant le plus souvent les lobes ne sont libres que sur une faible hauteur, et les échancrures qui les séparent descendent à peine jusqu'à mi-chemin de la nervure médiane. Il paraît naturel de considérer comme un lobe basilaire, représentant la portion décurrente de chaque pinnule, le petit segment foliacé fixé directement sur le rachis à un ou deux millimètres au-dessous d'elle, bien visible sur les diverses pennes de la figure 3, Pl. III;

sur d'autres échantillons, du reste, ce lobe basilaire est un peu moins écarté et se rattache plus visiblement à la pinnule. Le limbe paraît avoir été assez épais, et la nervation est généralement assez malaisée à discerner.

Cette espèce se distingue facilement de toutes celles qui précèdent par ses pinnules nettement lobées, et non soudées les unes aux autres à leur base, ainsi que par la séparation complète du lobe basilaire, indépendant du reste de la pinnule et non prolongé en aile le long du rachis. Elle a, par contre, d'étroites affinités avec le *Call. lyratifolia* et surtout avec sa variété *stricta;* mais chez ce dernier les pinnules sont beaucoup plus profondément découpées, et les lobes, plus séparés, plus linéaires, sont parcourus seulement par une nervure non ramifiée; enfin les pinnules se touchent ou même empiètent un peu les unes sur les autres par leurs bords, de sorte que les pennes sont beaucoup plus fournies et offrent, dès le premier coup d'œil, un aspect nettement différent.

On peut rapprocher aussi le *Call. bibractensis* du *Call. oxydata* Gœppert[1] du Permien de Silésie, qui a également des pinnules contractées à la base et munies sur leurs bords de lobes obliques plus ou moins saillants; je me suis même demandé s'il n'y avait pas identité spécifique et si la figure de Gœppert ne représentait pas un échantillon en mauvais état, l'empreinte d'une fronde altérée par une macération prolongée; mais la nervation paraît assez différente, les pinnules du *Call. oxydata* ayant, au lieu de nervure médiane, un faisceau de nervures flexueuses partant directement du rachis; de plus on ne voit pas au-dessous de chaque pinnule ce lobe basilaire indépendant, caractéristique de l'espèce dont je viens de parler.

Celle-ci ne paraît donc pouvoir être identifiée à aucune des formes décrites jusqu'ici, et elle a dû par suite recevoir un nom nouveau.

Millery, étage supérieur du Permien.

Rapports et différences.

Provenance.

[1]. *Sphenopteris oxydata.* Gœppert, *Foss. Fl. d. perm. Form.,* p. 91, pl. XII, fig. 1, 2.

CALLIPTERIS LYRATIFOLIA. Gœppert (sp.).

(Pl. III, fig. 1, 2.)

1842. **Sphenopteris lyratifolia.** Gœppert, *Genr. d. plant. foss.*, livr. 3–4, p. 74, pl. XIII, fig. 1. Weiss, *Foss. Fl. d. jüngst. Steinkohl.*, p. 48, pl. VII, fig. 2. Rœmer, *Leth. geognost.*, pl. 58, fig. 2.

1877. **Callipteris lyratifolia.** Grand'Eury, *Flore carb. du dép. de la Loire*, p. 393.

Description de l'espèce.

Frondes tripinnatifides, larges de 15 à 25 centimètres, atteignant sans doute 0^m,80 environ de longueur et peut-être davantage. Rachis primaire assez large, strié longitudinalement. *Pennes primaires* partant du rachis sous des angles de 35° à 50°, *empiétant plus ou moins les unes sur les autres* par leurs bords, *à contour étroitement ovale-linéaire*, graduellement rétrécies vers le sommet en pointe obtuse, longues de 10 à 25 centimètres sur 2 à 3 centimètres de largeur.

Pinnules obliques sur le rachis, droites, décurrentes à la base, *se touchant par leurs bords* ou empiétant même un peu les unes sur les autres, *à contour ovale-linéaire*, longues de 10 à 25 millimètres sur 4 à 8 millimètres de largeur, *profondément pinnatifides et même presque pinnées* sur la majeure partie de leur longueur, *munies de 5 à 15 lobes linéaires* obliques, plus ou moins étalés, souvent un peu arqués en arrière, *arrondis ou obtus au sommet, décurrents à la base, séparés les uns des autres par de profonds sinus aigus, ne se touchant pas par leurs bords ; lobes supérieurs soudés en une assez large expansion terminale* ovale-cunéiforme, à bords simplement crénelés ; *lobe basilaire,* du côté inférieur, *plus court que les suivants, attaché directement sur le rachis* à la base même de la pinnule ou un peu au-dessous.

Nervation presque indistincte ; nervure médiane droite ; *nervures secondaires* obliques, *simples,* droites ou arquées.

Remarques paléontologiques.

L'échantillon représenté sur la fig. 1 de la Pl. III représente un petit fragment de fronde bien conforme au type normal de cette espèce, telle que l'ont représentée Gœppert et M. Weiss : les lobes latéraux des pinnules, qu'on pourrait à la rigueur, tant la division est profonde, regarder comme

de petites pinnules simples, sont assez étalés, bien séparés les uns
des autres, et tout à fait arrondis au sommet. Sur les figures données
par les deux auteurs que je viens de citer, les lobes sont même plus écartés
encore, jusqu'à laisser souvent entre eux un intervalle égal à leur propre
largeur.

Au premier coup d'œil, la portion de fronde de la fig. 2, Pl. III, offre
un aspect assez différent, et l'on pourrait être tenté de croire qu'elle constitue une espèce distincte; mais on se rend compte, par un examen plus
attentif, que la différence ne provient que de la direction plus oblique et de
l'allongement un peu plus considérable des lobes latéraux. Ceux-ci, en effet,
étant ainsi plus étroits par rapport à leur longueur, ne peuvent être aussi
largement arrondis à leur extrémité; étant plus fortement dressés, ils semblent en outre moins séparés; mais la constitution même des pinnules
n'est en rien modifiée, et je ne crois pas que l'on puisse considérer cette
forme autrement que comme une variété du *Call. lyratifolia,* à laquelle on
pourrait donner le nom de var. *stricta,* à cause de la disposition plus dressée
et plus raide de toutes ses parties.

Sur l'un comme sur l'autre des deux échantillons représentés Pl. III,
fig. 1 et fig. 2, les pinnules se terminent par une expansion foliacée assez
développée, à bords plus ou moins crénelés, les lobes latéraux extrêmes se
soudant les uns aux autres sur la plus grande partie de leur longueur. Quant
au lobe basilaire, il est tantôt placé contre la base même de la pinnule,
presque à l'angle d'insertion, tantôt plus éloigné vers le bas et occupant
parfois le milieu de l'intervalle compris entre deux pinnules consécutives; mais il est toujours assez nettement rattaché à la pinnule qui le suit
par la décurrence marquée de la portion inférieure de celle-ci. Si l'on
regardait les pinnules pinnatilobées de cette espèce comme des pennes
munies de petites pinnules simples uninerviées, ce lobe basilaire représenterait à lui seul les pinnules qui, chez les *Callipteris,* de la base des
pennes de dernier ordre, descendent le long du rachis; mais il me paraît
plus rationnel et plus conforme aux affinités du *Call. lyratifolia* avec les
autres espèces du même genre et notamment avec le *Call. bibractensis,* de

14

considérer ces petites pennes de dernier ordre comme des pinnules profondément pinnatifides.

Rapports et différences. Le *Call. lyratifolia,* surtout quand il se présente sous la forme *stricta,* offre d'étroites analogies avec le *Call.bibractensis ;* mais celui-ci a les pinnules bien plus écartées et moins profondément découpées ; leurs lobes latéraux ne sont libres que sur une étendue relative beaucoup moindre, et les nervures secondaires n'y restent pas simples ; en outre, la décurrence du limbe le long du rachis étant moins accentuée, le lobe basilaire semble encore plus indépendant.

Comparé au *Call. Naumanni,* dont il s'éloigne du reste davantage, le *Call. lyratifolia* se distingue par ses pinnules bien plus grandes, beaucoup plus profondément découpées, à lobes plus séparés et toujours absolument simples.

Provenance. Jusqu'à présent, cette espèce n'a pas été signalée dans l'étage permien inférieur d'Igornay ; mais elle a été rencontrée à Cordesse, dans l'étage moyen, et dans l'étage supérieur à Millery.

CALLIPTERIS NAUMANNI. Gutbier (sp.).

(Pl. I, fig. 2 ; Pl. II, fig. 1, 2.)

1849. **Sphenopteris Naumanni.** Gutbier, *Verst. d. Rothl. in Sachs.,* p. 11, pl. VIII, fig. 1-6. E. Geinitz, *Neues Jahrb. f. Min.,* 1873, p. 696, pl. 3, fig. 4. Weiss, *Fl. d. Rothl. v. Wünschendorf,* p. 18, pl. III, fig. 8.
1881. **Callipteris Naumanni.** Sterzel, *Paläont. Charakt. d. ob. Steink. u. d. Rothl. im erzgeb. Beck.,* p. 105, 106 ; *Fl. d. Rothl. im nordw. Sachs.,* p. 48, pl. VII, fig. 3.

Description de l'espèce. Frondes tripinnatifides, à contour ovale très allongé, longues de 25 à 40 centimètres et peut-être davantage, sur 10 à 15 centimètres de largeur. Rachis primaire assez large, lisse ou marqué de quelques stries longitudinales peu apparentes. *Pennes primaires* partant du rachis sous des angles de 35° à 50°, *souvent un peu arquées en avant* et de plus en plus dressées vers leur extrémité, se touchant et le plus ordinairement *empiétant les unes sur les autres* par leurs bords, *à contour linéaire-lancéolé*, rétrécies vers le sommet en pointe obtuse, longues de 8 à 12 centimètres sur 12 à 20 millimètres de largeur.

Pinnules généralement *obliques à la base et nettement décurrentes sur le rachis, puis* un peu arquées en arrière et *assez étalées*, plus ou moins serrées, tantôt légèrement écartées, tantôt contiguës ou même empiétant presque les unes sur les autres, *à contour ovale-lancéolé*, longues de 8 à 15 millimètres sur 3 à 5 millimètres de largeur, *obtuses ou arrondies au sommet, pinnatifides, divisées en 5 à 15 lobes obliques, linéaires ou faiblement cunéiformes, arrondis au sommet et quelquefois échancrés* ou même lobulés, *exactement contigus* et soudés les uns aux autres sur une portion variable de leur longueur ; *lobe basilaire*, du côté inférieur, *directement attaché sur le rachis, arqué en arrière, simple ou bilobé* au sommet.

Nervation assez peu distincte ; *nervure médiane décurrente* à la base, plus ou *moins arquée en dehors, se suivant jusqu'au sommet ; nervures secondaires* très obliques, *simples ou bifurquées*, plus rarement ramifiées.

Cette espèce varie quelque peu d'aspect, suivant le rapprochement ou l'écartement relatif de ses pinnules ; mais les formes extrêmes sont reliées par une série de transitions graduelles, de sorte qu'on ne peut songer à les séparer. La figure 1 de la Pl. II représente une forme à pinnules extrêmement serrées, se recouvrant même parfois par leurs bords ; l'échantillon d'après lequel elle a été dessinée n'a pu être représenté en entier, à cause de ses trop grandes dimensions : il mesure en effet 0^m,27 de longueur, bien qu'il n'aille pas jusqu'à la base de la fronde ; mais il montre assez nettement la forme ovale très allongée du contour général du limbe. Au sommet la fronde se terminait par une penne simplement pinnée ou du moins bipinnatifide, semblable aux pennes primaires de la région moyenne et ayant pour axe le prolongement du rachis primaire.

On voit également, et d'une façon plus complète, cette terminaison de la fronde sur la figure 2 de la Pl. I, qui montre un échantillon à pinnules plus espacées, et plus longues par rapport à leur largeur ; mais, si l'on en com-

Remarques
paléontologiques.

pare les pennes supérieures avec celles de la figure 1 de la Pl. II, il est impossible de méconnaître leur identité.

La figure 2, Pl. II, représente une autre portion de fronde dont les pinnules semblent peut-être plus écartées encore, parce que leurs lobes basilaires, moins longuement décurrents, ne garnissent pas complètement l'intervalle compris entre elles ; en outre, les lobes latéraux inférieurs ne sont pas aussi serrés les uns contre les autres ; mais l'on peut trouver dans certaines régions de la figure 2, Pl. I, des pinnules également séparées les unes des autres dès leur base par suite d'une décurrence moins prolongée de leurs lobes basilaires ; seulement la roche qui porte l'empreinte étant elle-même très foncée, cette séparation est moins sensible à l'œil que sur l'échantillon figure 2, Pl. II, où les pinnules se détachent très nettement sur le fond gris clair de la roche.

Les figures grossies font bien voir la forme des lobes, généralement simples et arrondis à l'extrémité, quelquefois élargis et échancrés au sommet, plus rarement subdivisés eux-mêmes en lobules arrondis très faiblement saillants.

Sur l'échantillon de la fig. 2, Pl. I, le limbe, conservé sous la forme d'une mince lame charbonneuse encore flexible, offre une surface finement chagrinée, marquée de nombreuses et très petites dépressions ponctiformes ; ce limbe était évidemment assez épais et coriace.

Rapports
et différences.

Le *Call. Naumanni* se rapproche un peu, mais avec des dimensions beaucoup moindres, du *Call. bibractensis ;* il s'en distingue en tout cas facilement par ses pinnules munies de lobes plus nombreux, plus linéaires, plus étroitement serrés les uns contre les autres, parfois échancrés à leur sommet et parcourus par des nervures simples ou tout au moins ne se ramifiant qu'avec une extrême rareté ; de plus, le lobe basilaire inférieur, beaucoup plus longuement décurrent, n'est jamais séparé de la pinnule placée au-dessus de lui.

Le *Call. Naumanni* s'écarte davantage du *Call. lyratifolia,* chez lequel les lobes latéraux sont relativement plus courts et beaucoup plus séparés, et dont les lobes terminaux se soudent en une expansion foliacée beaucoup plus importante. Il est donc impossible de les confondre.

Cette espèce paraît assez abondante dans l'étage moyen du Permien de l'Autunois ; j'ai constaté sa présence notamment à la Comaille, à Ruet et à Cordesse ; elle a été également signalée à Muse.

Provenance.

Elle se montre encore dans l'étage supérieur, à Millery ; mais jusqu'à présent, je n'en ai pas vu d'échantillon de l'étage inférieur.

Genre ALETHOPTERIS. Sternberg.

1826. **Alethopteris.** Sternberg, *Ess. Fl. monde prim.*, I, fasc. 4, p. xxi.

Frondes de grande taille, généralement tripinnées, parfois quadripinnatifides ou peut-être même quadripinnées. *Rachis de divers ordres restant nus entre les pennes* homologues qui les garnissent. *Pinnules assez grandes, attachées par toute leur base,* souvent un peu contractées du côté antérieur, *décurrentes du côté inférieur* et se soudant généralement plus ou moins les unes aux autres, à bords entiers, à surface habituellement un peu bombée. *Nervure médiane très nette,* se prolongeant presque jusqu'au sommet des pinnules ; *nervures secondaires nombreuses,* d'ordinaire assez serrées, plus ou moins arquées et étalées, tantôt simples, tantôt une ou plusieurs fois bifurquées, *les plus inférieures naissant directement du rachis.*

Vers les bords de la fronde, c'est-à-dire à l'extrémité des pennes primaires moyennes et sur la majeure partie des pennes primaires supérieures, les pinnules, diminuant graduellement de taille et se soudant de plus en plus les unes aux autres, donnent naissance à de grandes pennes simples, d'abord lobées ou ondulées, puis tout à fait entières, qui succèdent aux pennes normales simplement pinnées.

Les frondes des *Alethopteris,* susceptibles, d'après les observations faites sur divers points, d'atteindre plusieurs mètres de longueur, étaient portées sur de très gros pétioles qui devaient partir directement du sol ou du moins de souches extrêmement courtes. On trouve parfois des fragments plus ou moins étendus de ces pétioles ou des subdivisions du rachis, qui, ayant été silicifiés, ont gardé intacts tous les détails de leur structure et peuvent être étudiés anatomiquement; ce sont ces pétioles d'*Alethopteris*, réunis à ceux d'*Odontopteris* et de *Nevropteris*, qui constituent le genre *Myeloxylon* ou *Myelopteris*, dont il sera parlé plus loin. Il suffit de rappeler ici que M. B. Renault [1] a reconnu dans ces pétioles de nombreux faisceaux libéroligneux disséminés dans le parenchyme et disposés plus ou moins nettement sur une série de cercles concentriques. Le plus souvent, la partie libérienne du faisceau est détruite et a fait place à une lacune; quant à la partie ligneuse, elle tourne ses éléments les plus fins vers l'extérieur, tandis que le bois primaire s'est développé en direction centripète. On remarque en outre, surtout à la périphérie, de nombreux faisceaux de sclérenchyme, tantôt à peu près cylindriques, tantôt en forme de bandes aplaties, généralement accompagnés d'un ou plusieurs canaux gommeux; d'autres canaux gommeux se rencontrent également isolés dans le parenchyme, ou quelquefois accolés aux faisceaux libéroligneux. M. Renault a montré, en comparant cette structure à celles des pétioles d'*Angiopteris*, que les *Myeloxylon* représentaient des pétioles ou des fragments de rachis de Fougères de la famille des Marattiacées.

Les études qu'il a pu faire ensuite sur des portions de rachis portant encore des pinnules, soit d'*Alethopteris*, soit de *Nevropteris*, nettement déterminables, a démontré l'exactitude de cette attribution. Les échantillons silicifiés, provenant de Rive-de-Gier, qui lui ont ainsi permis de reconnaître la constitution des rachis d'*Alethopteris* et de la comparer à celle des *Myeloxylon*, ont été rapportés par lui, d'après la forme et la nervation de leurs pinnules, les uns à l'*Aleth. aquilina*, les autres à l'*Aleth. Grandini* [2]. Je vais résumer ici les principales observations faites par lui sur ces deux espèces.

La Fig. 33 ci-contre représente la coupe transversale d'un fragment de

---

1. *Étude du genre Myelopteris* (*Mém. présentés par divers savants à l'Acad. d. Sciences*, XXII, n° 10).

2. *Comptes rendus Acad. sc.*, XCIV, p. 1737-1739; *Cours de bot. foss.*, III, p. 159-162.

rachis appartenant à l'*Aleth. aquilina :* on voit en *m, m,* les bases de deux pinnules attachées sur la face supérieure de ce rachis, légèrement creusée en
gouttière entre elles; à cette gouttière correspond, au-dessous des premières assises de cellules en palissade situées sous l'épiderme, un faisceau épais *o,* de parenchyme sclérifié, destiné à donner de la solidité aux subdivisions des pennes.
Dans le parenchyme sont disséminés, comme chez les *Myeloxylon,* des faisceaux libéroligneux *a,* et des canaux gommeux *d* dont les uns sont isolés et les autres accolés aux faisceaux ligneux; ceux-ci sont d'habitude réduits à leur partie ligneuse, dont la section transversale affecte en général la forme d'une ellipse, aux deux

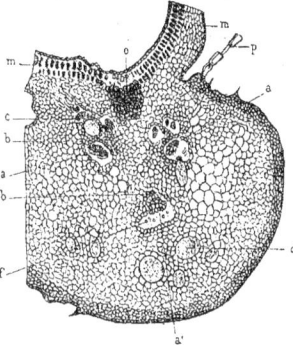

Fig. 33. — *Alethopteris aquilina.* Brongniart (sp.). Coupe transversale d'un fragment de rachis portant à sa face supérieure des pinnules encore attachées; grossie 35 fois (d'après B. Renault).

extrémités de laquelle sont réunis les éléments les plus fins; sur quelques-uns, comme *a',* les éléments les plus fins sont sur le bord externe, le bois primaire ne s'étant développé que dans la direction du centre. La portion libérienne est généralement remplacée par une lacune, par suite de la destruction de ses éléments; on observe cependant parfois, dans cette lacune, en *f* par exemple, quelques traces de cellules libériennes encore reconnaissables. Chaque faisceau est entouré, du côté qui regarde l'axe du rachis, d'un arc de tissu sclérifié *b,* détail qui se retrouve aussi chez les *Myeloxylon.* Les deux faisceaux les plus voisins de la région supérieure du rachis se subdivisaient pour envoyer dans les pinnules des cordons plus petits, tels que *c,* destinés à constituer les nervures.

On remarque enfin, sur tout le pourtour du rachis, que le tissu est uniformément sclérifié sur une certaine profondeur; à la surface s'attachent çà et là des poils articulés *p*, qu'on observe également à la face inférieure des pinnules.

Des coupes faites dans celles-ci parallèlement au limbe (Fig. 34) font

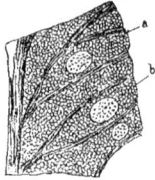

voir la subdivision des nervures secondaires en nervules *a*; entre celles-ci, sont creusées dans l'épaisseur du parenchyme des cavités elliptiques irrégulières *b*, remplies de fines granulations ovoïdes dont la nature n'a pu être déterminée.

Les rachis d'*Aleth. Grandini* (Fig. 35) se sont montrés constitués sur le même plan que ceux d'*Aleth.*

Fig. 34. — *Aleth. aquilina.* Brongniart (sp.). Coupe d'une portion de pinnule faite parallèlement au limbe, grossie 20 fois (d'après B. Renault).

aquilina, parcourus au-dessous de la gouttière médiane, entre les bases des pinnules *m*, par un faisceau de tissu sclérifié *o*, et dans leur corps même par des faisceaux libéroligneux tels que *a*, *f*, et des canaux gommeux *d*, dont la

distribution est ici remarquablement régulière. Dans ces faisceaux libéroligneux, la région libérienne est le plus souvent détruite, comme en *a*; quelquefois elle est à peu près conservée, comme en *f*. Le contour du rachis présente sur cet échantillon une série de cannelures longitudinales, dues peut-être à la dessiccation du tissu sous-jacent avant la silicification.

On connaît ainsi, comme on le voit, d'une façon assez complète, la

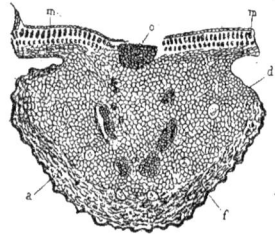

Fig. 35. — *Aleth. Grandini.* Brongniart (sp.). Coupe transversale d'un fragment de rachis portant à sa face supérieure des pinnules encore attachées; grossie 35 fois (d'après B. Renault).

structure anatomique des principales parties de la fronde, et l'on est fondé à rattacher le genre *Alethopteris* à la famille des Marattiacées. Malheureusement les fructifications en sont encore à peu près inconnues, bien qu'on ait cru jadis trouver l'indication de leur existence sur des pinnules dont les bords étaient légèrement repliés en dessous, comme sur les pinnules fertiles des *Pteris* vivants; en réalité on n'a jamais observé de sporanges sur

aucune empreinte d'*Alethopteris*, et la seule indication qu'on ait à leur égard
est due à M. Renault, qui a trouvé, à la face inférieure de pinnules silicifiées rapportées par lui à ce genre, des sporanges sans anneau, piriformes,
légèrement pédicellés, isolés, placés sur les côtés de la nervure médiane
à l'origine des nervures secondaires [1]. Ce caractère, de l'absence d'anneau,
confirme l'attribution de ce genre aux Marattiacées, déjà déduite de la
structure des pétioles.

M. Grand'Eury a signalé dans le bassin d'Autun, outre l'*Aleth. Grandini*
qui va être décrit, trois autres espèces, que je crois devoir passer sous
silence, savoir : à Épinac *Aleth. nevropteroides,* au mont Pelé *Aleth. aquilina,*
à Chambois et à Saint-Léger du Bois *Aleth. densifolia* [2]. La première est, en
effet, une espèce inédite; du moins M. Grand'Eury l'a décrite d'une façon
si concise [3], sans en donner de figure, qu'il n'est guère possible de savoir
ce qu'il a eu en vue; je n'ai eu entre les mains, parmi les empreintes de
l'Autunois, et en particulier parmi celles d'Épinac, aucun fragment d'*Alethopteris* qui m'ait paru se rapporter à cette description. De même, du
mont Pelé je n'ai vu que l'*Aleth. Grandini,* qui y est extrêmement abondant; or M. Grand'Eury signale en ce point de « nombreux *Aleth. aquilina*
plutôt que *Grandini* », indication qui laisse à penser qu'il a eu lui-même
un certain doute sur l'attribution spécifique, et qu'en réalité les échantillons qu'il a eus sous les yeux n'étaient peut-être que des formes un
peu particulières de l'*Aleth. Grandini* ; j'ajouterai que, par suite du peu
de précision des figures données par Schlotheim de son *Filicites aquilinus,*
on a souvent appliqué ce nom spécifique à des espèces très différentes les
unes des autres et qu'il prête facilement à la confusion. Enfin je ne connais
aucun *Alethopteris* portant le nom d'*Al. densifolia;* peut-être, ainsi que je l'ai
dit plus haut, M. Grand'Eury a-t-il voulu désigner par là le *Pecopteris densifolia* Gœppert (sp.); peut-être au contraire est-ce une forme nouvelle qu'il

---

1. *Cours de bot. foss.,* III, p. 160, note 1 ; p. 220.
2. *Flore carb. du dép. de la Loire,* p. 512, 513.
3. *Ibid.,* p. 110.

se proposait de décrire ultérieurement sous ce nom ; dans le doute, il est impossible en tout cas d'utiliser cette indication.

ALETHOPTERIS GRANDINI. Brongniart (sp.).

(Pl. IX, fig. 6, 7.)

1832 ou 1833. **Pecopteris Grandini.** Brongniart, *Hist. végét. foss.*, I, p. 286, pl. 94, fig. 1-4. Heer, *Fl. foss. Helvet.*, p. 33, pl. XII, fig. 10 *a*.

1836. **Alethopteris Grandini.** Gœppert, *Syst. fil. foss.*, p. 299. Renault, *Cours bot. foss.*, III, p. 157, 159, pl. 27, fig. 3, 4, 13. Zeiller, *Fl. foss. bass. houill. de Valenciennes*, p. 237, pl. XXXVIII, fig. 1, 2; *Fl. foss. terr. houiller de Commentry*, 1ʳᵉ part., p. 203, pl. XXI, fig. 1-8.

1876. **Pecopteris Serlii.** Heer (*non Brongniart*), *Fl. foss. Helvet.*, p. 32, pl. XII, fig. 8 (*an fig. 9?*).

Description de l'espèce.

Frondes de grande taille, tripinnées dans leur région moyenne et probablement quadripinnatifides à leur base. Rachis épais, finement striés en long. Pennes primaires étalées, contractées en pointe aiguë au sommet. *Pennes secondaires très caduques,* assez étalées, *contiguës* ou empiétant légèrement les unes sur les autres par leurs bords, *à contour linéaire-lancéolé,* obtusément aiguës au sommet, longues de 7 à 20 centimètres, larges de 12 à 40 millimètres, remplacées au bout des pennes primaires par des pennes simples, d'abord pinnatifides, puis ondulées et enfin tout à fait entières.

Pinnules étalées-dressées, droites ou légèrement arquées en arrière, *décurrentes à la base,* et plus ou moins soudées les unes aux autres, *séparées par des sinus obtus ou obtusément aigus, à bords presque parallèles,* quelquefois un peu élargies au milieu, *arrondies au sommet,* à surface légèrement bombée, longues de 6 à 25 millimètres sur 4 à 10 millimètres de largeur ; *pinnule terminale courte, ovale ou linéaire,* plus ou moins soudée à celles qui la précèdent.

Nervure médiane nette, se suivant jusqu'au sommet ; nervures secondaires se détachant sous des angles de 45° à 60°, puis *arquées et assez étalées, se divisant par une ou deux bifurcations* successives en *nervules fines, assez serrées ;* nervules inférieures naissant directement du rachis.

Remarques
paléontologiques.

Les pennes secondaires de cette espèce étaient évidemment très caduques, car on les trouve le plus souvent détachées des rachis dont elles dépendaient ; c'est le cas de l'échantillon fig. 6, Pl. IX ; mais vers l'extrémité des pennes primaires et sans doute sur toute l'étendue des pennes primaires voisines du sommet de la fronde, la soudure graduelle des pinnules donnait naissance à de grandes pennes simples, d'abord lobées, puis entières, qui, étant soudées par leur base aux rachis secondaires, ne pouvaient se détacher comme les pennes franchement pinnées ; aussi rencontre-t-on assez fréquemment de ces sommets de pennes, comme celui dont l'échantillon fig. 7, Pl. IX, présente un fragment. On voit sur cette empreinte une penne tout à fait simple succédant immédiatement à une penne nettement pinnatilobée. Il est probable qu'à la base de la fronde, les pinnules, par une modification inverse, présentaient sur leurs bords des lobes plus ou moins accusés et devaient passer à de véritables pennes plus ou moins profondément pinnatifides.

La penne détachée représentée sur la figure 6 de la Pl. IX est encore, comme beaucoup d'échantillons du mont Pelé, pourvue d'une partie du tissu même de la feuille, conservé sous la forme d'une mince membrane brune, flexible et translucide ; l'examen microscopique montre que cette membrane, lisse et brillante en dessus, du côté bombé, terne au contraire en dessous, représente la cuticule de la face supérieure du limbe, entièrement unie du côté externe, et relevée du côté interne de lignes légèrement saillantes anastomosées en réseau, qui correspondent aux parois des cellules épidermiques. La cuticule de la face inférieure, probablement moins résistante, a complètement disparu, ainsi que tous les tissus internes. La figure 6 A montre un fragment grossi de cette cuticule de la face supérieure, sur laquelle on remarque des files transversales bisériées de cellules à peu près rectangulaires, qui tranchent par leur forme sur les autres cellules, irrégulièrement polygonales, et qui doivent correspondre aux nervures ; on aperçoit en outre çà et là de petites ouvertures arrondies, bordées de cellules disposées en cercle, et sur le contour desquelles la surface est assez nettement déprimée ; c'étaient évidemment les places des stomates, mais les cellules de bordure de ceux-ci, situées au fond de chacune de ces dépressions, n'ont pas été conservées.

Quant aux détails de structure observés par M. B. Renault sur les rachis de cette espèce, ils ont été indiqués tout à l'heure. (Voir plus haut, Fig. 35, p. 112.)

Rapports et différences. Parmi les espèces qui précèdent, il n'en est qu'une seule qui puisse, et à certains égards seulement, être rapprochée de l'*Al. Grandini,* c'est le *Callipteridium regina :* les pennes de dernier ordre de ces deux espèces ont en effet une assez grande ressemblance; mais il est facile néanmoins de les distinguer, les pinnules du *Call. regina,* un peu moins longues par rapport à leur largeur et se touchant mutuellement par leurs bords jusqu'au voisinage immédiat de leur sommet, ne présentant à leur base aucune trace de décurrence le long du rachis; de plus les nervures secondaires sont plus dressées et plus divisées; enfin la pinnule terminale est plus large par rapport à sa longueur.

Parmi les *Alethopteris,* l'espèce à laquelle l'*Al. Grandini* ressemble le plus est l'*Al. Serli,* du Houiller moyen, qui se distingue de lui par ses pinnules aiguës ou obtusément aiguës au sommet, plus élargies en leur milieu, séparées par des sinus tout à fait aigus, et parcourues par des nervures secondaires plus nombreuses et plus serrées, bien que beaucoup moins divisées. Je ne crois pas, du reste, que l'*Al. Serli* s'élève jusque dans le Houiller supérieur, ou du moins, s'il y pénètre, qu'il en dépasse les couches les plus inférieures; aussi, bien qu'il ait été signalé au mont Pelé, au sommet de l'étage moyen du Houiller de l'Autunois, sa présence dans le bassin d'Autun me paraît-elle plus que douteuse, cette indication provenant vraisemblablement d'une confusion avec l'*Al. Grandini,* la seule espèce que j'aie vue de cette provenance.

Provenance. L'*Al. Grandini,* qui se montre déjà dans les couches les plus élevées du Houiller moyen, se rencontre, avec plus ou moins d'abondance, à tous les niveaux du Houiller supérieur, et s'élève même jusqu'à la base du Permien.

Sa présence a été constatée dans l'Autunois sur un assez grand nombre de points : à Épinac, dans l'étage inférieur du Houiller; au mont Pelé, au sommet de l'étage moyen; et dans l'étage inférieur du Permien, à Igornay.

Odontoptéridées.

Frondes souvent irrégulièrement divisées; pinnules attachées au rachis par toute leur largeur, généralement plus ou moins décurrentes vers le bas et légèrement soudées entre elles, à bords habituellement entiers; nervure médiane nulle ou à peine prédominante; nervures secondaires nombreuses naissant, en totalité ou en partie, directement du rachis, plus ou moins arquées, plusieurs fois dichotomes.

Genre ODONTOPTERIS. Brongniart.

1822. **Filicites** (Sect. **Odontopteris**). Brongniart, *Class. végét. foss.*, p. 34.
1826. **Odontopteris**. Sternberg, *Ess. Fl. monde prim.*, I, fasc. 4, p. xxi. Brongniart, *Prodr.*, p. 60.

Frondes de grande taille, à ramification irrégulière et souvent dyssymétrique, au moins bipinnées, plus généralement tripinnées, peut-être quadripinnées. Rachis des portions tripinnées munis d'ordinaire, entre les pennes bipinnées, de petites pennes simplement pinnées. *Pinnules attachées au rachis par toute leur base,* parfois légèrement contractées en avant, *habituellement décurrentes vers le bas, à bords entiers; pinnule basilaire inférieure* des pennes de dernier ordre *généralement rétrécie en coin à sa base* et différente des autres pinnules par sa forme. *Nervure médiane le plus souvent presque nulle, quelquefois* pourtant *assez accusée, décurrente* à sa base, arquée, et se divisant en nervules avant d'atteindre le sommet des pinnules; *nervures secondaires partant, en plus ou moins grand nombre, directement du rachis,* et se divisant plusieurs fois sous des angles aigus.

Sur les espèces les plus complètement connues de ce genre, on constate presque toujours une dyssymétrie frappante dans la disposition des pennes de la fronde : le plus souvent en effet, le rachis commun ne porte d'un côté que des pennes simplement pinnées, tandis qu'il est garni du côté opposé de grandes pennes bipinnées, entre les bases desquelles se trouvent en outre de petites pennes simplement pinnées attachées directement sur lui. Peut-être cette dyssymétrie doit-elle être attribuée à ce que les rachis se bifurquaient et à ce que, du côté interne de ces bifurcations, il ne pouvait, faute de place, se développer que des pennes simplement pinnées.

Les frondes des *Odontopteris* devaient, d'après les observations faites sur divers points, atteindre une taille extrêmement considérable; leurs rachis, irrégulièrement divisés, ne portaient de pennes garnies de pinnules normales que sur leurs dernières ramifications; au-dessous de ces régions feuillées, de grandes folioles simples à contour orbiculaire ou réniforme, à bord entier ou plus habituellement lacinié, à nervures rayonnantes en éventail (*Cyclopteris*); venaient s'attacher directement sur le rachis.

Suivant M. Grand'Eury, une partie des *Myeloxylon* correspondraient aux *Odontopteris,* et représenteraient leurs pétioles ou leurs rachis; ce genre se rattacherait ainsi, comme les genres *Alethopteris* et *Nevropteris,* à la famille des Marattiacées.

Le même auteur a fait connaître un fragment de penne fertile d'*Odontopteris* [1] provenant d'une espèce au moins très voisine de l'*Odont. lingulata :* on remarque, contre le bord des pinnules, une série de capsules ovoïdes, dont chacune est isolée au bout d'une nervure; ces capsules présentent une série de côtes longitudinales marquées elles-mêmes de subdivisions transversales moins accentuées; peut-être étaient-ce des synangium plus ou moins analogues à ceux des *Marattia,* mais à structure plus complexe. Cette observation est malheureusement la seule qu'on possède jusqu'à présent sur la fructification des *Odontopteris,* et il est à souhaiter qu'elle puisse être complétée quelque jour par la découverte d'échantillons moins fragmentaires et susceptibles d'être étudiés avec plus de détail.

---

1. *Flore carb. du dép. de la Loire,* p. 111, pl. XIII, fig. 4.

Bien que l'*Odont. Schlotheimii* (*Odont. osmundæformis* Schlotheim sp.) ait été signalé par M. Roche et par M. Renault dans les schistes bitumineux de l'Autunois [1], je me suis abstenu de comprendre cette espèce parmi celles qui vont être décrites, n'ayant pas vu d'échantillons qui puissent lui être rapportés, et me demandant s'il n'y aurait peut-être pas eu confusion entre elle et l'*Od. Duponti*, qui en est, en tout cas, très voisin. Quant à l'*Od. Brardi*, l'indication qui a été donnée de sa présence au mont Pelé [2] résulte de ce que j'avais moi-même, sur un examen un peu trop rapide, attribué à cette espèce des échantillons d'*Od. Reichiana* à très grandes pinnules, tels que celui qui est représenté sur la figure 1 de la Pl. X.

ODONTOPTERIS REICHIANA. Gutbier.

(Pl. X, fig. 1.)

1835. **Odontopteris Reichiana.** Gutbier, *Abdr. u. Verst. d. Zwick. Schwarzkohl.*, p. 65, pl. IX, fig. 1-3, 5, 7; pl. X, fig. 13. Geinitz, *Verst. d. Steink. in Sachs.*, p. 20, pl. XXVI, fig. 6, 7 (*an* fig. 3-5?). O. Feistmantel, *Palæontogr.*, XXIII, p. 290, pl. LXVII, fig. 4, 5. Grand'Eury, *Fl. carb. du dép. de la Loire*, p. 112, pl. XII (1, 1', 1"). Zeiller, *Expl. Carte. géol. Fr.*, IV, p. 61, pl. CLXVI, fig. 1, 2.

1869. **Odontopteris (Xenopteris) Reichiana.** Weiss, *Foss. Fl. d. jüngst. Steinkohl*, p. 32, pl. I, fig. 3-9.

1870. **Xenopteris Reichiana.** Weiss, *Zeitschr. d. deutsch. geol. Gesellsch.*, XXII, p. 865.

1835. **Odontopteris Bœhmii.** Gutbier, *Abdr. u. Verst. d. Zwick. Schwarzkohl.*, p. 67, pl. X, fig. 12.

1835. **Odontopteris dentata.** Gutbier, *ibid.*, p. 68, pl. IX, fig. 4.

Frondes de grande taille, tripinnées, mais à ramifications irrégulières et souvent dyssymétriques, constituées dans ce cas par un rachis muni d'un côté de pennes simplement pinnées et de l'autre de pennes bipinnées comprenant entre elles de petites pennes simplement pinnées; rachis primaire portant en outre çà et là, au-dessous des portions feuillées, de grandes

Description de l'espèce.

1. Roche, *Bull. Soc. Géol.*, 3ᵉ sér., IX, p. 79. Delafond, *Bassin houiller et permien d'Épinac et d'Autun*, Fasc. I, *Stratigraphie*, p. 68, 75.

2. Delafond, *ibid.*, p. 31.

folioles sessiles, simples, orbiculaires, ovales ou réniformes, à bord entier ou frangé, à nervures rayonnant à partir du point d'attache (*Cyclopteris*). Rachis striés longitudinalement. *Pennes primaires bipinnées* étalées-dressées, *empiétant les unes sur les autres, à contour étroitement ovale-lancéolé,* rétrécies au sommet en pointe aiguë, longues de 15 à 30 centimètres et davantage sur 8 à 12 centimètres de largeur. *Pennes primaires simplement pinnées et pennes secondaires* étalées ou étalées-dressées, *se touchant par leurs bords, à contour linéaire-lancéolé, effilées* au sommet *en pointe obtusément aiguë,* longues de 3 à 12 centimètres sur 8 à 20 millimètres de largeur.

Pinnules étalées-dressées, *contiguës,* à bords d'abord parallèles, *à contour général ogival, obtusément aiguës* au sommet, souvent un peu soudées entre elles à la base, longues de 4 à 15 millimètres sur 2 à 6 millimètres de largeur ; *pinnule terminale plus petite que celles qui la précèdent ;* pinnule basilaire du côté inférieur rétrécie en coin à la base, divisée au sommet en plusieurs dents.

Nervation nette ; nervure médiane à peine prédominante, décurrente à sa base ; *nervures secondaires* naissant sous des angles aigus, *droites ou faiblement arquées, plusieurs fois dichotomes ;* nervures secondaires inférieures naissant directement du rachis. Surface du limbe parcourue en outre par de fines lignes, souvent indistinctes, simulant des nervures et dont chacune est comprise entre deux nervures vraies.

Remarques
paléontologiques. La plupart des fragments de frondes de cette espèce que l'on a pu recueillir dans le terrain houiller se montrent nettement dyssymétriques, tripinnés d'un côté et seulement bipinnés de l'autre ; du côté bipinné, les pennes de dernier ordre et les pinnules qui les garnissent offrent toujours des dimensions plus considérables que celles qui, de l'autre côté, appartiennent aux pennes bipinnées ou dépendent directement du rachis. Ainsi les pennes de l'échantillon fig. 1, Pl. X, avec leurs pinnules très grandes, rappelant même par leur taille celles de l'*Od. Brardi,* devaient être fixées sur un rachis portant de l'autre côté des pennes bipinnées comprenant entre elles de petites pennes simplement pinnées, et munies de pinnules notablement plus petites. Gutbier avait distingué comme var. *major* ces longues

pennes à grandes pinnules, dont il a représenté sur la fig. 7 de sa pl. IX un
spécimen offrant dans toutes ses parties des dimensions encore plus considérables que celui que je reproduis fig. 1, Pl. X.; mais il est visible sur cette
figure de Gutbier qu'on a affaire à un fragment de fronde dyssymétrique :
les pennes de gauche, à pinnules très développées, mesurent plus de 9
centimètres de longueur, tandis que les pennes de droite, garnies de pinnules
moins grandes, ne dépassent pas 5 centimètres de long; il est plus que
probable que, si l'échantillon était plus complet, on verrait au-dessus et
au-dessous de ces pennes de droite, simplement pinnées, des pennes bipinnées, le côté gauche du rachis demeurant garni exclusivement de pennes
simplement pinnées.

Il est vraisemblable, en outre, que ces pennes à pinnules plus grandes
devaient se trouver plus éloignées des bords de la fronde.

M. Geinitz a constaté en Saxe et M. Grand'Eury a reconnu également
dans la Loire que les branches du rachis primaire portaient souvent, dans
les régions où elles ne sont pas garnies de pennes feuillées, des folioles
simples, des *Cyclopteris*, de dimensions et de formes variables, à bord le plus
souvent profondément lacinié.

L'*Od. Reichiana* est assez étroitement allié d'une part à l'*Od. Brardi*,   Rapports
d'autre part à l'*Od. minor*. Il se distingue du premier par ses pinnules géné- et différences.
ralement beaucoup moins grandes, en tout cas moins arquées en faux en
avant et non aiguës au sommet, mais terminées en pointe arrondie. Il diffère du second par ses pinnules d'ordinaire un peu plus développées, proportionnellement plus larges, bien moins arquées en avant, moins aiguës
au sommet, et à limbe évidemment plus épais; en outre, chez l'*Od. minor* la
la pinnule basilaire de chaque penne, du côté supérieur, est assez nettement contractée à sa base et affecte par suite un contour ovale, tandis que chez
l'*Od. Reichiana* elle diffère bien moins nettement de celles qui la suivent.

Quant aux espèces qui seront décrites à la suite de l'*Od. minor*, l'*Od.*
Reichiana s'en distingue à première vue par la forme de ses pinnules comme
par la réduction de la pinnule extrême de chaque penne.

L'*Od. dentata* de Gutbier ne représente évidemment que des échantillons   Synonymie.

16

à pinnules accidentellement déchiquetées, comme le prouve la figure grossie donnée par l'auteur, sur laquelle l'irrégularité de la dentelure apparaît avec évidence. Quant à l'*Od. Böhmii*, son identité avec l'*Od. Reichiana* ressort clairement de l'examen des figures et n'a jamais été contestée.

Plusieurs auteurs rapportent à l'*Od. Reichiana*, comme folioles stipales, le *Filicites crispus* de Germar et Kaulfuss[1]; je n'ai pas cru toutefois devoir l'inscrire dans la liste synonymique, cette attribution, si vraisemblable qu'elle puisse paraître, n'étant rien moins qu'établie. De même il n'est pas rigoureusement démontré que les fragments de rachis à folioles stipales laciniées figurés par M. Geinitz sous le nom d'*Od. Reichiana*, ne puissent pas appartenir à une autre espèce; tout au moins est-il plus prudent de n'accepter cette attribution que sous certaines réserves.

Provenance. Mont Pelé, sommet de l'étage moyen ou base de l'étage supérieur du houiller de l'Autunois.

M. Roche l'indique en outre dans l'étage supérieur du Permien[2].

ODONTOPTERIS MINOR. Brongniart.

1831 ou 1832. **Odontopteris minor.** Brongniart, *Hist. végét. foss.*, I, p. 253, pl. 77. Sternberg, *Ess. Fl. monde prim.*, II, fasc. 5-6, p. 79. Renault, *Cours bot. foss.*, III, p. 184, pl. 30, fig. 11. Zeiller, *Fl. foss. terr. houiller de Commentry*, 1re part., p. 245, pl. XXV, fig. 3-5.
1870. **Xenopteris minor.** Weiss, *Zeitschr. d. deutsch. geol. Gesellsch.*, XXII, p. 865.

Description
de
l'espèce.
Frondes de grande taille, tripinnées, constituées comme celles de l'espèce précédente. Rachis striés longitudinalement. *Pennes primaires bipinnées étalées-dressées, empiétant les unes sur les autres, à contour étroitement ovale-lancéolé*, contractées au sommet en pointe aiguë, longues de 15 à 30 centimètres sur 6 à 12 centimètres de largeur. *Pennes primaires simplement pinnées et pennes secondaires étalées ou étalées-dressées, se touchant ou empiétant un peu* les unes sur les autres par leurs bords, *à contour linéaire-lancéolé*,

---

1. *Nova acta Acad. Leop. Carol. naturæ curios.*, XV, part. 2, p. 229, pl. LXVI, fig. 6.
2. *Bull. Soc. Géol.*, 3e sér., IX, p. 79.

graduellement *effilées* à partir de leur milieu *en pointe très aiguë*, longues de 3 à 10 centimètres sur 6 à 20 millimètres de largeur.

Pinnules étalées-dressées, *contiguës*, à bords parallèles ou faiblement convergents, *à contour ogival, légèrement arquées en avant, aiguës* au sommet, souvent un peu soudées entre elles à la base, longues de 5 à 12 millimètres sur $1^{mm},5$ à 4 millimètres de largeur ; *pinnule terminale plus petite que celles qui la précèdent ; pinnules basilaires* généralement *différentes* de celles qui les suivent, *celle du côté antérieur ovale*, contractée à la base, celle du côté inférieur cunéiforme, bilobée ou trilobée.

Nervation très nette ; nervure médiane à peine prédominante, décurrente à sa base ; *nervures secondaires* naissant sous des angles aigus, *arquées, une ou ou deux fois divisées* par dichotomie ; nervures inférieures naissant directement du rachis. Surface du limbe parcourue en outre par de fines lignes, souvent peu distinctes, simulant des nervures, et dont chacune est comprise entre deux nervures vraies.

Remarques paléontologiques.

Les frondes de l'*Od. minor* étaient constituées commes celles de l'*Od. Reichiana,* et la plupart de ses pennes affectent la disposition dyssymétrique signalée chez celui-ci ; en outre les rachis portaient également, au-dessous des portions garnies de pennes normales, des *Cyclopteris* à bords plus ou moins frangés.

Je n'ai pu faire figurer cette espèce, n'en ayant entre les mains aucun échantillon provenant de l'Autunois.

Rapports et différences.

Elle ressemble beaucoup à l'*Od. Reichiana,* dont elle se distingue cependant assez aisément par plusieurs caractères ; elle a les pinnules un peu plus petites, surtout plus étroites, plus arquées en avant et plus aiguës, et le limbe plus délicat, de sorte que la nervation apparaît avec plus de netteté. De plus, la forme ovale de la pinnule basilaire antérieure de chaque penne constitue une particularité qui ne se retrouve pas chez l'espèce précédente.

Provenance.

L'*Od. minor* n'est pas très rare dans les régions moyenne et surtout supérieure du Houiller supérieur ; néanmoins je ne l'ai pas observé parmi les empreintes de ce terrain que j'ai vues de l'Autunois. Mais M. Roche l'indique dans l'étage permien inférieur [1], et M. Grand'Eury le signale à Chambois [2], dans l'étage permien moyen; c'est pourquoi je mentionne ici cette espèce, n'ayant aucun motif pour révoquer en doute ces indications, que je regrette cependant de n'avoir pu vérifier par moi-même.

ODONTOPTERIS DUPONTI. ZEILLER.

(Pl. X, fig. 2, 4, 6.)

1888. **Odontopteris Duponti**. Zeiller, *Fl. foss. terr. houiller de Commentry*, 1re part., p. 228, pl. XXV, fig. 6.

Description de l'espèce.

Frondes incomplètement connues, bipinnées ou tripinnées. *Pennes de dernier ordre assez étalées, se touchant par leurs bords, à contour linéaire-lancéolé, obtuses au sommet,* longues de 2 à 6 centimètres sur 8 à 16 millimètres de largeur.

Pinnules étalées-dressées, contiguës, à bords parallèles, arrondies au sommet, à peine contractées à la base du côté antérieur, *décurrentes vers le bas* le long du rachis, et légèrement soudées les unes aux autres, longues de 5 à 10 millimètres sur 3 à 7 millimètres de largeur; *pinnules basilaires de* chaque penne *assez nettement contractées à la base, celle du côté inférieur orbiculaire ou cunéiforme à sommet arrondi; pinnule terminale* ovale ou rhomboïdale à angles arrondis, plus grande que celles qui la précédent.

Nervation assez nette; *nervure médiane* décurrente à la base, *bien accusée dans la pinnule basilaire du côté antérieur, à peine sensible dans les autres; nervures secondaires arquées, plusieurs fois bifurquées,* assez serrées.

Remarques paléontologiques.

Les quelques échantillons de l'Autunois que je rapporte à cette espèce sont extrêmement fragmentaires, de sorte que leur détermination pourrait laisser place à quelques doutes; cependant la comparaison que j'en ai faite avec l'échantillon type du terrain houiller de Commentry ne m'a révélé que

---

1. *Bull. Soc. Géol.*, 3e sér., IX, p. 79.
2. *Fl. carb. du dép. de la Loire*, p. 513.

des différences insignifiantes, portant presque exclusivement sur les
dimensions des pinnules, qui sont ici un peu plus grandes ; quant aux caractères essentiels, forme des pinnules et en particulier des pinnules basilaires,
forme et développement de la pinnule terminale, nervation, ils concordent
absolument et je crois qu'on doit conclure à l'identité spécifique.

Les frondes de cette espèce étaient sans doute, comme celles de la
plupart des autres espèces du genre, irrégulièrement divisées, les parties
feuillées offrant de part et d'autre d'un même rachis des pennes simplement pinnées d'un côté, et des pennes bipinnées de l'autre, ces dernières
munies alors de pinnules plus petites que celles des pennes simplement
pinnées qui leur faisaient vis-à-vis. Le développement plus considérable
des pinnules des échantillons de Millery représentés sur les fig. 2, 4, 6
de la Pl. X, comparativement à ce qu'on observe sur la penne bipinnée
trouvée à Commentry, peut ainsi correspondre à de simples différences
de division de la fronde et de situation des pennes.

L'*Od. Duponti* a d'étroites affinités avec plusieurs des espèces du groupe Rapports
et différences.
des *Odontopteris* à pinnules arrondies au sommet, notamment avec l'*Od.*
osmundæformis Schlotheim (sp.) et avec l'*Od. lingulata*, et il est très difficile,
sur des échantillons incomplets, de le distinguer de ces derniers. Chez l'*Od.*
osmundæformis, comme le montre la figure type de Schlotheim [1], les pinnules
décroissent graduellement de la base au sommet de la penne, et la pinnule
terminale est plus petite encore que celles qui la précèdent; de plus, à en
juger tant par les figures de Schlotheim que par celles qui ont été publiées
par d'autres auteurs, notamment par Gœppert et par M. Weiss, la nervation
est assez différente, les nervures secondaires naissant toutes du rachis sans
la moindre trace de nervure médiane et étant beaucoup moins arquées et
beaucoup moins divisées. C'est ce caractère de la nervation qui conduit à
rapporter à l'*Od. Duponti* plutôt qu'à l'*Od. osmundæformis* les fragments de
pennes qui, comme ceux des fig. 2 et 6, ne montrent pas leur pinnule terminale ; mais je suis porté à croire qu'il a pu souvent y avoir confusion et

[1]. *Flora der Vorwelt*, pl. III, fig. 5, 6.

qu'on a dû plus d'une fois désigner sous le nom d'*Od. Schlotheimi*, synonyme d'*osmundæformis*, des portions de pennes appartenant à l'*Od. Duponti*.

Celui-ci se distingue d'autre part de l'*Od. lingulata* par le développement beaucoup moindre de sa pinnule terminale, simplement ovale ou rhomboïdale et non rubanée, ainsi que le montre très nettement la comparaison des figures 4 et 5 de la Pl. X; lorsqu'on n'a affaire qu'à des échantillons dépourvus de pinnule terminale, la distinction devient plus difficile, cependant l'*Od. lingulata* a les pinnules généralement plus grandes, plus fortement décurrentes, plus séparées dès la base, et les nervures secondaires un peu plus nombreuses encore ; enfin la pinnule basilaire inférieure est souvent attachée à la fois aux deux rachis dans l'angle desquels elle est placée.

Provenance.

L'*Od. Duponti*, ayant été rencontré dans le terrain houiller de Commentry, pourra également se retrouver dans le Houiller de l'Autunois, tout au moins dans sa région supérieure.

Les échantillons que j'ai eus sous les yeux provenaient exclusivement de Millery, mais il est vraisemblable que l'espèce doit se trouver aussi dans les étages inférieurs du Permien, bien qu'elle n'y ait pas encore été reconnue ; peut-être, d'ailleurs, est-ce elle qui y a été signalée sous le nom d'*Od. Schlotheimi*[1], car, ainsi que je l'ai dit, pas plus de ces étages que de celui de Millery, je n'ai vu d'échantillon susceptible d'être rapporté en toute certitude à ce dernier.

ODONTOPTERIS LINGULATA. Gœppert.

(Pl. X, fig. 3, 5.)

1846. **Neuropteris lingulata.** Gœppert, *Genr. d. plant. foss.*, livr. 5-6, p. 104, pl. VIII-IX, fig. 12, 13.
1869. **Odontopteris lingulata.** Schimper, *Trait. de pal. vég.*, I, p. 459.
1848. **Odontopteris appendiculata.** Sauveur, *Vég. foss. terr. houill. Belg.*, pl. XXXV, fig. 4.

---

1. Roche, *Bull. Soc. Géol.*, 3ᵉ sér., IX, p. 79. Delafond, *Bassin houiller et permien d'Autun et d'Épinac*; Fasc. I, *Stratigraphie*, p. 68, 75.

1849. **Odontopteris obtusiloba.** Naumann, *in* Gutbier, *Verst. d. Rothlieg. in Sachs.*, p. 14, pl. VIII, fig. 9-11. Gümbel, *Denkschr. d. k. bayer. botan. Gesellsch.*, IV, p. 101, pl. VIII, fig. 1. Geinitz, *Dyas,* p. 137, pl. XXVIII, fig. 1, 3, 4 (*an* fig. 2 ?); pl. XXIX, fig. 1, 2, 4, 10 (*an* fig. 3, 8, 9 ?). Gœppert, *Foss. Fl. d. perm. Form.,* p. 108, pl. XIV, fig. 4, 5 (*non* fig. 6, 7). Rœmer, *Leth. geogn.,* pl. 58, fig. 4.

1852. **Odontopteris Stiehleriana.** Gœppert, *Foss. Fl. d. Uebergangsgeb.,* p. 157, pl. XIII, fig. 1, 2; *Foss. Fl. d. perm. Form.,* p. 108, pl. XIV, fig. 8-10.

1859. **Cyclopteris elongata.** Gümbel, *ibid.,* p. 103, pl. VIII, fig. 6.

1864. **Cyclopteris exsculpta.** Gœppert, *Foss. Fl. d. perm. Form.,* p. 116, pl. XIII, fig. 5.

1864. *An* **Odontopteris crassinervia.** Gœppert, *ibid.,* p. 113, pl. XIV, fig. 11, 12?

1869. **Odontopteris (Mixoneura) obtusa.** Weiss (*non* Brongniart!), *Foss. Fl. d. jüngst. Steinkohl.,* p. 36 (*pars*), pl. II; pl. III, fig. 1-5; (*an* pl. VI, fig. 12 ?).

1870. **Mixoneura obtusa.** Weiss, *Zeitschr. d. deutsch. geol. Gesellsch.,* XXII, p. 865 (*pars*).

1879. **Odontopteris obtusa.** Schimper, *Handb. der Paläont.,* II, p. 121, fig. 95 (1). Rœmer, *Leth. geogn.,* I, p. 191. Renault, *Cours bot. foss.,* III, p. 182, pl. 30, fig. 10.

Frondes de grande taille, tripinnées, à ramifications irrégulières et souvent dyssymétriques, constituées dans ce cas par un rachis muni d'un côté de pennes simplement pinnées et de l'autre de pennes bipinnées comprenant entre elles de petites pennes simplement pinnées ou de grandes pinnules simples, névroptéroïdes ou cycloptéroïdes. Rachis striés longitunalement. *Pennes primaires bipinnées* étalées-dressées, se touchant par leurs bords, *à contour étroitement ovale-lancéolé,* longues de 15 à 40 centimètres et peut-être davantage, sur 8 à 25 centimètres de largeur. *Pennes primaires simplement pinnées et pennes secondaires* étalées ou étalées-dressées, *se touchant par leurs bords ou empiétant légèrement les unes sur les autres, à contour linéaire,* arrondies au sommet, longues de 4 à 15 centimètres sur 15 à 30 millimètres de largeur.

Pinnules étalées-dressées, *généralement séparées dès la base,* plus rarement tout à fait contiguës, plus ou moins contractées à la base du côté antérieur, *fortement décurrentes vers le bas* le long du rachis, *parfois un peu dilatées* vers leur milieu, *largement arrondies au sommet,* longues de 7 à 15 millimètres sur 5 à 10 millimètres de largeur. *Pinnule basilaire de chaque penne, du côté antérieur, fortement contractée à la base* et parfois presque pédicellée; *pinnule basilaire du côté inférieur cunéiforme,* largement arrondie en éventail au sommet, souvent attachée à la fois aux deux rachis dans l'angle desquels elle

Description
de
l'espèce.

est placée. *Pinnule terminale beaucoup plus grande que toutes celles qui la précèdent,* rubanée ou ovale-allongée, longue de 2 à 6 centimètres sur 10 à 25 millimètres de largeur.

Nervation nette; *nervure médiane décurrente à la base, plus ou moins accusée,* suivant que les pinnules sont plus ou moins longues par rapport à leur largeur; *nervures secondaires très nombreuses, fortement arquées, plusieurs fois divisées* par dichotomie en *nervules fines et très serrées.*

Remarques
paléontologiques. Les belles figures que M. Weiss a publiées de cette espèce montrent que, comme chez les *Od. Brardi, Od. Reichiana, Od. minor,* les parties feuillées de la fronde sont souvent dyssymétriques, tripinnées d'un côté et seulement bipinnées de l'autre; du côté tripinné l'intervalle compris entre deux pennes bipinnées consécutives est garni de courtes pennes simplement pinnées, portant un petit nombre de pinnules latérales, souvent même réduites à leur pinnule terminale, et affectant alors un contour névroptéroïde ou cycloptéroïde. Il est probable que plus bas l'on devait trouver de grandes folioles stipales (*Cyclopteris*) de formes variables, attachées directement sur les rachis, mais la constatation directe n'en a pas encore été faite.

Vers l'extrémité des pennes bipinnées, les pennes simplement pinnées diminuaient peu à peu de longueur, ne portant plus qu'un nombre de pinnules normales de moins en moins considérable, jusqu'à se réduire à de grandes pinnules simples, rubanées, plus ou moins contractées à leur base, comme on le voit sur la fig. 3 de la Pl. X; on peut remarquer d'ailleurs sur la pinnule la plus basse de cette figure la tendance à la formation d'un lobe basilaire, indiquant que, plus bas, on trouverait des pennes munies à leur base de pinnules normales, constituées comme celles de l'échantillon fig. 5.

Ces pinnules normales varient elles-mêmes de forme dans d'assez larges limites, ainsi que le montrent les figures données par M. Weiss et que j'ai pu le constater également sur une très nombreuse série d'empreintes de cette espèce recueillies à la Grand'Combe, dans le bassin houiller d'Alais : tantôt les pinnules sont à peine aussi hautes que larges, longuement décurrentes, et alors bien séparées les unes des autres dès leur base; la nervation est dans ce cas exclusivement odontoptéroïde, il n'y a pas trace de nervure médiane; tantôt, au contraire, les pinnules sont allongées, atteignant une longueur presque double de leur largeur, et alors moins espacées, arrivant parfois, par suite d'un élargissement du limbe, à se toucher mutuellement vers le milieu de leur hauteur ou même à empiéter très légèrement les unes sur les autres par leurs bords; elles ont, dans ce cas, une nervure médiane assez marquée; c'est ce que montre notamment l'échantillon représenté par M. Weiss sur la fig. 5 de sa pl. III. Ces différences de forme dans les pinnules correspondent vraisemblablement à des différences de position sur la fronde; les pennes à pinnules allongées seraient plus éloignées du sommet de la fronde que les pennes à pinnules courtes. Ce qui me porte à le penser, c'est que, sur quelques pennes bipinnées recueillies à la Grand'-Combe, on constate une tendance assez accusée des pinnules à devenir plus courtes, tout en conservant presque la même largeur, à mesure qu'on s'avance vers le sommet. Il faudrait toutefois des échantillons de plus grande taille pour savoir entre quelles limites ces variations étaient comprises sur une seule et même fronde.

L'*Od. lingulata* se distingue facilement des *Od. Duponti* et *Od. osmundæformis* par le développement considérable et la forme habituellement rubanée de la pinnule terminale de chacune de ses pennes de dernier ordre; celles-ci ont en outre un contour linéaire, tandis que chez l'*Od. Duponti* et surtout chez l'*Od. osmundæformis* la largeur des pennes simplement pinnées décroît assez régulièrement depuis leur base jusqu'à leur sommet; la nervation est un peu plus serrée encore que chez la première de ces deux espèces; enfin les pinnules sont plus grandes, plus nettement décurrentes et ne se soudent pas graduellement les unes aux autres en se rapprochant du sommet. Toutefois ces différents caractères exigent, pour être nettement appréciables, qu'on ait affaire à des échantillons tant soit peu complets, et lorsqu'on n'a sous les yeux que des fragments de pennes peu étendus ne montrant ni leur base ni leur sommet, la distinction devient plus difficile.

Elle l'est davantage encore entre l'*Od. lingulata* et l'*Od. Dufrenoyi;* on peut même se demander si ce dernier, avec ses grandes pinnules névropté-

Rapports et différences.

17

roïdes, ne représenterait pas simplement des pennes terminales d'*Od. lingulata,* garnies seulement de pinnules simples; cependant celui-ci ne semble pas avoir eu jamais, à en juger par tous les échantillons connus, un aussi grand nombre de pinnules simples se succédant les unes aux autres sur la même penne; si les pennes bipinnées se terminent en effet par quelques pinnules simples, on ne compte guère plus de cinq à sept de ces pinnules simples à leur extrémité, et encore les plus basses offrent-elles déjà des lobes basilaires, et voit-on, à la base des pennes qui les précèdent, apparaître déjà des pinnules latérales nettement indépendantes, tandis que chez l'*Od. Dufrenoyi* on n'observe aucune modification de ce genre; en outre chez ce dernier, la nervure médiane est plutôt formée par une série de nervures parallèles indépendantes que par un faisceau unique comme celui qui parcourt les pinnules terminales de l'*Od. lingulata.*

Enfin l'espèce qui vient d'être décrite peut encore, du moins lorsqu'elle se présente sous la forme à pinnules allongées, être comparée à l'*Od. obtusa,* mais celui-ci a les pinnules notablement plus étroites par rapport à leur longueur, décroissant peu à peu vers le sommet de la penne, qui se termine par une pinnule plus petite ou à peine plus grande que celles qui la précèdent; la confusion n'est donc pas possible.

Synonymie. Tous les auteurs s'accordent maintenant pour reconnaître l'identité du *Neuropteris lingulata* de Gœppert et de l'*Od. obtusiloba* de Naumann, ainsi que de l'*Od. Stiehleriana* de Gœppert, et de quelques formes, dont une au moins n'est qu'une grande pinnule terminale, décrites par Gümbel comme *Cyclopteris.*

On rattache aussi, d'ordinaire, à cette espèce le *Neuropteris subcrenulata* décrit par Rost en 1839, figuré par Germar en 1844, et dont le nom aurait par conséquent la priorité par rapport à celui de Gœppert; mais cette espèce ne montre que des pennes, les unes simplement pinnées, les autres bipinnatifides et non pas bipinnées, les pinnules latérales, bien qu'au nombre de trois ou quatre de chaque côté, restant soudées les unes aux autres sur les deux tiers au moins de leur hauteur. Or on n'observe rien de pareil sur aucun échantillon authentique d'*Od. lingulata,* les pinnules latérales de ce dernier étant toujours, dès qu'elles sont au nombre de deux ou trois, tout à fait indépendantes les unes des autres, et indépendantes de la pinnule terminale. Je ne crois donc pas pouvoir admettre l'identité de ces deux espèces.

J'écarte, pour la même raison, de la liste synonymique la fig. 3, pl. 78, de l'*Histoire des végétaux fossiles*, rattachée par Brongniart avec quelque doute à l'*Od. obtusa*, et que j'avais indiquée[1] comme pouvant être réunie à l'*Od. lingulata*; cette figure, qui montre une pinnule terminale ovoïde beaucoup plus large que celles de cette dernière espèce, me paraît en effet, après une comparaison attentive, devoir être assimilée plutôt à la fig. 1, pl. V, de l'ouvrage de Germar, c'est-à-dire à l'*Od. subcrenulata*.

Enfin je n'inscris qu'avec doute quelques-unes des figures publiées par M. Geinitz et l'une de celles de M. Weiss, ces figures montrant, les unes et les autres, des pinnules très nettement contractées à la base et attachées par un seul point, qui semblent indiquer un véritable *Nevropteris*. M. Sterzel paraît, lui aussi[2], disposé à rapporter plutôt ces mêmes figures au *Nevr. Loshii* Guthier (*non* Brongniart), réuni par M. Stur, sous le nom de *Nevr. gleichenioides*, au *Gleichenites neuropteroides* de Gœppert.

L'*Od. lingulata* a été longtemps, tout au moins sous le nom d'*Od. obtusiloba*, regardé comme exclusivement permien; mais M. Weiss, en même temps qu'il faisait remarquer que le type de l'espèce de Gœppert devait venir des couches permiennes du bassin de la Sarre, signalait sa présence dans les couches houillères, dès la base du système d'Ottweiler. M. Grand'Eury l'a trouvé également dans le Houiller supérieur, à Saint-Étienne, et il abonde à la Grand'Combe dans le système de Trescol, c'est-à-dire à un niveau relativement peu élevé. Il faut donc le considérer comme apparaissant vers le milieu du terrain houiller supérieur ou même un peu au-dessous de son milieu pour se poursuivre jusque dans le Permien. *Provenance.*

On peut, en conséquence, s'attendre à le rencontrer dans les étages moyen et supérieur du Houiller de l'Autunois; cependant je n'ai pu con-

1. *Fl. foss. terr. houiller de Commentry*, 1re part., p. 217.
2. *Paläont. Charakt. der ob. Steink. u. d. Rothl. im erzgeb. Beck.*, p. 110.

stater sa présence dans la région qu'à Igornay et à Millery, c'est-à-dire à la base et au sommet du Permien ; il doit, en tout cas, exister au niveau intermédiaire, dans l'étage moyen de ce même terrain, et j'ai lieu de croire que c'est lui, plutôt que l'*Od. obtusa* vrai, que M. Roche a signalé [1], sous ce nom d'*Od. obtusa*, dans les trois étages des schistes bitumineux.

ODONTOPTERIS DUFRENOYI. Brongniart (sp.).

(Pl. X, fig. 7, 8.)

1830. **Nevropteris Dufresnoyi.** Brongniart, *Hist. végét. foss.*, I, p. 246 (*pars*), pl. 74, fig. 4, (*non* fig. 5). Kutorga, *Verhandl. d. k. Russ. mineral. Gesellsch.*, 1844, p. 78, pl. VI, fig. 3.
1834. **Otopteris Dufresnoii.** Lindley et Hutton, *Foss. Fl. Gr. Brit.*, II, p. 142.
1869. **Odontopteris Dufresnoyi.** Schimper, *Trait. de pal. vég.*, I, p. 464.
1870. **Xenopteris Dufresnoyi.** Weiss, *Zeitschr. d. deutsch. geol. Gesellsch.*, XXII, p. 870.

Description de l'espèce.

Frondes très incomplètement connues, probablement bipinnées. *Pennes de dernier ordre à bords parallèles,* larges de 4 à 6 centimètres, à rachis strié longitudinalement.

Pinnules étalées ou étalées-dressées, *d'assez grandes dimensions,* contiguës ou légèrement espacées, à bords parallèles, *obtuses ou arrondies au sommet, contractées à la base du côté antérieur, nettement décurrentes* vers le bas le long du rachis, longues de 20 à 35 millimètres sur 8 à 15 millimètres de largeur.

Nervation assez nette; *nervure médiane remplacée par un faisceau de nervures indépendantes,* très rapprochées, courant les unes à côté des autres, puis se séparant peu à peu en *nervures secondaires très arquées, plusieurs fois divisées* par dichotomie en *nervules très fines et très serrées.*

Remarques paléontologiques.

On n'a, jusqu'à présent, signalé de cette espèce qu'un petit nombre d'échantillons, tous fort incomplets, consistant en fragments de pennes simplement pinnées, qui ne montrent ni leur base ni leur sommet. Sur l'échantillon représenté fig. 8, Pl. X, comme sur le type de Brongniart, les pin-

---

[1]. *Bull. Soc. Géol.,* 3ᵉ sér., IX, p. 79, 80.

nules sont fortement contractées à la base du côté antérieur, tandis que, vers le bas, elles se prolongent en une espèce d'oreillette décurrente sur le rachis. Sur la fig. 7, les pinnules, un peu moins grandes et plus rapprochées, sont attachées au rachis sur toute leur largeur et tendent à se souder très légèrement les unes aux autres.

Il est impossible, avec aussi peu de renseignements, de se rendre compte de la manière dont les frondes de l'*Od. Dufrenoyi* étaient constituées; on peut même se demander si c'est bien une espèce autonome, et si ces pennes à grandes pinnules ne représenteraient pas des extrémités de frondes d'*Od. lingulata*, à pennes simplement pinnées remplacées par des pinnules simples, ou encore des portions inférieures de frondes de la même espèce à pinnules allongées extrêmement développées : les grandes différences qu'on observe chez certains *Odontopteris* entre les pinnules de régions différentes de la fronde, tant sous le rapport de la forme que sous celui de la taille, sont de nature à autoriser une telle supposition. Je citerai notamment l'*Od. genuina,* chez lequel il n'y a guère moins de dissemblance entre les pinnules normales et les grandes pinnules de certaines pennes [1] qu'entre les formes habituelles de l'*Od. lingulata* et l'*Od. Dufrenoyi*. Cependant il est impossible de rien affirmer; il semble même que certains caractères importants, celui de la nervation par exemple, ne soient pas assez concordants pour autoriser la réunion de ces deux types spécifiques, et je crois qu'il convient, dans l'état actuel de nos connaissances, de les maintenir distincts, du moins jusqu'à plus ample informé.

L'*Od. Dufresnoyi* a, comme je viens de le rappeler, une extrême ressemblance avec les portions terminales de frondes de l'*Od. lingulata*; toutefois il paraît s'en distinguer par la moindre variabilité de ses pinnules, qui restent toutes parfaitement entières et ne semblent pas faire place, vers le bas, à des pennes simplement pinnées munies de petites pinnules latérales ; de plus il a la nervure médiane très large, formée par un groupe de nervures accolées les unes aux autres, et non par une nervure unique.

Rapports
et différences.

1. *Fl. foss. terr. houiller de Commentry,* 1re part., p. 222, pl. XXIV, fig. 1 *a* et fig. 3.

La comparaison des figures 7 et 8 avec la figure 3 de la Pl. X fait, du reste, bien ressortir ces différences.

L'*Od. Dufresnoyi* n'a été jusqu'à présent rencontré que dans le Permien, et c'est là encore une raison en faveur de son autonomie.

Les échantillons du bassin d'Autun que j'ai eus entre les mains m'ont permis de constater sa présence à la base et au sommet du terrain permien de ce bassin, à Igornay, et à Millery; M. Grand'Eury le signale, en outre, à Chambois, dans l'étage moyen[1].

ODONTOPTERIS OBTUSA. Brongniart.

(Pl. IX A, fig. 5.)

1831 ou 1832. **Odontopteris obtusa.** Brongniart, *Hist. végét. foss.*, I, p. 255, pl. 78, fig. 4 (*non* fig. 3). Zeiller, *Fl. foss. terr. houiller de Commentry*, 1re part., p. 224, pl. XXIII, fig. 1, 2.
1838. **Zamites obtusus.** Sternberg, *Ess. Fl. monde prim.*, II, fasc. 7-8, p. 199.
1870. **Mixoneura obtusa.** Weiss, *Zeitschr. d. deutsch. geol. Gesellsch.*, XXII, p. 865 (*excl. syn.*).

Description de l'espèce. Frondes imparfaitement connues, bipinnées ou tripinnées, à rachis finement striés en long. *Pennes de dernier ordre étalées, plus ou moins flexueuses, se touchant à peine par leurs bords, à contour linéaire-lancéolé,* effilées en pointe obtuse au sommet, longues de 8 à 12 centimètres sur 15 à 25 millimètres de largeur.

Pinnules étalées ou étalées-dressées, *contiguës ou très faiblement espacées, à bords parallèles, arrondies au sommet, un peu contractées à la base* du côté antérieur, et *légèrement décurrentes vers le bas* le long du rachis, indépendantes ou à peine soudées entre elles, *environ deux fois plus hautes que larges,* longues de 6 à 15 millimètres sur 3 à 8 millimètres de largeur; pinnules inférieures de chaque penne assez fortement contractées à la base, du moins du côté antérieur; pinnule basilaire du côté inférieur presque ovale. *Pinnule terminale plus petite ou à peine plus grande que celles qui la précèdent,* à contour ovale ou rhomboïdal à angles arrondis.

1. *Fl. carb. du dép. de la Loire*, p. 513.

Nervation souvent peu distincte ; *nervure médiane assez accusée et prédomi-*
nante, arquée et décurrente à la base ; *nervures secondaires arquées, plusieurs fois*
divisées par dichotomie en *nervules fines et serrées ;* nervures secondaires inférieures naissant directement du rachis. Surface du limbe parcourue en
outre, entre les nervures, par de fines lignes parallèles à celles-ci et dont
chacune est comprise entre deux nervures vraies.

Remarques
paléontologiques.

Cette espèce n'est connue que par des portions de frondes bipinnées, ou
par des fragments peu étendus de pennes de dernier ordre. Je n'en ai eu entre
les mains, parmi les échantillons recueillis dans l'Autunois, que des spécimens très incomplets, mais assez caractérisés cependant par leurs pinnules
deux fois plus longues que larges et par la petitesse de la pinnule terminale
de chaque penne, pour que leur détermination ne puisse laisser place à
aucun doute ; ils sont, en effet, parfaitement identiques, les uns à la base,
les autres au sommet des pennes de l'échantillon qui a été figuré dans la
Flore fossile du terrain houiller de Commentry ; quelques-uns d'entre eux portent
des pinnules encore plus grandes et plus fortement contractées à la base du
côté antérieur, c'est-à-dire à caractère névroptéroïde encore plus accentué. Celui qui est représenté sur la fig. 5 de la Pl. IX A montre une
extrémité de penne, avec ses pinnules latérales relativement allongées et
sa petite pinnule terminale.

Rapports
et différences.

L'*Od. obtusa* se rapproche par la petitesse de sa pinnule terminale de
l'*Od. osmundæformis,* mais il s'en distingue facilement par la forme toute
différente de ses pinnules latérales, bien plus allongées par rapport à leur
largeur, plus indépendantes, et munies d'une nervure principale bien
accusée. Il se distingue également par ces derniers caractères de l'*Od. Du-*
ponti, chez lequel la pinnule terminale est, en outre, plus développée, et
surtout plus large par rapport à sa longueur.

Il diffère, d'autre part, de l'*Od. lingulata,* avec lequel il a été souvent confondu, parce que, chez celui-ci, les pinnules sont en général
beaucoup plus larges eu égard à leur longueur, munies d'une nervure
médiane beaucoup moins nette, et surtout parce que les pennes, à contour presque exactement linéaire, se terminent par une très grande

pinnule ovoïde ou rubanée, beaucoup plus développée que celles qui la précèdent.

D'après M. Weiss [1], il y aurait identité spécifique entre cette espèce, qu'il a d'ailleurs reconnué pour être réellement identique à l'*Od. obtusa* type de Brongniart, et une partie au moins des échantillons de Commentry que j'ai désignés sous le nom d'*Alethopteris Grand'Euryi*, et qu'il identifie avec son *Callipteris discreta*. J'ai indiqué, en décrivant l'*Al. Grand'Euryi*, les raisons qui m'ont conduit à le distinguer de l'*Al. discreta* Weiss (sp.), auquel je reconnais qu'il ressemble extrêmement, et je ne crois pas utile d'y revenir ici. Quant à l'identification avec l'*Od. obtusa*, je ne saurais l'admettre, bien qu'il y ait une assez grande analogie d'aspect entre certaines pennes d'*Od. obtusa* et les échantillons d'*Al. Grand'Euryi* à petites pinnules, tels que ceux qui sont représentés sur les figures 2 et 4, pl. XXII, de la *Flore houillère de Commentry* : il y a en effet, particulièrement dans la nervation, des différences importantes qui permettent de les distinguer non seulement spécifiquement, mais génériquement : chez l'*Al. Grand'Euryi*, les pinnules, généralement dilatées vers leur milieu, sont parcourues par une nervure médiane extrêmement nette, qui part de l'extrémité antérieure de leur base, avec une très faible décurrence vers le bas, et se prolonge presque jusqu'à leur sommet ; chez l'*Od. obtusa*, la nervation est nettement odontoptéroïde, malgré l'existence accusée d'une nervure principale ; cette nervure est en effet longuement décurrente à sa partie inférieure, elle part du milieu de la base de la pinnule, et non de son bord antérieur, et elle se résout avant d'atteindre le sommet en nombreuses nervules ramifiées; les nervures secondaires sont beaucoup plus dressées, plus arquées et plus divisées ; en un mot, la nervation est, non plus celle d'une Pécoptéridée, mais celle d'une Névroptéridée à pinnules attachées par toute leur base, c'est-à-dire celle d'un *Odontopteris*; les fausses nervures qui sillonnent le limbe entre les nervures vraies constituent aussi un caractère important, qui ne permet pas de douter qu'on ait affaire ici à un *Odontopteris* véritable.

1. *Zeitschr. d. deutsch. geol. Gesellsch.*, XLI, p. 469-474.

Provenance.

L'*Od. obtusa* a été rencontré dans le terrain houiller supérieur à Terrasson et à Commentry, c'est-à-dire à des niveaux assez élevés déjà, de sorte qu'il n'y a pas lieu de s'étonner de le retrouver dans le Permien.

C'est en effet de ce terrain, et de l'étage le plus élevé de Millery, que proviennent les quelques échantillons recueillis dans l'Autunois.

Névroptéridées.

Frondes souvent irrégulièrement ramifiées; pinnules d'ordinaire assez grandes, généralement contractées en cœur à leur partie inférieure, attachées au rachis par un seul point ou par une fraction minime de leur base, à bords entiers, ou plus ou moins crénelés ou laciniés. Nervure médiane tantôt nulle, tantôt et plus souvent bien développée, se divisant en nervules avant d'atteindre le sommet des pinnules; nervures secondaires nombreuses, partant soit de la nervure médiane, s'il y en a une, soit de la base d'attache, arquées, et plusieurs fois bifurquées sous des angles aigus.

La plupart des Névroptéridées se rapprochent beaucoup, par leur port et par leur nervation, des Odontoptéridées, qui pourraient même leur être réunies pour former seulement une section particulière du groupe; la différence essentielle réside dans le mode d'attache des pinnules, mais on ne peut méconnaître qu'il existe sous ce rapport, entre ces deux groupes, de nombreuses transitions : c'est ainsi que certains *Odontopteris*, comme l'*Odont. obtusa*, présentent à la base de leurs pennes des pinnules presque névroptéroïdes, et que, d'autre part, chez beaucoup de *Nevropteris* les pinnules voisines du sommet des pennes se soudent au rachis par une portion de leur base de plus en plus importante. De plus, les *Cyclopteris*, ces folioles stipales de forme plus ou moins variable qu'on observe sur les rachis des *Odontopteris*, se retrouvent également chez beaucoup de *Nevropteris*, attestant ainsi l'étroite parenté de ces deux groupes, qui ne sont maintenus séparés ici, en raison du mode d'attache très différent des pinnules normales, que sous la réserve de ces observations.

18

Genre NEVROPTERIS. Brongniart.

1822. **Filicites** (Sect. **Nevropteris**). Brongniart, *Class. végét. foss.*, p. 33.
1826. **Neuropteris.** Sternberg, *Ess. Fl. monde prim.*, I, fasc. 4, p. xvi. Brongniart, *Prodr.*, p. 60.

Frondes atteignant ordinairement de grandes dimensions, au moins bipinnées ou tripinnées, mais à ramification souvent irrégulière et dyssymétrique. Rachis des portions tripinnées fréquemment munis, entre les pennes bipinnées, de petites pennes simplement pinnées. *Pinnules* contractées et souvent échancrées en cœur à leur base, *attachées au rachis par un seul point*, plus rarement par une faible portion de leur base, à bords parallèles ou légèrement convergents, généralement entiers, quelquefois cependant légèrement crénelés, à sommet le plus souvent arrondi. *Nervure médiane* généralement *bien accusée*, se suivant plus ou moins loin, mais se subdivisant en nervules avant d'atteindre le sommet de la pinnule ; *nervures secondaires habituellement nombreuses*, naissant sous des angles aigus, plus ou moins arquées, *plusieurs fois dichotomes*, et *non anastomosées* entre elles.

Chez la plupart des *Nevropteris* houillers, les frondes étaient constituées à peu près sur le même plan que chez les *Odontopteris*, à cette différence près cependant que la dyssymétrie y était moins constante : elle se manifeste néanmoins au voisinage des bifurcations du rachis, dans l'angle intérieur desquelles on ne rencontre en général que de petites pennes simplement pinnées, alors que le même rachis est garni, du côté extérieur, de pennes bipinnées ; mais, à mesure que les deux branches issues de la bifurcation s'écartent l'une de l'autre, les pennes situées sur le bord interne se développent de plus en plus et finissent par redevenir bipinnées et semblables à celles du bord externe. C'est ce qu'on observe souvent chez le *Nevr. heterophylla* et chez les autres espèces du même groupe.

Au-dessous des régions feuillées, les rachis des *Nevropteris* ou du moins d'un bon nombre d'entre eux étaient munis de grandes folioles sessiles, à nervation rayonnante (*Cyclopteris*), semblables à celles dont on a reconnu la présence chez les *Odontopteris,* mais à bord entier.

A la base des frondes, les pétioles, qui devaient partir directement du sol ou qui, tout au moins, n'étaient pas portés au sommet de tiges arborescentes, acquéraient un diamètre considérable, en rapport avec le poids du feuillage qu'ils avaient à supporter. On trouve assez fréquemment, dans les gisements silicifiés, des fragments de pétioles ou des portions de rachis qui ont dû appartenir à des *Nevropteris,* et qui rentrent, comme je l'ai déjà dit plus haut, dans le genre *Myeloxylon.*

M. Renault a pu d'ailleurs constater directement, par l'étude d'un fragment silicifié de rachis portant encore trois pinnules de *Nevropteris,* la dépendance des frondes de ce genre et de certains *Myeloxylon.* Les figures ci-contre (Fig. 36) reproduisent les dessins qu'il a publiés de cet échantillon, découvert dans les gisements de quartz d'Autun,

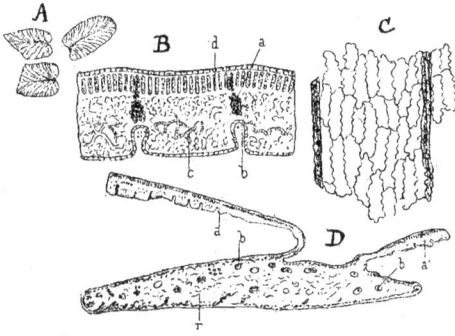

Fig. 36. — *Nevropteris Loshii.* B. Renault (an Brongniart?). A, pinnules silicifiées, visibles à la surface d'un échantillon de quartz d'Autun, grossies une fois et demie. B, coupe transversale de l'une d'elles, grossie. C, face inférieure de l'une d'elles, grossie. D, coupe transversale du rachis avec deux de ces pinnules attachées à sa face supérieure, grossier (d'après B. Renault).

et rapproché d'abord par lui du *Nevr. cordata,* puis rapporté plus tard au *Nevr. Loshii* [1], lequel n'est en réalité qu'une forme du *Nevr. heterophylla.* Je ferai seulement remarquer, au sujet de cette dénomination, que la détermination d'échantillons aussi fragmentaires ne peut jamais être acceptée qu'avec quelque

[1]. *Comptes rendus Acad. sc.,* LXXXIII, p. 404; XCIV, p. 1739; *Cours de bot. foss.,* III, p. 174, pl. 29, fig. 1, 2-5.

réserve, mais que, cependant, je serais plus disposé à attribuer les pinnules étudiées par M. Renault (Fig. 36 A) au *Nevr. Raymondi* qu'au *Nevr. heterophylla*; je reviendrai d'ailleurs plus loin sur cette question.

Quoi qu'il en soit de l'attribution spécifique, M. Renault a constaté sur cet échantillon les détails de structure suivants : le rachis *r* (Fig. 36 D) se montre, en coupe transversale, parcouru par de nombreux faisceaux libéro-ligneux *b*, disséminés dans le parenchyme et constitués comme ceux des *Myeloxylon*; à la périphérie se groupent des faisceaux de slérenchyme, parmi lesquels M. Renault a cru reconnaître sur un point la disposition en lames aplaties, normales au contour du rachis, qui caractérise le *Myel. radiatum*. On voit sur cette coupe les deux pinnules *a, a'*, venir s'attacher sur la face supérieure du rachis, situé plus bas et par suite engagé dans la masse de quartz, de sorte qu'il est invisible sur la figure 36 A. A leur face inférieure, comme le montrent les figures D et B, ces pinnules sont creusées de gouttières assez profondes *b* (Fig. 36 B), qui suivent le cours des nervures; les faisceaux vasculaires *a* qui constituent celles-ci, sont situés vers le milieu de l'épaisseur du parenchyme, lequel se compose d'abord, au-dessous de l'assise externe de cellules en palissade *d*, de cellules polyédriques à parois minces, et plus bas de cellules rameuses *c*, formant un tissu lacuneux. Au-dessus de chaque nervure on remarque une bande de tissu sclérifié, interposée entre les cellules en palissade. La face inférieure, examinée à plat (Fig. 36 C), montre des cellules épidermiques à contour ondulé, comme chez beaucoup de Fougères, et les gouttières qui correspondent aux nervures. Dans ces gouttières, M. Renault a reconnu la présence de spores très petites, et il s'est demandé si ces spores ne se seraient pas développées à cette place même, dans des logettes linéaires plongées dans le tissu de la feuille et plus ou moins analogues à celles des *Danœa*; ces logettes, alignées le long des nervures, se seraient ouvertes à maturité par une fente longitudinale continue, en même temps que leurs cloisons séparatives auraient disparu.

Je suis plus disposé, comme je l'ai déjà dit ailleurs[1], à croire que ces

1. *Fl. foss. du bass. houiller de Valenciennes*, p. 151.

spores ont été apportées accidentellement et retenues ensuite au fond de ces gouttières, sur les parois desquelles, du reste, l'épiderme se prolonge sans aucune discontinuité (Fig. 36 B), et dont on trouverait facilement les analogues parmi les Fougères vivantes, notamment chez certains *Antrophyum* où le cours des nervures est dessiné par de profonds sillons creusés à la face inférieure du limbe.

Au surplus, le seul échantillon de *Nevropteris* incontestablement fructifié qui ait été signalé jusqu'à présent vient à l'encontre de l'hypothèse émise par M. Renault : il se compose en effet d'une penne munie seulement à sa base de deux ou trois pinnules reconnaissables, ensuite dépourvue de limbe et réduite, dans sa portion fertile, à un rachis nu plusieurs fois bifurqué, dont chaque branche porte à son sommet un corps quadrilobé, représentant soit un involucre ouvert en quatre valves, soit un groupe de quatre sporanges étalés en croix. Cet échantillon, rapporté par M. Kidston au *Nevr. heterophylla* [1], dénote, comme on le voit, un mode de fructification tout particulier, et donne lieu de penser que, chez la plupart des espèces du genre *Nevropteris,* dont un bon nombre offre avec le *Nevr. heterophylla* les plus étroites affinités, les portions fertiles des frondes étaient dépourvues de limbe et totalement différentes des portions stériles. Il en est de même d'ailleurs chez plusieurs autres genres de la famille des Névroptéridées, tels que les *Rhacopteris, Archæopteris, Triphyllopteris,* du Culm ou du Dévonien. Aussi ne faut-il pas s'étonner si l'on trouve aussi rarement des échantillons fertiles déterminables génériquement, et si nos connaissances sur la fructification des *Nevropteris* sont encore aussi imparfaites.

M. Grand'Eury a signalé dans l'étage houiller du Grand-Molloy un *Nevropteris petiolata* [2] dont je n'ai pu trouver nulle part le nom spécifique ; c'est sans doute une espèce nouvelle qu'il a voulu désigner ainsi, mais comme il ne l'a point définie, je n'ai pu la faire figurer parmi celles dont la description va suivre.

---

1. *Trans. Soc. roy. Edinburgh,* XXXIII, part. I, p. 450, pl. VIII, fig. 7.
2. *Flore carb. du dép. de la Loire,* p. 512.

NEVROPTERIS HETEROPHYLLA. Brongniart.

(Pl. XII, fig, 1.)

1822. **Filicites (Nevropteris) heterophyllus.** Brongniart, *Class. végét. foss.*, p. 33, 89, pl. II, fig. 6 *a, b*.
1828. **Nevropteris heterophylla.** Brongniart, *Prodr.*, p. 53; *Hist. végét. foss.*, I, p. 243, pl. 71; pl. 72, fig. 2. Sternberg, *Ess. Fl. monde prim.*, II, fasc. 5-6, p. 72. Lindley et Hutton, *Foss. Fl. Gr. Brit.*, III, pl. 183. Sauveur, *Végét. foss. terr. houiller Belg.*, pl. XXIX, fig. 3, 4; pl. XXX, fig. 1, 2. Rœhl, *Palæontogr.*, XVIII, p. 37, pl. XVI, fig. 5, 6. Heer, *Fl. foss. Helvet.*, p. 23; pl. IV, fig. 1, 2 (*an* fig. 3?); (*an* pl. V, fig. 4?). Zeiller, *Expl. Carte géol. Fr.*, IV, p. 49 (*pars*), pl. CLXIV, fig. 1 (*non* fig. 2); *Fl. foss, bass. houill. de Valenciennes*, p. 261, pl. XLIII, fig. 1, 2; pl. XLIV, fig. 1; *Fl. foss. terr. houiller de Commentry*, 1ʳᵉ part., p. 257, pl. XXIX, fig. 4. Weiss, *Aus d. Steink.*, p. 44, pl. 14, fig. 88. Renault, *Cours bot. foss.*, III, p. 170, pl. 29, fig. 6, 7. (*An* Kidston, *Trans. Roy. Soc. Edinb.*, XXXIII, part. I, p. 150, pl. VIII, fig. 7?).
1833. **Neuropteris Brongniartii.** Sternberg, *Ess. Fl. monde prim.*, II, fasc. 5-6, p. 72.
1830. **Nevropteris Loshii.** Brongniart, *Hist. végét. foss.*, I, p. 242, pl. 72, fig. 1; pl. 73. Sternberg, *Ess. Fl. monde prim.*, II, fasc. 5-6, p. 72. Sauveur, *Végét. foss. terr. houill. Belg.*, pl. XXXI, fig. 1, 2. Sandberger, *Fl. d. ob. Steink. im bad. Schwarzw.*, p. 6, pl. IV, fig. 1. Rœhl, *Palæontogr.*, XVIII, p. 37, pl. XVII.
1862. **Odontopteris oblongifolia.** Rœmer, *Palæontogr.*, IX, p. 31, pl. VII, fig. 1. Rœhl, *Palæontogr.*, XVIII, p. 43, pl. XXIX, fig. 23.
1868. **Odontopteris britannica.** Rœhl, *ibid.*, p. 44 (*pars*). pl. XX, fig. 4.
1868. **Odontopteris obtusiloba.** Rœhl (*non* Naumann), *ibid.*, p. 42, pl. XVI, fig. 12-15.

Description de l'espèce.

Frondes de grande taille, tripinnées, mais à ramifications irrégulières et souvent dyssymétriques, les branches du rachis, après s'être bifurquées, portant du côté interne de la bifurcation des pennes primaires simplement pinnées, tandis que du côté externe les pennes primaires sont bipinnées, mais comprennent aussi entre elles de petites pennes simplement pinnées. Rachis primaire muni en outre çà et là, au-dessous des portions feuillées, de grandes folioles sessiles simples, en cœur à la base, ovales ou orbiculaires, à nervures rayonnant à partir du point d'attache (*Cyclopteris*). Rachis striés longitudinalement. *Pennes primaires* plus ou moins étalées, empiétant un peu les unes sur les autres, à *contour étroitement ovale-lancéolé*, rétrécies au sommet en pointe obtuse, longues de 15 à 50 centimètres sur 6 à 20 centimètres de largeur. *Pennes secondaires* étalées ou étalées-dressées, se touchant ou empiétant légèrement les unes sur les autres par leurs bords, à *contour linéaire-lancéolé*, terminées au sommet en pointe obtuse, longues de 4 à 12 centimètres sur 1 à 3 centimètres de largeur; *faisant place vers l'extrémité de la fronde* et au bout des pennes primaires *à de grandes pinnules simples*, longues de 1 à 2 centimètres et larges de 5 à 8 millimètres.

Pinnules étalées ou étalées-dressées, souvent un peu bombées sur les bords, *généralement contiguës, ovales ou ovales-linéaires, sessiles*, contractées en cœur à la base, parfois soudées au rachis par une faible portion de leur largeur, *arrondies au sommet*, longues de 5 à 20 millimètres et larges de 3 à 8 millimètres; *pinnule terminale plus grande que celles qui la précèdent*, rhomboïdale à angles arrondis.

Nervure médiane assez forte à la base, ne se poursuivant pas jusqu'au sommet; *nervures secondaires nombreuses, arquées*, se détachant et se divisant sous des angles très aigus; *nervules assez serrées, au nombre de 30 à 50 par centimètre*, étant comptées sur le bord des pinnules.

Remarques paléontologiques. Je n'ai vu de cette espèce, dans l'Autunois, que le seul échantillon que je représente sur la fig. 1 de la Pl. XII : il montre un fragment de penne primaire provenant vraisemblablement de la région moyenne d'une fronde : l'extrémité de la penne manquant, on ne voit pas les grandes pinnules qui, plus haut, remplaceraient les pennes latérales simplement pinnées.

Rapports et différences. Parmi les espèces rencontrées aussi dans le bassin d'Autun, la seule qui offre avec le *Nevr. heterophylla* des affinités sérieuses est le *Nevr. Grangeri*, qui en diffère principalement par le pédicelle assez net sur lequel sont presque toujours portées ses pinnules, et qui paraît aussi avoir les pennes de dernier ordre plus longues par rapport à leur largeur et plus effilées vers le sommet.

Synonymie. Je n'inscris qu'avec un peu de doute dans la liste synonymique le très intéressant échantillon fertile figuré par M. Kidston et d'après lequel le *Nevr. heterophylla* aurait eu ses pennes fertiles dépourvues de limbe, sauf à leur base, et réduites à un rachis plusieurs fois bifurqué en branches grêles portant chacune à leur sommet un groupe de quatre sporanges ou un involucre quadrivalve : les petites pinnules stériles qu'on voit à la base de ces pennes ressemblent bien à celles du *Nevr. heterophylla*, mais l'échantillon est trop incomplet pour que l'identification spécifique puisse être admise sans réserve.

J'avais précédemment, dans les descriptions que j'ai données des Fougères houillères du bassin de Valenciennes et du bassin de Commentry, admis comme devant être rapporté au *Nevr. heterophylla* l'échantillon du Permien de Reinsdorf en Saxe, figuré par Gutbier sous le nom de *Nevr. Loshii*, ainsi que le *Gleichenites neuropteroides* de Gœppert, que M. Stur a réuni à ce dernier sous le nom de *Nevr. gleichenioides* et qu'il a montré devoir venir de la même provenance [1]. Une étude plus approfondie et surtout l'examen d'échantillons se rapportant à cette espèce de Gutbier m'ont prouvé qu'en effet, comme l'avaient dit M. Stur et M. Sterzel [2], elle constituait bien un type spécifique particulier, distinct notamment du *Nevr. heterophylla* par la disposition des pinnules basilaires de chaque penne, ainsi que par la largeur de la pinnule terminale des pennes les plus voisines du sommet de la fronde. Je supprime donc cette espèce de Reinsdorf de la liste synonymique.

Je m'abstiens également d'inscrire dans la synonymie les pinnules silicifiées d'Autun que M. Renault a signalées sous le nom de *Nevr. Loshii* et dont j'ai parlé plus haut : outre que la détermination spécifique d'échantillons aussi peu complets ne présente pas suffisamment de garanties, la nervation de ces pinnules ne paraît pas assez serrée pour qu'on puisse les rapporter au *Nevr. heterophylla,* avec lequel se confond, à mon avis, ainsi que je l'ai expliqué ailleurs, le *Nevr. Loshii* de Brongniart, et je les attribuerais plus volontiers au *Nevr. Raymondi.*

Provenance.

Le *Nevr. heterophylla,* très commun dans le Houiller moyen, devient fort rare dans le Houiller supérieur, où on le rencontre cependant quelquefois. Je ne l'ai vu dans l'Autunois qu'à Épinac, c'est-à-dire dans l'étage inférieur de ce terrain.

---

1. *Verhandl. d. k. k. geol. Reichsanstalt,* 1875, p. 202.
2. *Paläont. Charakt. d. ob. Steink. u. d. Rothl. im erzgeb. Beck.,* p. 107-110.

NEVROPTERIS GRANGERI. Brongniart.

(Pl. XI, fig. 6.)

1830. **Nevropteris Grangeri**. Brongniart, *Hist. végét. foss.*, I, p. 237, pl. 68, fig. 1. Lesquereux, *Coal-Flora*, p. 105, pl. XIII, fig. 9.
1830. *An* **Nevropteris Cistii**. Brongniart, *Hist. végét. foss.*, I, p. 238, pl. 70, fig. 3?

Frondes incomplètement connues, probablement tripinnées. *Pennes de dernier ordre* assez étalées, plus ou moins flexueuses, se touchant par leurs bords, *à contour linéaire-lancéolé, lentement effilées vers le sommet,* larges de 20 à 35 millimètres, atteignant au moins 15 à 20 centimètres de longueur.

Pinnules étalées, parfois légèrement bombées sur les bords, *contiguës, ou un peu espacées, surtout vers l'extrémité des pennes, à contour ovale, brièvement pédicellées,* contractées en cœur et souvent un peu dilatées à la base, *arrondies au sommet,* longues de 8 à 20 millimètres sur 4 à 12 millimètres de largeur, décroissant lentement, mais graduellement, à partir de la base des pennes et devenant très petites vers l'extrémité de celles-ci.

Nervation nette ; *nervure médiane assez fine* se suivant jusqu'à une hauteur variable suivant la taille et la forme des pinnules ; *nervules secondaires nombreuses, arquées,* plusieurs fois dichotomes ; *nervules assez serrées,* aboutissant au bord de la pinnule *au nombre de 30 à 40 par centimètre.*

Malgré son peu d'étendue, l'échantillon représenté sur la fig. 6 de la Pl. XI me paraît pouvoir être rapporté avec une certitude à peu près absolue à cette espèce, avec laquelle il concorde exactement par la forme et la disposition de ses pinnules, nettement pédicellées et légèrement espacées.

Le *Nevr. Grangeri* n'est, jusqu'à présent, connu que d'une façon très imparfaite, et l'on ignore notamment le mode de terminaison de ses pennes ; peut-être la pinnule terminale était-elle plus petite ou à peine plus grande que celles qui la précédaient ; c'est du moins ce qu'on est porté à penser d'après la réduction très marquée des pinnules voisines de l'extrémité, qui

Description de l'espèce.

Remarques paléontologiques.

19

restent d'ailleurs indépendantes du rachis, ainsi que le montre la figure de M. Lesquereux, au lieu de se souder peu à peu à lui comme il arrive chez d'autres espèces.

Rapports et différences.   Le *Nevr. Grangeri,* si l'on ne considère que la forme des pinnules prises isolément et leur nervation, ressemble beaucoup au *Nevr. heterophylla,* mais ses pinnules sont portées sur un pédicelle que ne présente jamais celui-ci, et, vers l'extrémité des pennes, ne se soudent pas au rachis par une portion notable de leur base comme celles du *Nevr. heterophylla ;* il est probable aussi que la pinnule terminale ne doit pas avoir le même développement que chez ce dernier; les pennes de dernier ordre sont, en tout cas, beaucoup plus longues par rapport à leur largeur et plus graduellement effilées vers leur sommet; enfin, les variations de dimensions des pinnules, suivant la place qu'elles occupent sur la fronde, semblent être beaucoup plus limitées.

Synonymie.   La plupart des paléobotanistes réunissent au *Nevr. Grangeri;* le *Nevr. Cistii,* que Brongniart lui-même regardait comme peu différent; je ne l'ai toutefois inscrit en synonymie qu'avec quelque doute, la nervation du *Nevr. Cistii* paraissant, d'après la figure grossie donnée par Brongniart, infiniment moins serrée.

Quant aux échantillons du Permien de Reinsdorf en Saxe, figurés par Gutbier sous le nom de *Nevr. Grangeri* [1], ils ont été réunis plus tard par ce même auteur [2] à son *Nevr. Loshii* (*Nevr. gleichenioides* Stur), dont ils représenteraient les pennes inférieures; dans tous les cas ils ne sauraient être rattachés à l'espèce de Brongniart, dont ils diffèrent notamment par leur nervation beaucoup plus fine et plus serrée.

Provenance.   Le *Nevr. Grangeri* se rencontre en Pensylvanie dans des couches qui semblent, d'après leur flore, correspondre à la région inférieure, sinon même à la base de la région moyenne de notre Houiller supérieur.

L'échantillon qui en a été recueilli dans l'Autunois vient des mines du Grand-Molloy, c'est-à-dire de l'étage supérieur du Houiller.

---

1. *Abdr. u. Verst. d. Zwick. Schwarzkohl.,* p. 53, pl. VIII, fig. 7-12.
2. *Verst. d. Rothl. in Sachs.,* p. 12.

NEVROPTERIS RAYMONDI. n. sp.

(Pl. IX A, fig. 4.)

1883. *An* **Nevr. Loshii.** Renault (*non* Brongniart), *Cours bot. foss.*, III, p. 171, pl. 29, fig. 1, 2-5?

Description de l'espèce.

Frondes probablement tripinnées. Rachis striés longitudinalement. *Pennes de dernier ordre* très étalées, empiétant les unes sur les autres par leurs bords, *à contour linéaire-lancéolé, lentement effilées vers le sommet,* larges de 2 à 3 centimètres, atteignant vraisemblablement 15 à 20 centimètres de longueur.

Pinnules très étalées, les plus inférieures contiguës, *à contour ovale, sessiles,* contractées en cœur à la base, *à bords latéraux parallèles, arrondies au sommet,* longues de 10 à 15 millimètres sur 4 à 8 millimètres de largeur, *décroissant vers l'extrémité des pennes,* s'espaçant alors légèrement *et se soudant au rachis* par une fraction de plus en plus grande de leur base.

Nervation très nette; *nervure médiane légèrement flexueuse,* se suivant sur les deux tiers ou les trois quarts de la longueur de la pinnule, souvent un peu décurrente à la base; *nervures secondaires* nombreuses, *arquées, plusieurs fois dichotomes; nervules* aboutissant au bord du limbe *au nombre de 16 à 25 par centimètre.*

Remarques paléontologiques.

L'échantillon dont une partie est représentée sur la figure 4 de la Pl. IX A montre des fragments de deux pennes bipinnées, probablement des pennes primaires, qui auront été déplacées et rapprochées l'une de l'autre jusqu'à se superposer en partie. Les pinnules, très nettement attachées par un seul point dans toute la région inférieure et moyenne des pennes de dernier ordre, se soudent ensuite au rachis de plus en plus complétement à mesure qu'on approche du sommet, ainsi que le font voir les figures grossies 4 B et 4 C. L'échantillon ne montre pas de pinnules terminales, et il est impossible de savoir si elles étaient plus grandes ou plus petites que celles qui les précédaient.

Cette espèce se rapproche du *Nevr. Grangeri* par la longueur relative et la forme, lentement effilée vers le sommet, de ses pennes de dernier ordre; mais elle s'en distingue aisément par ses pinnules non pédicellées, se soudant peu à peu au rachis à mesure qu'elles s'éloignent de la base des pennes; elle a, en outre, la nervation beaucoup moins serrée. Malgré l'abondance et la grande variété des formes spécifiques distinguées dans le genre *Nevropteris*, elle m'a paru ne pouvoir être identifiée à aucune des espèces déjà connues et devoir constituer un type nouveau. Elle est dédiée à M. Raymond, ingénieur en chef des mines de MM. Schneider et Cie, qui l'a découverte dans les schistes du mont Pelé.

Je me demande s'il ne faut pas rapporter à cette espèce les pinnules silicifiées d'Autun décrites et figurées par M. Renault sous le nom de *Nevr. Loshii*, et primitivement rapprochées par lui du *Nevr. cordata*[1] : leur nervation est en effet trop peu serrée pour le *Nevr. heterophylla*, dont le *Nevr. Loshii* n'est qu'une forme; elle est, d'autre part, plus dense que celle du *Nevr. cordata*, tandis qu'elle concorde bien, au contraire, avec celle du *Nevr. Raymondi*, la figure grossie publiée par M. Renault montrant, sur le bord du limbe, de 20 à 26 nervules par centimètre. M. Renault indique, en outre, les pinnules comme très légèrement courbées en faux, ce qui a lieu pour quelques-unes de celles de la figure 4, Pl. IX A, et comme soudées en partie au rachis par leur bord inférieur; ce dernier caractère, assez important, confirmerait l'attribution au *Nevr. Raymondi*; mais, ainsi que je l'ai déjà dit, il n'est guère possible de déterminer avec une certitude absolue des échantillons aussi fragmentaires.

Mont Pelé, au sommet de l'étage moyen ou à la base de l'étage supérieur du Houiller de l'Autunois; et peut-être magmas quartzeux de la formation permienne.

1. *Comptes rendus Acad. sc.,* LXXXIII, p. 401.

NEVROPTERIS PLANCHARDI. Zeiller.

(Pl. XI, fig. 1 à 4.)

1888. **Nevropteris Planchardi**. Zeiller, *Fl. foss. terr. houiller de Commentry*, 1re part., p. 246. pl. XXVIII, fig. 8, 9.

Frondes bipinnées (ou tripinnées?). *Pennes de dernier ordre à contour linéaire,* rétrécies seulement près du sommet, larges de 35 à 60 millimètres, atteignant sans doute plus de 20 centimètres de longueur; rachis strié longitudinalement.

Pinnules généralement très étalées, se touchant ou empiétant un peu les unes sur les autres par leurs bords, ovales-linéaires, contractées en cœur à la base, *à bords parallèles, arrondies au sommet,* longues de 15 à 30 millimètres sur 5 à 10 millimètres de largeur.

Nervation habituellement nette : *nervure médiane assez forte* à la base, *se suivant jusqu'aux trois quarts de la longueur* des pinnules; *nervures secondaires nombreuses, très fortement arquées, divisées par un grand nombre de dichotomies successives; nervules très serrées, aboutissant presque à angle droit au bord du limbe, au nombre de 45 à 60 par centimètre.*

Description de l'espèce.

Comme à Commentry, où il a été découvert, le *Nevr. Planchardi* n'a été rencontré dans l'**Autunois** que sous la forme de fragments de pennes de dernier ordre, n'apprenant rien de plus sur la constitution des frondes. Aucun des échantillons recueillis jusqu'à présent ne montre l'extrémité des pennes; il semble seulement probable, d'après la réduction marquée des pinnules voisines du sommet, que la pinnule terminale devait être peu développée. Les figures 1 à 4 de la Pl. XI font voir les principales variations que peuvent présenter la taille, la forme, la direction et l'espacement relatif des pinnules.

Remarques paléontologiques.

Chacune des nervures latérales se divisant un grand nombre de fois, il reste, le long de la nervure médiane, entre leurs points d'émission, des sortes d'aréoles triangulaires, comprises chacune entre la branche supérieure d'une de ces nervures et la branche inférieure de la suivante, aréoles qui font un contraste assez marqué avec le reste du limbe, sillonné par des nervules très serrées. Ces aréoles, dont la figure 1 A montre bien la disposition, fournissent un caractère assez net pour la reconnaissance de cette espèce.

Rapports et différences. Le *Nevr. Planchardi* se distingue d'ailleurs facilement, par ses nervures latérales extrêmement fines et serrées, de tous les autres *Nevropteris* rencontrés jusqu'ici dans l'Autunois. La seule espèce avec laquelle il soit possible de le confondre est le *Nevr. gallica,* qui n'a pas encore été observé à Autun, et qui a du reste les pinnules plus effilées vers le sommet, plus arquées, et les pennes moins brusquement rétrécies à leur extrémité ; mais le principal caractère distinctif consiste dans la présence, à la face inférieure des pinnules de ce dernier, de poils fins, très abondants, qui couvrent le limbe à droite et à gauche de la nervure médiane ; de plus, les nervures secondaires étant, à ce qu'il semble, plus nombreuses et moins divisées, on ne remarque pas à leur base, chez le *Nevr. gallica,* les aréoles que l'on voit d'une façon si constante chez le *Nevr. Planchardi.*

Provenance. Le *Nevr. Planchardi,* rencontré d'abord dans le Houiller supérieur, paraît s'élever assez haut dans le Permien ; mais il se montre surtout commun, dans l'Autunois, dans les étages inférieur et moyen de ce terrain. Les localités où j'ai pu en constater la présence sont les suivantes :

Cortecloux, dans l'étage supérieur du Houiller ;

Igornay, étage inférieur du Permien ;

Le Poisot, Dracy-Saint-Loup, Muse, Ravelon, dans l'étage moyen ;

Millery, dans l'étage supérieur, où il paraît rare.

NEVROPTERIS CORDATA. Brongniart.

(Pl. XI, fig. 5).

1830. **Nevropteris cordata.** Brongniart, *Hist. végét. foss.,* I, p. 229, pl. 64, fig. 5. Sternberg, *Ess. Fl. monde prim.,* II, fasc. 5-6, p. 69 (*pars*). Gœppert, *Syst. fil. foss.,* p. 192 (*pars*). Zeiller, *Fl. foss. terr. houiller de Commentry,* 1re part., p. 237, pl. XXVII, fig. 6-10 ; pl. XXVIII, fig. 1, 2.

1854. *An* **Neuropteris speciosa.** Lesquereux, *Boston Journ. Soc. nat. hist.*, VI, p. 447?
1858. *An* **Neuropteris Rogersi.** Lesquereux, *in* Rogers, *Geol. of Penn'a*, II, p. 856, pl. VII,
   fig. 2?? *Coal.-Flora*, p. 83, pl. VI, fig. 7-10?
1883. **Nevropteris speciosa.** Brongniart, *in* Renault, *Cours bot. foss.*, III, p. 172, pl. 29,
   fig. 8, 9.

Frondes bipinnées (ou tripinnées?). Rachis striés longitudinalement. *Description de l'espèce.*
Pennes de dernier ordre plus ou moins étalées, *à contour étroitement ovale-lancéolé, rétrécies vers le sommet en pointe obtusément aiguë,* larges de 5 à 12 centimètres, longues de 12 à 35 centimètres, et probablement davantage.

Pinnules assez étalées, se touchant ou empiétant un peu les unes sur les autres par leurs bords, *de forme variable* suivant leur position, *orbiculaires ou ovales vers la base des pennes, ovales-linéaires vers leur milieu,* contractées en cœur à la base, arrondies ou obtuses au sommet, plus rarement obtusément aiguës ou aiguës, *à bord entier, à limbe paraissant peu épais,* longues de 2 à 9 centimètres sur 12 à 40 millimètres de largeur.

Nervation nette; *nervure médiane fine,* presque nulle sur les pinnules orbiculaires, mais se suivant sur les pinnules plus allongées jusqu'aux trois quarts environ de leur longueur; *nervures secondaires très fines, légèrement arquées,* plusieurs fois bifurquées; *nervules relativement espacées, aboutissant obliquement au bord du limbe au nombre de 8 à 15 par centimètre.*

Les échantillons les plus complets de cette espèce observés jusqu'à *Remarques paléontologiques.*
présent montrent des pennes simplement pinnées, attachées les unes à la suite des autres le long d'un rachis commun; mais on ignore si ce rachis représente le rachis primaire d'une fronde, ou seulement un rachis secondaire, auquel cas les frondes eussent été tripinnées. Vers le sommet des pennes les pinnules deviennent souvent obtusément aiguës, et l'on rencontre quelquefois, mais à l'état isolé, de grandes pinnules tout à fait aiguës, qui ne peuvent cependant appartenir qu'à cette espèce et qui peut-être occupaient sur la fronde une situation particulière.

La fig. 5 de la Pl. XI montre un fragment d'une penne de dernier ordre portant trois pinnules de forme normale et de dimensions moyennes.

Le *Nevr. cordata* se distingue facilement des autres espèces du même *Rapports et différences.*
genre par l'espacement de ses nervules, ainsi que par les grandes dimen-

sions de ses pinnules; à cet égard il ne ressemble guère qu'au *Nevr. creanulta*, qui se reconnaît à son limbe plus épais et aux dentelures que présentent les bords des pinnules, et qui, d'ailleurs, n'a pas été rencontré dans l'Autunois.

Provenance. Le *Nevr. cordata* n'est pas très rare dans le Houiller supérieur; je ne l'ai vu cependant, aux environs d'Autun, que du mont Pelé, près de Sully, au sommet de l'étage moyen du Houiller. Il ne semble pas s'élever jusque dans le Permien.

Genre CYCLOPTERIS. Brongniart.

1828. **Cyclopteris**. Brongniart, *Prodr.*, p. 31; *Hist. végét. foss.*, I, p. 215.
1849. **Nephropteris**. Brongniart, *Tabl. des genr. de végét. foss.*, p. 16.

Feuilles généralement assez grandes, *simples,* plus ou moins profondément *échancrées en cœur à la base, à contour orbiculaire ou réniforme, quelquefois deltoïde,* fréquemment dyssymétriques, *attachées par un seul point,* à bord entier ou frangé. *Nervures* nombreuses, *toutes égales, rayonnant en éventail* à partir du point d'attache, arquées, *plusieurs fois bifurquées* sous des angles aigus.

Les feuilles qui constituent ce genre ont été primitivement considérées comme représentant des Fougères à fronde simple; mais il est reconnu maintenant que les *Cyclopteris,* ceux du moins du terrain houiller, n'étaient que des feuilles stipales fixées sur les rachis des *Odontopteris* et des *Nevropteris,* et affectant, chez une même espèce, des formes extrêmement variables. Il semble qu'en général les *Cyclopteris* dépendant des *Odontopteris* avaient des feuilles lacérées ou frangées, tandis que ceux qu'on observe sur les *Nevropteris* ont toujours le bord absolument entier. On pourrait, si ce caractère distinctif était reconnu constant, déterminer ainsi le genre, *Nevropteris* ou *Odontopteris,* auquel devraient être rapportées les feuilles de *Cyclopteris* rencontrées à l'état isolé; mais il ne serait pas possible d'aller au delà de cette détermination générique : on trouve, en effet, presque toujours les *Cyclopteris* détachés des rachis qui les portaient, ou ceux-ci dépouillés des pennes normales qui garnissaient leurs dernières ramifications, et l'on ne peut, en conséquence, les raccorder avec l'espèce dont ils dépendaient.

On a néanmoins créé pour ces feuilles un assez grand nombre de noms spécifiques; mais, si les caractères de la nervation, plus ou ou moins lâche, ou plus ou moins serrée, semblent peu susceptibles de varier, la forme et la dimension sont trop variables, parmi les feuilles dépendant d'un même rachis, pour qu'on puisse établir dans le genre *Cyclopteris* des espèces ayant une valeur bien sérieuse.

Je n'ai vu de ce genre, dans le bassin d'Autun, que des feuilles de taille relativement faible, ne dépassant pas 4 ou 5 centimètres de diamètre, alors qu'on en a observé souvent, dans d'autres bassins, des spécimens atteignant 20 centimètres de diamètre et même davantage. J'ai cru devoir néanmoins, à titre d'exemple, faire représenter sur la Pl. XI, fig. 7, l'un des échantillons les mieux caractérisés, recueilli dans les schistes bitumineux d'Igornay : il pourrait être rapproché du *Cyclopteris varians* Gutbier[1], bien qu'il ait les nervures un peu plus serrées; en tout cas il me paraît inutile, pour les raisons qui ont été indiquées tout à l'heure, de lui appliquer un nom spécifique.

Genre CARDIOPTERIS. Schimper.

1852. **Cyclopteris**. Gœppert, *Foss. Fl. d. Uebergangsgeb.*, p. 158 (*pars*).
1869. **Cardiopteris**. Schimper, *Trait. de pal. vég.*, I, p. 451.

Frondes simplement pinnées, de taille médiocre. *Pinnules opposées, étalées, ovales ou orbiculaires, plus ou moins contractées en cœur à la base, attachées au rachis par une fraction sensible de leur base. Nervures toutes égales, partant directement du rachis* parallèlement les unes aux autres, puis arquées et divergentes, *plusieurs fois divisées par dichotomie.*

Ce genre ne comprend qu'un petit nombre d'espèces, appartenant à l'étage du Culm ou Houiller inférieur; peut-être se montre-t-il pourtant dès

---

1. *Abdr. u. Verst. der Zwick. Schwarzkohl.*, p. 47, pl. VI, fig. 4, 9.

le sommet du Dévonien. On n'en a pas trouvé, jusqu'à présent, de représentants fructifiés.

CARDIOPTERIS POLYMORPHA. Goeppert (sp.).

(Pl. XI, fig. 8.)

1860. **Cyclopteris polymorpha.** Gœppert, *Foss. Fl. d. sogenannt. Uebergangsgeb.*, p. 502, pl. XXXVIII, fig. 5, 6. Schimper, *in* Kœchlin-Schlumberger et Schimper, *Terr. de transition des Vosges*, p. 339, pl. XXVII, fig. 1-7.

1869. **Cardiopteris polymorpha.** Schimper, *Trait. de pal. vég.*, 1, p. 452. Renault, *Cours bot. foss.*, III, p. 202, pl. 35, fig. 2, 3.

1866. **Cyclopteris Hochstetteri.** Ettingshausen, *Foss. Fl. d. mähr. schles. Dachschief.*, p. 97, pl. VI, fig. 3.

Description de l'espèce.

Frondes simplement pinnées, à contour étroitement ovale-linéaire, longues d'environ 30 à 50 centimètres sur 3 à 6 centimètres de largeur. Rachis marqué de petites cicatricules transversales correspondant à l'insertion d'écailles facilement caduques.

Pinnules opposées ou subopposées, étalées à angle droit sur le rachis, écartées ou à peine contiguës vers la base de la fronde, empiétant ensuite les unes sur les autres, *à contour orbiculaire ou ovale, contractées en cœur* à la base, *attachées au rachis par une portion variable de leur largeur, arrondies au sommet,* à bords souvent un peu ondulés, longues de 1 à 3 centimètres sur 8 à 20 millimètres de largeur.

Nervures partant directement du rachis, sans nervure médiane, plusieurs fois divisées par dichotomie et divergeant en rayonnant vers les bords du limbe, les latérales fortement arquées.

Remarques paléontologiques.

Le *Card. polymorpha*, qui est caractéristique de l'étage du Culm ou Houiller inférieur, n'a été rencontré dans l'Autunois que dans un état de conservation fort imparfait, sous forme de pinnules détachées, empilées les unes sur les autres, et à contours souvent mal définis; néanmoins les caractères de la nervation, constituée par des nervures rayonnantes, mais partant parallèlement les unes aux autres d'une base plus ou moins large, sont suffisamment nets pour qu'on ne puisse hésiter sur la détermination.

La fig. 8 de la Pl. XI montre un petit fragment d'une plaquette de schiste entièrement couverte de ces pinnules.

M. Renault a recueilli plusieurs échantillons de cette espèce à Esnots, près de Sommant, dans les lambeaux de terrain anthracifère qui se rencontrent sur le bord nord-ouest du bassin d'Autun. Provenance.

Genre DICTYOPTERIS. GUTBIER.

1835. **Dictyopteris**. Gutbier, *Abdr. u. Verst. d. Zwick. Schwarzkohl.*, p. 62.
1838. **Linopteris**. Presl, *in* Sternberg, *Ess. Fl. monde prim.*, II, fasc. 7-8, p. 167.

Frondes d'assez grande taille, au moins bipinnées, et plus probablement tripinnées. *Pinnules* contractées en cœur à leur base, *attachées au rachis par un seul point,* plus rarement par une faible portion de leur base, à bords parallèles ou légèrement convergents, entiers, arrondies au sommet. *Nervure médiane* d'ordinaire *bien accusée,* se suivant plus ou moins loin, puis se divisant en nervules avant d'atteindre le sommet de la pinnule ; *nervures secondaires nombreuses,* naissant sous des angles aigus, plus ou moins arquées, *anastomosées* entre elles *et formant un réseau à mailles polygonales allongées,* d'autant plus petites qu'elles sont plus voisines des bords du limbe.

Le genre *Dictyopteris* appartient, comme je l'ai fait remarquer plus haut, au groupe des Fougères à nervures anastomosées, et devrait être classé à ce titre parmi les Dictyoptéridées ; mais il se rapproche trop du genre *Nevropteris,* chez lequel d'ailleurs on constate parfois des anastomoses accidentelles, pour qu'il soit possible de l'en écarter. Comme la plupart des *Nevropteris,* certaines espèces de ce genre, tout au moins dans le Houiller moyen, portaient sur leurs rachis de grandes folioles stipales cycloptéroïdes, mais à nervures anastomosées ; jusqu'à présent, on n'a pas trouvé de ces *Cyclopteris* à nervation réticulée associés avec les espèces qui se rencontrent dans le Houiller supérieur ou le Permien.

Une seule de celles-ci a été observée à l'état fertile, le *Dict. Schützei,* qui existe dans l'Autunois, et dont les fructifications seront décrites un peu plus loin.

Outre les *Dict. Brongniarti* et *Dict. Schützei*, M. Grand'Eury a signalé dans le bassin d'Autun, comme l'ayant observé à Épinac, le *Dict. nevropteroides* [1]; celui-ci est une espèce de la Saxe qu'il n'y aurait en effet rien de surprenant à rencontrer à ce niveau; mais la seule figure qui en ait été publiée [2] est malheureusement peu précise, indiquant des nervures très fines et très serrées, à anastomoses fort confuses et à peine discernables, si bien qu'on peut hésiter même sur l'attribution générique, et qu'en tout cas il n'est guère possible de se faire une idée bien nette de cette espèce ; je n'ai jamais vu, d'ailleurs, aucun échantillon qui m'ait paru susceptible de lui être rapporté. Je ne puis donc que rappeler l'indication donnée par M. Grand'Eury, et je m'abstiens de faire figurer le *Dict. nevropteroides* parmi les espèces dont la description va être donnée.

DICTYOPTERIS BRONGNIARTI. Gutbier.

1835. **Dictyopteris Brongniarti**. Gutbier, *Abdr. u. Verst. d. Zwick. Schwarzkohl.*, p. 63, pl. XI, fig. 7, 9, 10. Gœppert, *Gen. d. pl. foss.*, livr. 5-6, p. 87, pl. III, fig. 1-4. Geinitz, *Verst. d. Steink. in Sachs.*, p. 23, pl. XXVIII, fig. 4, 5. Rœmer, *Leth. geogn.*, I, p. 184, pl. 51, fig. 8 *a, b*. Schimper, *Handb. der Paläont.*, II, p. 117, fig. 91. Weiss, *Aus d. Steink.*, p. 15, pl. 15, fig. 94. Zeiller, *Fl. foss. terr. houiller de Commentry*, 1re part., p. 270, pl. XXX, fig. 1-5.

1838. **Linopteris Gutbieriana**. Presl, *in* Sternberg, *Ess. Fl. monde prim.*, II, fasc. 7-8, p. 167.

Description de l'espèce.   Frondes probablement tripinnées. Rachis striés longitudinalement et munis en outre, çà et là, de petites protubérances spiniformes ; *rachis secondaires garnis,* entre les bases des pennes de dernier ordre, *de petites pinnules orbiculaires ou ovales-linéaires* fixées directement sur eux. *Pennes de dernier ordre* étalées-dressées, se touchant à peine par leurs bords, *à contour étroitement ovale-lancéolé,* larges de 6 à 10 centimètres, et atteignant au moins 20 ou 30 centimètres de longueur.

Pinnules très caduques, d'ordinaire tout à fait étalées, parfois légèrement

---

1. *Flore carb. du dép. de la Loire*, p. 511.
2. Geinitz, *Verst. der Steink. in Sachs.*, pl. XXVIII, fig. 6.

arquées en avant, les plus basses un peu réfléchies en arrière, *se touchant par leurs bords, à contour ovale-linéaire,* contractées en cœur à la base, à bords parallèles, *arrondies au sommet,* longues de 10 à 55 millimètres sur 8 à 20 millimètres de largeur.

Nervation généralement nette; nervure médiane presque nulle sur les pinnules orbiculaires, mais se suivant sur les autres jusqu'au milieu ou aux deux tiers de la longueur; *nervures secondaires* nombreuses, *dressées, légèrement arquées, atteignant assez obliquement le bord du limbe,* anastomosées en un *réseau à mailles très nombreuses, longues et étroites,* décroissant graduellement à partir de la nervure médiane.

Remarques paléontologiques.

On ne trouve en général de cette espèce que des pinnules détachées; mais, sur les quelques échantillons où l'on a rencontré ces pinnules encore en place le long des rachis, on constate que les pinnules descendent, de la base de chacune des pennes de dernier ordre, le long du rachis commun, en diminuant graduellement de longueur jusqu'à l'origine de la penne placée immédiatement au-dessous, disposition qui rappelle les *Callipteris,* et qui se retrouve du reste chez d'autres espèces du genre *Dictyopteris* ainsi que chez certains *Nevropteris.*

Rapports et différences.

Le *Dict. Brongniarti* se distingue aisément du *Dict. Schützei,* qui se rencontre avec lui dans le Houiller supérieur et à la base du Permien, par ses nervures beaucoup plus dressées et moins arquées, n'atteignant pas le bord du limbe à angle droit; ses pinnules sont aussi, en général, moins longues par rapport à leur largeur et d'aspect moins effilé. Enfin, sur les échantillons suffisamment complets, la présence de pinnules attachées directement entre les pennes de dernier ordre le long du rachis commun constitue un caractère distinctif, visible au premier coup d'œil, les rachis du *Dict. Schützei* ne portant pas de pinnules entre les bases des pennes.

Provenance.

Le *Dict. Brongniarti* est assez répandu dans tout le Houiller supérieur et l'on peut s'attendre à le rencontrer dans ce terrain aux environs d'Autun, bien que sa présence n'y ait pas encore été constatée.

Je n'en ai vu, du reste, aucun échantillon de l'Autunois, et je n'ai pu, par conséquent, en donner de figure; mais M. Grand'Eury l'a observé dans les étages inférieur et moyen des schistes bitumineux, à Lally et à Chambois[1], et M. B. Renault l'a signalé dans l'étage supérieur, à Millery[2].

DICTYOPTERIS SCHÜTZEI. Rœmer.

(Pl. XI, fig. 9 à 12.)

1862. **Dictyopteris Schützei.** Rœmer, *Palæontogr.*, IX, p. 30, pl. XII, fig. 1. Zeiller, *Fl. foss. terr. houiller de Commentry*, 1re part., p. 273, pl. XXX, fig. 6-10 ; pl. XXXI, fig. 2-5.
1864. **Sagenopteris tæniæfolia.** Gœppert, *Foss. Fl. d. perm. Form.*, p. 127, pl. IX, fig. 11-13.

Description
de
l'espèce.

Frondes peut-être tripinnées, plus probablement bipinnées. Rachis presque lisse, muni seulement de quelques stries longitudinales ; *rachis commun aux pennes de dernier ordre non garni de pinnules* entre les bases de celles-ci. *Pennes de dernier ordre* étalées-dressées, empiétant les unes sur les autres, *à contour très étroitement ovale-lancéolé, à peine rétrécies à leur base,* effilées au sommet en pointe obtusément aiguë, larges de 3 à 13 centimètres, atteignant sans doute jusqu'à 60 centimètres de longueur.

Pinnules légèrement caduques, étalées-dressées, *contiguës ou faiblement écartées,* souvent un peu arquées, *à contour ovale-linéaire,* en cœur à la base, à bords légèrement convergents, *obtuses ou obtusément aiguës* au sommet, longues de 18 à 70 millimètres, larges de 5 à 20 millimètres ; pinnule terminale plus grande que celles qui la précèdent, rhomboïdale à angles arrondis.

Nervation très nette : *nervure médiane se suivant jusqu'à peu de distance du sommet ; nervures secondaires* nombreuses, *dressées à leur origine, puis rapidement et fortement arquées, atteignant normalement le bord du limbe,* anastomosées en *un réseau à mailles polygonales très nombreuses, plus longues que larges,* décroissant graduellement à partir de la nervure médiane.

Pinnules fertiles semblables aux pinnules stériles, mais moins longues,

1. *Flore carb. du dép. de la Loire,* p. 513.
2. *Cours de bot. foss.,* III, p. 476.

à nervation indiscernable, à bords repliés en dessous. Sporanges très longs, effilés en pointe aiguë, probablement réunis par groupes, formant deux séries parallèles, une de chaque côté de la nervure médiane.

Il n'a été recueilli de cette espèce, dans l'Autunois, que des fragments de pennes détachées, mais en général bien conservés et nettement caractérisés ; les fig. 11 et 12 de la Pl. XI reproduisent deux des meilleurs d'entre eux ; sur l'un comme sur l'autre les pinnules sont encore en place : elles étaient d'ailleurs beaucoup moins caduques que celles du *Dict. Brongniarti*. Il n'en était pas de même, toutefois, des pinnules fertiles, qui se rencontrent très rarement attachées au rachis, et dont les fig. 9 et 10 représentent des spécimens ; sur l'échantillon de la fig. 9, on voit assez nettement les sporanges, longs et effilés, pendant à la face inférieure du limbe et probablement attachés par groupes, comme dans le genre *Scolecopteris* ; sur l'échantillon de la fig. 10, le limbe est conservé sous forme de lame charbonneuse épaisse, et montre seulement des côtes transversales légèrement saillantes, moulant les sporanges sur lesquels il est appliqué. Ainsi que je l'ai dit ailleurs, ces pinnules fertiles ne laissent voir aucun indice de la nervation ; mais leur association constante au *Dict. Schützei* dans des couches ne contenant, comme celles de Decize, aucune autre Fougère à laquelle on puisse les rapporter, autorise à les attribuer sans hésitation à cette espèce. Cette attribution se trouve confirmée par leur présence dans les schistes de Millery, en mélange avec les pinnules stériles de *Dict. Schützei*.

Remarques paléontologiques.

Bien que le *Dict. Schützei* ne soit pas sans quelque ressemblance avec le *Dict. Brongniarti*, l'absence de pinnules entre les pennes le long du rachis commun, et la forte courbure des nervures secondaires ne permettent pas de le confondre avec lui ; il a en outre les pinnules proportionnellement plus étroites et plus effilées.

Rapports et différences.

Il me paraît plus que probable qu'il faut rapporter à cette espèce le *Sagenopteris tæniæfolia* de Gœppert, la figure grossie qu'il donne de la nervation ne laissant guère de doute sur l'identité.

Synonymie.

Le *Dict. Schützei* n'a pas encore été observé dans les couches houillères de l'Autunois, où l'on doit cependant s'attendre à le rencontrer quelque

Provenance.

jour, du moins dans les étages moyen et supérieur ; mais il n'est pas rare aux divers niveaux du Permien. J'ai constaté sa présence dans l'étage inférieur à Igornay et à Saint-Léger du Bois, et dans l'étage moyen à Cordesse ; M. Grand'Eury l'indique en outre à Chambois, d'où viendrait, d'après lui[1], l'échantillon de l'École des Mines représenté sur la figure 12 de la Pl. XI ; enfin il se trouve dans l'étage supérieur, notamment à Millery, où il semble assez fréquent.

Ténioptéridées.

Frondes ou pennes simples, assez grandes, beaucoup plus longues que larges, rubanées, à bords entiers ou faiblement crénelés. Nervure médiane très nette, se prolongeant souvent jusqu'à l'extrémité du limbe ; nervures secondaires généralement nombreuses, plus ou moins arquées et étalées, tantôt simples, tantôt et plus ordinairement une ou plusieurs fois divisées par dichotomie.

Aucune des Ténioptéridées du terrain houiller n'a encore été rencontrée à l'état fertile ; mais quelques-unes d'entre elles présentent d'assez étroites affinités avec certaines Ténioptéridées secondaires reconnues aujourd'hui comme très voisines au moins des genres *Angiopteris*, *Marattia*, ou *Danœa*, pour qu'on soit fondé à croire qu'elles doivent, elles aussi, appartenir aux Marattiacées.

Genre TÆNIOPTERIS. Brongniart.

1828. **Tæniopteris.** Brongniart, *Prodr.*, p. 61 ; *Hist. végét. foss.*, I, p. 262.

Pennes ou frondes simples, rubanées, à bords parallèles, entiers. Nervure médiane se suivant jusqu'à leur sommet ; nervures secondaires se détachant sous des angles plus ou moins ouverts, puis arquées et *assez étalées*, simples, ou

---

1. *Flore carb. du dép. de la Loire*, p. 513.

plus ordinairement une ou plusieurs fois bifurquées, atteignant le bord du limbe sous des angles presque droits ou tout au moins assez ouverts.

Le genre *Tæniopteris* comprend à la fois des espèces à fronde certainement simple, comme le *Tæn. multinervis,* et d'autres, comme le *Tæn. jejunata,* dont la fronde était au moins pinnée et peut-être bipinnée; ces dernières n'étant connues jusqu'à présent que par des fragments plus ou moins incomplets, on ne peut se faire une idée définitive du degré de division de leurs frondes.

Outre les deux espèces qui viennent d'être citées et dont la description va suivre, M. Grand'Eury en signale dans les schistes bitumineux d'Autun une troisième, qu'il indique comme *Tæn. fallax minor*[1]. Gœppert a figuré sous ce nom spécifique de *Tæn. fallax* deux fragments de pennes ou de frondes, l'un mesurant plus de 6 centimètres de largeur (*Tæn. fallax, major*), l'autre dépassant à peine 2 centimètres, et qui ne semblent pas parfaitement identiques comme nervation : dans le premier[2], les nervures semblent partir sous un angle relativement aigu, puis s'étaler rapidement, rappelant ainsi l'un des caractères du *Tæn. multinervis*; dans le second[3], celui auquel M. Grand'Eury rapporterait l'échantillon qu'il a vu à Autun, les nervures sont dès leur base normales au rachis; les unes se bifurquent immédiatement, les autres vers le milieu seulement de leur course, et quelques-unes restent simples. N'ayant pas vu d'empreinte qui pût être rapportée à ce type, je me borne à mentionner ici, d'après l'indication de M. Grand'Eury, l'existence dans l'Autunois de ce *Tæn. fallax,* sans pouvoir en donner ni figure ni description détaillée.

[1]. *Flore carb. du dép. de la Loire,* p. 545.
[2]. Gœppert, *Foss. Fl. d. perm. Form.,* pl. IX, fig. 3.
[3]. *Ibid.,* pl. VIII, fig. 5, 6.

TÆNIOPTERIS JEJUNATA. Grand'Eury.

(Pl. XII, fig. 6.)

1877. **Tæniopteris jejunata.** Grand'Eury, *Flore carb. du dép. de la Loire*, p. 121. Zeiller,
Bull. Soc. Géol., 3e sér., XIII, p. 137, pl. IX, fig. 2 ; *Fl. foss. terr. houiller de Commentry,*
1re part., p. 280, pl. XXII, fig. 7-9.

Description
de
l'espèce.

Frondes (ou pennes primaires ?) simplement pinnées, à rachis strié
longitudinalement. *Pennes* de dernier ordre *simples,* étalées-dressées, plus
ou moins espacées, *à contour linéaire, contractées en cœur à la base, à bords entiers,
droits et parallèles, rétrécies au sommet en pointe obtuse ou obtusément aiguë,*
longues de 8 à 15 centimètres sur 7 à 20 millimètres de largeur.

Nervation nette; *nervure médiane se suivant jusqu'au bout* des pennes;
*nervures secondaires se détachant sous des angles aigus, divisées presque dès
leur base en deux branches d'abord fortement arquées, puis à peu près droites et
d'ordinaire une ou deux fois bifurquées ; nervules aboutissant sous un angle très
ouvert au bord du limbe,* au nombre de 12 à 25 par centimètre.

Remarques
paléontologiques.

Les pennes de cette espèce se rencontrent le plus habituellement
détachées du rachis qui les portait, en fragments plus ou moins étendus et
de largeur très variable. L'écartement des nervures varie aussi dans d'assez
larges limites, mais leur disposition est parfaitement constante.

Rapports
et différences.

Cette espèce est facile, même quand on n'en a que des échantillons
incomplets, à distinguer de la suivante, qui a toujours les pennes infiniment
plus larges et les nervures beaucoup plus serrées. Elle se rapprocherait
davantage des *Tæn. coriacea* et *Tæn. fallax* de Gœppert[1], dont elle diffère
cependant par ses nervures bien plus arquées et plus divisées.

Provenance.

Le *Tæn. jejunata,* sans être commun nulle part, a été rencontré à différentes reprises dans le Houiller supérieur à partir de sa région moyenne
et jusqu'à ses niveaux les plus élevés. Il passe de là dans le Permien, ainsi

---

1. *Foss. Fl. d. perm. Form.,* p. 130, pl. VIII, fig. 4, pl. IX, fig. 2 (*Tæn. coriacea*); p. 130,
pl. VIII, fig. 5, 6, pl. IX, fig. 3 (*Tæn. fallax*).

que l'atteste sa présence dans les schistes bitumineux d'Igornay, la seule localité de l'Autunois où il ait été jusqu'à présent rencontré.

TÆNIOPTERIS MULTINERVIS. Weiss.

(Pl. XII, fig. 2 à 3; Pl. XIII, fig. 1.)

1869. **Tæniopteris multinervia.** Weiss, *Foss. Fl. d. jüngst. Steinkohl.*, p. 98, pl. VI, fig. 13. Schimper, *Handb. der Paläont.*, II, p. 132, fig. 106. Rœmer, *Leth. geogn.*, I, p. 195, fig. 23.

Description de l'espèce.

Frondes simples, à contour linéaire, arrondies à la base, à bords latéraux parallèles, rétrécies vers le sommet en pointe obtusément aiguë, larges de 3 à 6 centimètres, atteignant au moins 30 à 40 centimètres de longueur. Rachis plat, large de 2 à 5 millimètres, marqué de stries longitudinales irrégulières.

Nervures latérales se détachant du rachis sous un angle aigu, rapidement arquées, ensuite droites et d'ordinaire très étalées, divisées dès leur base en deux branches elles-mêmes *généralement dichotomes,* les points de division restant généralement compris dans le premier cinquième du parcours des nervures, et celles-ci demeurant simples sur les quatre derniers cinquièmes de leur longueur ; nervules serrées, aboutissant au bord du limbe sous un angle très ouvert, au nombre de 25 à 35 par centimètre.

Remarques paléontologiques.

Sur les échantillons de cette espèce qui ont été recueillis dans l'Autunois, la nervure médiane, constituée par le rachis primaire, est un peu moins forte que sur l'échantillon figuré par M. Weiss, mais tous les autres caractères concordent exactement avec ceux de l'espèce du Permien de Lebach. Les nervures, comme le montre la figure grossie 3 A, Pl. XII, se bifurquent dès leur base ou très peu au-dessus, et chacune de leurs branches se divise habituellement de nouveau à peu de distance, de telle façon qu'à chacun des points de départ des nervures latérales correspondent au bord de la fronde les extrémités de quatre, ou plus rarement de trois nervules. Souvent, ainsi qu'on le voit sur le groupe inférieur de la fig. 3 A, de même que sur la figure de détail donnée par M. Weiss, les points de départ de

deux nervures latérales consécutives se rapprochent presque jusqu'à se confondre, la nervure supérieure étant en ce cas plus arquée à sa base et se
bifurquant un peu moins vite que la nervure inférieure ; il semblerait alors
que les sept ou huit nervules qui leur correspondent aient une seule et
même origine.

Les nervules sont généralement très étalées ; cependant on observe
fréquemment sur un même échantillon des variations assez sensibles à cet
égard ; tel est le cas notamment de la fronde dont la fig. 2, Pl. XII, représente une portion : tout à fait étalées à sa base, les nervures sont sur
d'autres points beaucoup plus obliques ; il est vrai que cette fronde a été
déchirée et que les bords du limbe ont été çà et là assez fortement chassés
vers le haut ; mais il est facile de s'assurer que, si on les ramenait à leur
position primitive, on constaterait encore un relèvement très sensible des
nervures. Ce relèvement est même plus accentué dans la région supérieure
de l'échantillon, qui n'a pu être représentée sur le dessin et qui se prolonge
d'environ 10 centimètres en se rétrécissant un peu vers le haut, sans toutefois
qu'on ait sous les yeux l'extrémité même de la fronde. C'est la comparaison
avec cet échantillon qui m'a permis de rapporter au *Tœn. multinervis* le
sommet de fronde représenté sur la fig. 1 de la Pl. XIII, malgré l'obliquité
encore plus forte de ses nervures ; on remarquera du reste que si, dans
certaines régions, comme celle qui correspond à la fig. 1 B, la disposition
des nervures semble quelque peu différente du type normal, les différences
s'atténuent beaucoup sur d'autres points, et que, par exemple, la fig. 1 A,
Pl. XIII, ne diffère de la figure 3 A, Pl. XII, que parce que les nervules y
affectent une direction un peu plus ascendante. On trouve, au surplus, des
variations au moins aussi importantes chez le *Tœn. jejunata*, où les nervules
aboutissent au bord du limbe tantôt à angle presque droit, tantôt sous des
angles beaucoup moins ouverts et parfois ne dépassant pas 50° [1] ; aussi
l'échantillon de la fig. 1, Pl. XIII, ne me paraît-il pas pouvoir être distingué
du type normal, même à titre de variété.

1. Voir notamment les fig. 7 A, 9 A et 7 B, pl. XXII de la *Flore foss. du terr. houiller de
Commentry.*

Enfin je crois devoir rapporter également au *Tœn. multinervis*, bien qu'il soit assez mal conservé et que la nervation y soit à peine discernable, l'échantillon de la fig. 5, Pl. XII, qui montre une base de feuille avec son pétiole et qui prouve bien qu'on a affaire ici à une espèce à fronde simple et non à des pennes latérales détachées.

La largeur plus grande des feuilles et le rapprochement des nervures qui les parcourent ne permettent pas de confondre le *Tœn. multinervis* avec le *Tœn. jejunata*. Rapports
et différences.

Il est plus difficile de le distinguer du *Tœn. abnormis* Gutbier, dont il diffère cependant par ses frondes notablement moins larges, mais surtout par ses nervures plus divisées.

Enfin il ressemble beaucoup à une espèce du Permien d'Amérique, décrite par MM. Fontaine et White sous le nom de *Tœn. Lescuriana*[1], et qu'on serait tenté, à la seule inspection de la figure qui en a été publiée, de lui réunir comme identique; je n'ai pas osé toutefois inscrire cette espèce en synonymie, la nervation paraissant un peu moins serrée que celle du *Tœn. multinervis* et différant en outre par quelques détails secondaires de disposition; mais je ne serais pas surpris qu'un examen plus approfondi de l'espèce américaine conduisît à admettre cette réunion.

Le *Tœn. multinervis* n'a été jusqu'à présent rencontré que dans le Permien. Il a été trouvé dans l'Autunois sur les points suivants : Provenance.

Igornay, dans l'étage inférieur;

Lally, dans l'étage moyen, d'après M. Grand'Eury[2]; et peut-être Dracy-Saint-Loup, s'il faut, comme je le crois, rapporter à cette espèce un fragment assez mal conservé de *Tæniopteris* recueilli dans cette localité;

Millery, dans l'étage supérieur, où il est relativement abondant.

---

1. *Permian Flora*, p. 94, pl. XXXIV, fig. 9.
2. *Flore carb. du dép. de la Loire*, p. 513.

Genre LESLEYA. Lesquereux.

1828. **Cannophyllites.** Brongniart, *Prodr.*, p. 129, 130 (*pars*).
1879. **Lesleya.** Lesquereux, *Atlas to the Coal-Flora*, p. 5; *Coal-Flora*, p. 142.

Frondes (ou pennes?) simples, *ovales-lancéolées*, à bords entiers ou très finement dentelés, parfois lacérés suivant les nervures. *Nervure médiane très forte, se divisant* en nervules *avant d'atteindre le sommet; nervures secondaires nombreuses,* naissant sous des angles aigus, plus ou moins arquées, plusieurs fois dichotomes, *atteignant plus ou moins obliquement le bord du limbe.*

Il paraît probable, d'après les dimensions des fragments de feuilles qui constituent les quelques espèces de ce genre, très insuffisamment connu, qu'on a affaire ici à des frondes simples beaucoup plutôt qu'à des pennes détachées. Par la forme de ses feuilles, le genre *Lesleya* vient se ranger parmi les Ténioptéridées, en même temps qu'il rappelle les Névroptéridées par les caractères de sa nervation.

LESLEYA DELAFONDI. n. sp.

(Pl. XIII, fig. 2.)

Description de l'espèce.

Fronde simple, à contour probablement ovale-linéaire, à bords finement denticulés, du moins vers le haut, rétrécie vers le sommet, large de 8 centimètres, dépassant certainement 20 centimètres de longueur.

Rachis large, strié en long. *Nervures latérales* fortes à la base, *se détachant sous des angles extrêmement aigus, légèrement arquées, puis droites, plusieurs fois dichotomes; nervules aboutissant obliquement au bord du limbe,* au nombre de 8 à 12 par centimètre.

Remarques paléontologiques.

Le seul échantillon qui ait été recueilli de cette espèce et qui est représenté sur la fig. 2 de la Pl. XIII, est malheureusement très incomplet : on voit seulement que les bords du limbe, rectilignes et parallèles au rachis dans la région moyenne de la fronde, s'incurvaient vers le sommet, de manière à former une pointe probablement obtuse; mais on ne peut se faire une idée ni de la longueur de cette fronde, ni de la forme de sa base. Les bords paraissent entiers sur presque toute leur étendue et ont été figurés tels sur les figures 2 et 2 C; mais sur un point, vers le haut à gauche de l'échantillon, un examen attentif fait découvrir de fines dents aiguës d'un millimètre et demi de longueur, correspondant à l'extrémité des nervules (voir la Fig. 37 ci-contre); il est impossible de s'assurer si ces dents existaient seulement au voisinage du sommet ou bien si, existant tout le long des bords du limbe, elles sont masquées par leur engagement dans la roche ou leur reploiement en dessous.

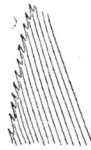

Fig. 37. — *Lesleya Delafondi*. n. sp. Portion du bord de la fronde, grossie 2 fois et demie.

Les nervures, comme le montrent les figures grossies 2 A et 2 B, partent presque tangentiellement au rachis et sont d'abord larges et fortes; elles deviennent de plus en plus fines à mesure qu'on se rapproche des bords du limbe. Entre ces nervures, du moins sur une partie de l'empreinte, on distingue de fines rides transversales (Pl. XIII, fig. 2 A), semblables à celles qu'on observe sur les feuilles de *Cordaïtes*. Il est probable que ce plissement de l'épiderme est dû à quelque particularité de structure, probablement, comme chez les Cordaïtes, à l'existence dans le parenchyme d'étroites lacunes allongées perpendiculairement aux nervures.

Cette espèce ressemble surtout au *Lesleya grandis* Lesquereux; mais celui-ci, qui provient de la région inférieure du Houiller de l'Illinois, paraît avoir la fronde plus ovale; ses nervures sont plus fortement arquées, et surtout beaucoup plus serrées, puisque le nombre des nervules, compté sur le bord du limbe, est double ou triple de celui qu'on observe chez l'espèce de l'Autunois. *Rapports et différences.*

A ce point de vue celle-ci se rapproche du *Lesleya ensis* de Commentry, mais elle a la fronde bien plus large et les nervures plus fortes et beaucoup plus divisées. Elle est dédiée à M. F. Delafond, ingénieur en chef des mines, auteur de l'étude stratigraphique du bassin houiller et permien d'Autun.

Le seul échantillon de *Lesleya Delafondi* observé jusqu'à présent a été recueilli par M. Roche à Igornay, c'est-à-dire dans l'étage permien inférieur. *Provenance.*

Troncs de Fougères.

Troncs marqués à l'extérieur de cicatrices foliaires ovales ou elliptiques, disposées en files longitudinales plus ou moins nombreuses, et
munies à l'intérieur de leur contour d'une ou plusieurs cicatrices en forme
d'arcs tantôt fermés, tantôt ouverts, correspondant au passage des faisceaux vasculaires qui se rendaient dans les pétioles des frondes. Axe
ligneux constitué par des bandes vasculaires plus ou moins sinueuses,
généralement disposées suivant une série de surfaces cylindriques concentriques, anastomosées çà et là les unes avec les autres, et comprenant
souvent entre elles d'autres bandes semblables, mais formées de fibres
sclérenchymateuses. Intervalle compris entre l'axe ligneux et la couche
externe de l'écorce généralement occupé par de nombreuses racines descendant verticalement et formant un lacis très serré.

Ces troncs de Fougères, qui pouvaient atteindre une vingtaine de
mètres de hauteur, portaient vraisemblablement à leur sommet les frondes
des *Pecopteris*, ou du moins de certaines espèces de ce genre, que tout dénote,
ainsi qu'il a été dit plus haut, comme ayant dû être arborescentes.

Ils se trouvent tantôt à l'état d'empreintes, dans les schistes permiens ou houillers, tantôt silicifiés ou transformés en charbon, et montrant
encore, dans ces deux derniers cas, les détails de leur structure, mais avec
une perfection bien moindre naturellement lorsque leurs éléments sont
seulement convertis en houille : au contraire, lorsqu'ils se rencontrent à
l'état silicifié, comme c'est le cas si fréquent dans l'Autunois, leurs tissus
les plus délicats sont souvent conservés sans la moindre déformation ni
réduction de volume, et l'on peut, au moyen de coupes convenablement
dirigées, étudier en détail leur constitution anatomique.

L'étude de ces échantillons à structure conservée montre que, chez ces
Fougères arborescentes de l'époque houillère, la tige était constituée par
un cylindre ligneux formé de bandes vasculaires arquées ou sinueuses,

disposées suivant une série de surfaces cylindriques concentriques emboîtées les unes dans les autres, et réunies mutuellement par de nombreuses anastomoses ; entre ces bandes vasculaires se trouvent assez souvent, surtout vers la périphérie, d'autres bandes semblables, mais formées de fibres sclérenchymateuses, qui donnaient de la rigidité au système ; très souvent aussi le cylindre ligneux était complètement entouré, vers l'extérieur, par une gaîne continue de ce même tissu sclérenchymateux, laquelle s'interrompait naturellement pour livrer passage aux bandes vasculaires qui partaient de l'axe ligneux pour se rendre aux feuilles. Ensuite venait la zone corticale, formée de tissu parenchymateux, et probablement limitée à l'extérieur par une couche de tissu sclérifié : il y a lieu de croire que, vers le sommet de la tige, cette zone corticale était peu épaisse ; mais un peu plus bas naissaient des racines adventives, qui descendaient dans le parenchyme cortical et dont l'interposition augmentait peu à peu l'épaisseur de cette zone annulaire, dont le tissu parenchymateux continuait d'ailleurs à se développer. La couche externe de l'écorce, n'étant pas susceptible de se prêter à ce développement, devait alors se déchirer et se détacher peu à peu ; toujours est-il qu'on n'en retrouve trace sur aucun des échantillons à structure conservée qui sont munis, autour de leur cylindre ligneux, d'un anneau de racines adventives plus ou moins épais.

Sur quelques échantillons, en très petit nombre, recueillis dans les schistes houillers, la couche externe de l'écorce s'est néanmoins montrée encore en place, entourant le cylindre ligneux et séparée de lui par un intervalle peu considérable, tantôt rempli de grès ou de schiste fin, tantôt occupé par une masse charbonneuse résultant de la transformation en houille de la zone annulaire, encore peu épaisse, de racines adventives. Je citerai notamment le bel échantillon de *Caulopteris endorhiza* recueilli à Commentry, et dont le mode de conservation nous a permis, à M. Renault et à moi, de suivre les faisceaux foliaires depuis leur origine à l'intérieur du cylindre ligneux jusqu'à leur sortie de celui-ci[1]. Mais il est fort rare de

---

1. *Comptes rendus Acad. sc.*, CII, p. 64-66; *Flore foss. du terr. houiller de Commentry*, 1re part., p. 306, 310, 317, pl. XXXVI, fig. 1.

rencontrer ainsi les diverses parties d'un même tronc encore en place les unes par rapport aux autres ; le plus souvent on ne les observe que dissociées, et l'on est alors dans l'impossibilité de reconnaître si elles proviennent ou non d'une même espèce.

La couche externe de l'écorce se présente d'habitude en empreintes à l'état de lambeaux plus ou moins étendus, portant des cicatrices foliaires de forme ovale ou elliptique, rangées en files verticales équidistantes, plus ou moins rapprochées sur une même file, mais toujours nettement indépendantes. Dans chacune de ces cicatrices, dont le contour correspond à la base d'attache du pétiole, se trouve une autre cicatrice de même forme et disposée concentriquement, représentant la trace du faisceau vasculaire qui entrait dans le pétiole ; tantôt cette cicatrice est ouverte vers le haut, repliant légèrement ses bords en dedans, tantôt elle est fermée comme la cicatrice pétiolaire elle-même, mais elle est, dans ce cas, accompagnée à son intérieur, un peu au-dessous du sommet de son diamètre vertical, par une cicatrice moins importante, affectant généralement la forme d'un *v* renversé très ouvert. Entre les cicatrices foliaires, la surface de l'écorce est en général plus ou moins finement chagrinée et souvent percée, en outre, de petites fossettes rondes ou elliptiques, semblables aux fossettes aérifères qu'on observe sur les troncs des Fougères arborescentes actuelles. Les échantillons qui montrent ainsi l'écorce externe, soit complète et encore en place, soit à l'état de lambeaux, sont désignés sous le nom générique de *Caulopteris*.

Quant au cylindre ligneux, on le trouve généralement entier, sous la forme de tronçons cylindriques plus ou moins aplatis, tantôt dépouillés de leur anneau de racines, tantôt recouverts d'une croûte charbonneuse plus ou moins épaisse, sillonnée longitudinalement, qui représente l'enveloppe de racines adventives ; mais il est presque toujours facile de détacher cette croûte de charbon et de mettre à nu la surface du cylindre ligneux ; on observe alors sur celle-ci des files longitudinales régulières de cicatrices analogues à celles des *Caulopteris*, mais pourtant assez différentes pour avoir donné lieu à l'établissement d'un genre distinct. Comme chez les *Caulo-*

pteris, c'est-à-dire comme sur la surface externe de l'écorce, on voit des cicatrices elliptiques, tantôt ouvertes par le haut en fer à cheval, tantôt fermées et accompagnées à leur intérieur d'un arc en *v* renversé, qui repré· sentent la trace des faisceaux foliaires ; mais ici la cicatrice externe qui encadre chacune de ces cicatrices vasculaires n'est plus régulièrement fermée, ni concentrique à son contour ; elle en enveloppe la moitié supérieure, puis se prolonge vers le bas en deux lignes droites ou arquées plus ou moins convergentes, qui tantôt s'arrêtent avant de se réunir, tantôt vont se rejoindre un peu plus bas, ou descendent jusqu'au sommet de la cicatrice homologue placée immédiatement au-dessous : cette cicatrice externe correspond à la gaîne de sclérenchyme qui entourait le faisceau foliaire.

Entre ces files de cicatrices on distingue en outre, le plus souvent, des cicatricules arrondies ou ovales, irrégulièrement dispersées, qui marquent les points d'émission des racines adventives ; celles-ci ont d'ailleurs fréquemment laissé leur empreinte sur tout ou partie de la surface sous la forme de sillons longitudinaux flexueux plus ou moins accentués.

En raison des différences que présentent ces empreintes par rapport aux *Caulopteris,* on avait cru jadis avoir affaire à un type générique différent, auquel on avait donné le nom de *Ptychopteris* : ainsi que je viens de l'expliquer, ces deux genres représentent simplement des parties différentes des mêmes tiges, le premier la surface externe de l'écorce, et le second le cylindre ligneux ; mais, comme il faut bien distinguer l'un de l'autre ces deux groupes d'empreintes, on est obligé de conserver, au moins provisoirement, l'emploi de ces deux noms génériques, jusqu'au jour où l'on pourra, si l'on y parvient jamais, établir, pour chacune des espèces de l'un des groupes, quelle est celle de l'autre groupe qui lui correspond.

Il faut aussi, pour des motifs semblables, classer à part, sous le nom de *Psaronius* qui leur a été attribué par Cotta, les fragments de tiges à structure conservée, qui ne se rencontrent que dépouillés de la couche externe de leur écorce, et chez lesquels la surface du cylindre ligneux est recouverte par le lacis plus ou moins épais des racines adventives. On n'a plus en effet aucun caractère extérieur qui puisse servir de base à une détermination spécifique, et l'on est réduit à faire de ces tiges un troisième groupe, dans lequel la différenciation des espèces est exclusivement fondée sur les caractères internes de structure, c'est-à-dire sur la disposition relative et la constitution des bandes, vasculaires ou sclérenchymateuses, du cylindre ligneux, ainsi que des racines qui entourent celui-ci.

Les *Psaronius* sont, comme on sait, relativement abondants aux environs d'Autun; aussi peut-on s'étonner de ne pas trouver dans les schistes du bassin plus d'empreintes de tiges de Fougères, *Caulopteris* ou *Ptychopteris*. Il est assez probable que leur rareté tient surtout à ce que l'attention ne s'est pas portée sur elles, et des recherches plus attentives en feraient sans doute découvrir des spécimens plus nombreux et plus variés, tant dans les schistes bitumineux que dans la formation houillère; mais parmi les échantillons de végétaux fossiles qui m'ont passé sous les yeux, je n'ai pas vu un seul *Caulopteris*, et je n'ai rencontré, du genre *Ptychopteris*, que les deux espèces dont je vais donner la description.

Genre PTYCHOPTERIS. Corda.

1845. **Ptychopteris.** Corda, *Beitr. z. Fl. d. Vorw.*, p. 76.

Cylindres ligneux des troncs de Fougères, dépouillés de leur écorce et des racines intracorticales, munis de *cicatrices* disposées en quinconce, *rangées en files longitudinales équidistantes* et plus ou moins espacées sur chaque file. *Chaque cicatrice formée de deux parties distinctes*, l'une située à l'intérieur de l'autre, mais *d'ordinaire non exactement concentriques : cicatrice interne ovale ou elliptique*, correspondant au passage du faisceau foliaire, *tantôt ouverte par le haut* et à bords repliés en dedans, *tantôt fermée et accompagnée* alors au-dessus de son centre *d'une deuxième cicatrice en forme de v renversé* très surbaissé; *cicatrice externe* correspondant à la gaîne du faisceau *fermée en haut et affectant* dans sa partie supérieure *un contour semi-elliptique, dont les branches* se prolongent vers le bas en convergeant plus ou moins et *tantôt s'arrêtent avant de se rejoindre, tantôt descendent jusqu'au contour de la cicatrice placée immé-diatement au-dessous.*

Surface du cylindre ligneux généralement marquée, entre les files de cicatrices, de cicatricules arrondies ou allongées correspondant aux points de sortie des racines, et sillonnée en outre sur tout ou partie de son éten-due, surtout à l'intérieur des cicatrices, de rides longitudinales flexueuses produites par l'impression des racines.

Ainsi que je l'ai indiqué plus haut, ces cylindres ligneux se présentent assez souvent recouverts d'une enveloppe charbonneuse qui représente l'anneau de racines transformé en houille ; mais on peut d'ordinaire, en faisant sauter cette couche de charbon, dégager la surface du cylindre ligneux et observer la forme et la disposition des cicatrices. On constate sur certains échantillons des variations d'aspect assez importantes en ce qui concerne surtout les cicatrices externes, dont les unes se referment complètement vers le bas, tandis que d'autres restent largement ouvertes [1] ; la gaîne du faisceau n'affectait donc pas une allure absolument uniforme : tantôt elle entourait complètement le faisceau foliaire, tantôt elle le recou-vrait simplement comme une chape. Les cicatrices vasculaires au contraire sont presque toujours très constantes : néanmoins il paraît probable que, comme chez certains *Caulopteris,* on devait observer quelquefois des cica-trices ouvertes par le haut, à côté de cicatrices complètement fermées et munies au-dessous de leur sommet d'un arc en *v* renversé. L'étude d'échan-tillons remarquablement conservés, recueillis à Commentry par M. Fayol, a montré, du reste, que ces variations dépendaient simplement du rapproche-ment plus ou moins rapide des bords du faisceau vasculaire [2] : originaire-ment le faisceau affecte la forme d'une bande à contour elliptique ouverte par le haut, puis les bords se replient en dedans en même temps qu'ils se rapprochent ; une fois arrivés au contact, ils se soudent mutuellement, et

1. Voir notamment le *Ptych. Chaussati* (*Flore foss. du terr. houiller de Commentry*, 1re part., pl. XXXVIII, fig. 1 à 3).

2. *Comptes rendus Acad. sc.,* CII, p. 64-66; *Flore foss. du terr. houiller de Commentry,* 1re part., p. 311-313.

l'on a alors une bande elliptique annulaire complètement fermée comprenant à son intérieur une bande secondaire correspondant aux portions repliées des bords qui, après leur soudure, ont constitué une branche indépendante. En général, chez une même espèce, la marche du faisceau devait être assez régulière et les cicatrices étaient toutes ouvertes ou toutes fermées ; mais lorsque la soudure des bords se faisait très près du point où le faisceau sortait, soit du cylindre ligneux pour passer dans l'écorce, soit de l'écorce pour entrer dans le pétiole, il pouvait arriver qu'elle eût lieu en dedans pour certains faisceaux et en dehors pour d'autres et que toutes les cicatrices ne fussent plus identiques.

Les sillons longitudinaux dont est généralement marquée la surface des *Ptychopteris* sont souvent beaucoup plus accentués à l'intérieur des cicatrices, ce qui se comprend facilement si l'on tient compte de la constitution de ces tiges : lorsque le cylindre ligneux était, comme cela paraît être le cas le plus fréquent, entouré par une gaîne sclérenchymateuse continue, les racines ne devaient guère marquer leur passage à sa surface, tandis qu'elles s'imprimaient fortement, là où la gaîne était interrompue pour la sortie des faisceaux foliaires, sur les tissus parenchymateux qui accompagnaient ceux-ci. Enfin quelquefois les sillons s'arrêtent, en se repliant sur eux-mêmes, contre le contour de la cicatrice vasculaire, le faisceau foliaire ayant formé une gouttière dans laquelle les racines se sont engagées et qu'elles n'ont pu traverser [1] ; elles pouvaient même redescendre de là dans l'intérieur du cylindre ligneux, ainsi qu'on l'a constaté chez quelques *Psaronius*.

PTYCHOPTERIS GIGANTEA. Fontaine et White (sp.).

(Pl. XIV, fig. 4.)

1880. **Caulopteris gigantea.** Fontaine et White, *Permian Flora*, p. 95, pl. XXXVI, fig. 4.

Description de l'espèce.

Cicatrices correspondant aux gaînes des faisceaux foliaires *disposées en files longitudinales très nettes, à contour général ovale,* arrondies ou obtusément aiguës

---

1. *Ptych. ovalis* (*Flore foss. du terr. houiller de Commentry*, 1re part., pl. XL, fig. 4.)

au sommet, *effilées en pointe et fermées vers le bas*, hautes de 10 à 15 centimètres sur 5 à 6 centimètres de largeur, *contiguës sur une même file verticale*, les files verticales étant elles-mêmes distantes de 5 à 6 centimètres. *Cicatrices correspondant aux faisceaux foliaires peu nettes*, constituées chacune par un *contour elliptique* probablement fermé, haut de 5 à 8 centimètres sur 3 à 4 centimètres de largeur, touchant presque dans sa région supérieure la cicatrice de la gaîne.

Surface marquée, à l'intérieur des cicatrices des gaînes et surtout des cicatrices vasculaires, de sillons longitudinaux convergents vers l'extrémité inférieure de ces cicatrices.

L'échantillon dont une petite partie est reproduite sur la fig. 1 de la Pl. XIV représente non pas le cylindre ligneux, mais l'empreinte laissée par lui sur la vase dans laquelle il a été enfoui et qui, en certains points, a pénétré dans les creux formés par les gaînes des faisceaux et a conservé le moulage de leur partie supérieure; c'est ce qu'on voit notamment sur les deux cicatrices inférieures de la file de gauche. Sur les autres, la surface de l'empreinte est à peu près plane, et l'on distingue suffisamment le contour de la cicatrice vasculaire, marqué surtout par les racines qui se sont imprimées à son intérieur en convergeant vers son extrémité inférieure. Cependant, quelques sillons moins accentués se voient aussi en dehors de son contour, entre elle et la cicatrice de la gaîne. La cicatrice vasculaire paraît avoir été fermée vers le haut, et elle devait par suite être accompagnée en dedans d'un arc en *v* renversé; mais on ne discerne plus aucune trace de celui-ci.

Remarques paléontologiques.

Malgré l'absence de caractères de détail, je n'hésite pas, en raison de la forme et de la taille des cicatrices, à rapporter cet échantillon au *Caulopteris gigantea* Fontaine et White; la figure de ce dernier n'est pas non plus très nette, mais la terminaison des cicatrices en pointe vers le bas y est pourtant bien visible. La seule différence consiste en ce que, sur l'échantillon du bassin d'Autun, les cicatrices d'une même file ne se joignent guère que par un point, au lieu de s'unir par une bande d'une certaine largeur; mais cela tient seulement à un rapprochement plus rapide des deux bords de la gaîne, et j'ai dit plus haut que des variations analogues et même plus importantes se montraient parfois sur un seul et même échantillon. Ainsi, chez le *Ptych. macrodiscus*, on observe assez fréquemment des différences de ce genre, auxquelles il est impossible d'attribuer une valeur spécifique.

Rapports et différences.

Le *Ptych. gigantea* ressemble surtout, comme l'ont déjà fait remarquer MM. Fontaine et White, au *Ptych. macrodiscus* Brongniart (sp.), mais il s'en distingue facilement par la dimension beaucoup plus grande et surtout par la forme de ses cicatrices, bien moins étroites par rapport à leur longueur et offrant par suite un contour beaucoup plus largement ovale.

Provenance.

Cette espèce paraît avoir été trouvée avec une certaine fréquence dans les schistes permiens de la Virginie; je n'en ai vu de l'Autunois qu'un seul échantillon, recueilli à l'usine de Liange et provenant par conséquent de la Grande Couche de Dracy-Saint-Loup ou des Abots, c'est-à-dire de l'étage moyen du Permien.

PTYCHOPTERIS GRAND'EURYI. n. sp.

(Pl. XIV, fig. 2.)

1877. **Ptychopteris obliqua**, Grand'Eury (*non* Germar), *Flore carb. du dép. de la Loire*, p. 89, pl. X, fig. 2.

Description de l'espèce.

Cicatrices correspondant aux gaînes des faisceaux foliaires *disposées en files longitudinales, à contour général ovale*, arrondies au sommet, *ne se refermant pas* complètement *à leur partie inférieure*, légèrement *obliques sur les génératrices* le long desquelles elles sont alignées, hautes de 5 à 7 centimètres sur 2 à 3 centimètres de largeur, et *séparées sur une même file* par un intervalle de 1 à 2 centimètres, les files longitudinales étant elles-mêmes distantes de 3 à 5 centimètres. *Cicatrices correspondant aux faisceaux* foliaires constituées chacune par un *contour elliptique fermé*, haut de 3 à 4 centimètres sur 15 à 20 millimètres de largeur, *presque contigu* dans sa partie supérieure *à la cicatrice de la gaîne*, et *accompagné en dedans*, à 1 centimètre environ au-dessous de son sommet, *d'un arc concave vers le bas*, à extrémités plus ou moins relevées, long de 10 à 12 millimètres.

Surface marquée, surtout à l'intérieur des cicatrices, de sillons longitudinaux flexueux, et pourvue, entre les files de cicatrices, de cicatricules ovales ou linéaires éparses, correspondant à la naissance des racines adventives.

L'échantillon dont la fig. 2, Pl. XIV, représente un fragment, est un tronçon aplati de cylindre ligneux, long de 25 centimètres et large de 8 centimètres, dont une partie seulement a pu être comprise dans le dessin; une portion de la face postérieure est recouverte par une croûte de charbon de plus d'un demi-centimètre d'épaisseur, qui représente l'anneau de racines adventives. On compte sur tout le pourtour sept files longitudinales de cicatrices. La cicatrice vasculaire interne en *v* renversé est d'ordinaire assez peu nette; elle se voit cependant sur quelques points, bien qu'elle soit à peine indiquée sur la figure; on en discerne néanmoins la trace sur la deuxième cicatrice de la file de droite en partant du haut.

Remarques paléontologiques.

L'échantillon figuré par M. Grand'Eury, avec ses cicatrices un peu plus grandes disposées en files plus espacées, doit correspondre à une portion de tige plus âgée.

Cette espèce présente avec le *Ptych. obliqua* Germar, auquel M. Grand'-Eury l'a rapportée, cette analogie, que le grand diamètre des cicatrices est quelque peu oblique sur les génératrices du cylindre, ce qui fait paraître, surtout sur des échantillons peu étendus, ces cicatrices disposées en files obliques, ou du moins fait perdre de leur netteté aux files longitudinales suivant lesquelles elles sont rangées. Mais elle diffère du *Ptych. obliqua,* qui, en réalité, n'est qu'une forme du *Ptych. macrodiscus* [1], par ses cicatrices proportionnellement plus larges, bien moins rétrécies et plus arrondies à leur partie inférieure, et enfin non contiguës sur une même file verticale.

Rapports et différences.

Elle n'est pas non plus sans quelques rapports avec le *Ptych. ovalis* [2], mais celui-ci a les cicatrices proportionnellement plus rapprochées dans le sens vertical et souvent contiguës sur une même file; de plus, la cicatrice du faisceau y affecte une forme ovale élargie vers le bas, qui ne se retrouve

1. *Flore foss. du terr. houiller de Commentry,* 1re part., p. 345.
2. *Ibid.,* p. 345, pl. XL, fig. 1.

pas chez l'espèce qui vient d'être décrite; les cicatrices des gaînes y sont en outre bien plus rétrécies vers leur partie inférieure.

Cette espèce ne me paraissant assimilable à aucune de celles qui ont été décrites jusqu'à présent, je lui ai donné le nom du savant paléontologiste qui l'a figurée pour la première fois.

Le *Ptych. Grand'Euryi* a été trouvé dans la Loire dans les couches inférieures de Saint-Étienne. L'échantillon du bassin d'Autun que j'ai eu sous les yeux vient de Cordesse, c'est-à-dire de l'étage moyen du Permien.

Genre PSARONIUS. Cotta.

1832. **Psaronius**. Cotta, *Dendrolithen*, p. 27-28.

Tiges de Fougères à structure conservée, constituées dans leur région centrale par un nombre plus ou moins considérable de cordons libéroligneux (*stèles*) réunis à l'intérieur d'un cylindre de diamètre variable, et à la périphérie par un lacis serré de racines adventives intracorticales, formant un anneau plus ou moins épais autour du cylindre ligneux. Cordons libéroligneux (*stèles*) affectant la forme de bandes aplaties, arquées ou sinueuses, réparties dans une masse de tissu conjonctif parenchymateux suivant une série de surfaces cylindriques concentriques, s'anastomosant mutuellement, parfois séparées les unes des autres, du moins vers la périphérie, par d'autres bandes également concentriques, formées de fibres sclérenchymateuses et anastomosées elles-mêmes entre elles. Cylindre ligneux souvent limité à l'extérieur par une gaîne sclérenchymateuse cylindrique plus ou moins continue, interrompue en tout cas pour le passage des cordons foliaires; ceux-ci naissant des anastomoses des bandes libéroligneuses de la tige, et affectant en général la forme de gouttières tournant leur concavité vers le centre et à bords quelquefois recourbés en dedans. Bandes libéroligneuses soit de la tige, soit des cordons foliaires, dépourvues de moelle propre, constituées en dedans par des trachéides rayées (vaisseaux scalariformes) et en dehors par un liber formant autour de la bande ligneuse une gaîne étroite, le plus souvent détruite en totalité ou en partie.

Racines adventives plongées dans un tissu conjonctif parenchymateux semblable à celui du cylindre ligneux, et constituées au centre par un axe formé d'un nombre variable de faisceaux ligneux rayonnants, comprenant entre eux à la périphérie un nombre égal de faisceaux libériens, et en dehors par une écorce formée de deux zones annulaires concentriques : la zone interne parenchymateuse, à tissu tantôt plein, tantôt lacuneux ; la zone externe sclérenchymateuse, formant autour de la première un étui plus ou moins épais se présentant en coupe comme un anneau de couleur généralement plus foncée que la partie centrale de la racine et que le tissu conjonctif extérieur.

Ainsi qu'il a été dit plus haut, l'on peut quelquefois, sur des tiges de Fougères à éléments simplement transformés en charbon, discerner assez nettement les traits principaux de la structure interne : les bandes vasculaires et sclérenchymateuses de la tige se présentent dans ce cas sous la forme de minces rubans charbonneux, noyés dans le schiste qui a rempli l'espace laissé vide par la destruction du tissu parenchymateux, tandis que les racines, presque intégralement transformées en houille, forment autour du cylindre ligneux une croûte charbonneuse plus ou moins épaisse. On a aussi, bien que plus rarement, reconnu cette structure dans la houille elle-même, sur des lentilles de houille brillante représentant la section transversale de tiges aplaties de Fougères, couchées dans la masse de charbon amorphe parallèlement à la stratification [1].

De tels échantillons rentrent dans le genre *Psaronius*, mais il est rare qu'ils soient susceptibles d'une détermination spécifique, leurs éléments essentiels, d'ordinaire très réduits en volume et absolument opaques, ne se prêtant pas aux recherches anatomiques comme ceux des échantillons silicifiés ; aussi est-ce principalement sur ces derniers qu'ont été établies les nombreuses espèces distinguées aujourd'hui dans ce genre.

---

1. Fayol, *Végétaux fossiles dans la houille et le terrain houiller* (Soc. de l'industrie minérale, Proc. verb. de la séance tenue à Montluçon le 15 juillet 1883, p. 44, pl. 2, fig. 2-4). Renault, *Flore foss. du terr. houiller de Commentry*, 2ᵉ part., Atlas, p. 12, pl. LXXIV, fig. 4.

Les *Psaronius* ont été presque exclusivement étudiés, jusqu'à présent du moins, au moyen de coupes transversales, le plus souvent sur des sections polies, ce qui est généralement suffisant, quelquefois à l'aide de plaques minces, plus difficiles sans doute à préparer, mais plus propres aux observations microscopiques. Sur les échantillons suffisamment complets ainsi coupés transversalement, on voit au centre le cylindre ligneux avec ses bandes vasculaires plus ou moins nombreuses, plus ou moins serrées, et autour de lui l'anneau de racines avec ses mouchetures caractéristiques. A la périphérie du cylindre ligneux, on distingue les cordons foliaires qui se présentent sous la forme d'U plus ou moins ouverts, tournant leur convexité vers l'extérieur, et quelquefois divisés en deux branches indépendantes. Ces cordons foliaires peuvent être plus ou moins nombreux : en général, ils sont disposés tout autour du cylindre ligneux, dénotant des feuilles disposées en plusieurs séries longitudinales, et rangées soit en hélice, soit en verticilles alternants plus ou moins réguliers, comme chez la plupart des *Caulopteris* et des *Ptychopteris*. Quelquefois, au contraire, on n'en observe que deux, diamétralement opposés : les feuilles étaient alors rangées seulement en deux séries, aux deux extrémités d'un même plan diamétral; cette disposition, qui ne se retrouve chez aucune Fougère arborescente actuelle, n'était pas très rare, à ce qu'il semble, à l'époque paléozoïque; elle a été reconnue sur un certain nombre de troncs conservés en empreintes, pour lesquels on a constitué un genre spécial, le genre *Megaphyton*. Dans ces *Psaronius* à feuilles distiques, les bandes vasculaires du cylindre ligneux, au lieu d'être réparties tout autour de l'axe de la tige, sont généralement disposées en deux séries opposées, et se présentent en coupe transversale sous la forme d'arcs concentriques successifs, à courbure plus ou moins accentuée, d'autant plus longs qu'ils sont plus voisins de la périphérie, et ayant tous leurs cordes parallèles au diamètre qui passe par les deux séries de feuilles; ces bandes s'anastomosent d'ailleurs entre elles, aussi bien d'une série à l'autre que dans une même série. Enfin, plus rarement, on observe quatre cordons foliaires équidistants, ce qui indique des tiges à feuilles tétrastiques; je ne connais, parmi les troncs de

Fougères trouvés en empreintes, qu'un seul exemple de cette disposition, à savoir le *Caulopteris aliena* [1], découvert à Commentry.

Les cordons foliaires, quel que soit du reste leur nombre, partent toujours des anastomoses des bandes vasculaires du cylindre ligneux les plus rapprochées de la périphérie, ainsi que l'a reconnu M. Stenzel [2], à qui l'on doit les études les plus complètes qui aient été faites sur le genre *Psaronius;* le même auteur a observé, en outre, en regard des faisceaux foliaires, des anastomoses semblables entre des bandes plus voisines du centre, lesquelles lui ont paru représenter les origines de cordons destinés à sortir plus haut sur la tige après s'être successivement anastomosés avec les bandes plus rapprochées de la périphérie qu'ils rencontrent sur leur trajet. On constate en effet, chez certaines espèces, par exemple chez le *Ps. Landrioti* (Pl. XVIII, fig. 4), et surtout chez les *Psaronius* à feuilles distiques, une disposition assez régulière pour ces bandes vasculaires du cylindre ligneux, qui se montrent, sauf dans la région tout à fait centrale, rangées les unes derrière les autres, en regard des intervalles compris entre les cordons foliaires; les anastomoses mutuelles de ces bandes, soit sur un même cercle, soit d'un cercle au suivant, se faisant par leurs bords libres, ont alors nécessairement lieu en regard des points de sortie des cordons libéro-ligneux qui vont aux feuilles; mais je ne crois pas qu'il faille pour cela regarder ces anastomoses de l'intérieur du cylindre ligneux comme représentant des portions profondes des cordons foliaires, ceux-ci ne devant être considérés comme tels que lorsqu'ils sont réellement individualisés, c'est-à-dire lorsqu'ils deviennent ou vont devenir définitivement indépendants et se préparent à quitter le cylindre ligneux pour se rendre vers la base des pétioles. D'ailleurs, dès que les bandes vasculaires internes cessent d'affecter cette disposition régulière, ce qui arrive toujours plus ou moins près du centre suivant les espèces, il n'est plus possible de saisir aucun rapport entre la position de leurs anastomoses et celles des cordons foliaires.

Origine
et marche
des
cordons foliaires.

[1]. *Flore foss. du terr. houiller de Commentry*, 1re part., p. 333, pl. XL, fig. 2.
[2]. Stenzel, *in* Gœppert, *Foss. Fl. d. perm. Form.*, p. 49.

S'il est facile, sur certains échantillons de *Psaronius*, comme ceux, par exemple, que M. Stenzel a figurés sous le nom de *Ps. infarctus* [1], de reconnaître l'origine de ces cordons foliaires, naissant, entre deux des bandes ou stèles périphériques, de l'anastomose mutuelle de celles-ci, il n'en est pas de même dans tous les cas : plusieurs espèces, un certain nombre de celles de l'Autunois, notamment, présentent en effet à ce point de vue une disposition particulière plus complexe, au sujet de laquelle il est nécessaire d'entrer dans quelques détails. Si l'on examine les coupes transversales représentées Pl. XV, fig. 1, ou Pl. XVII, fig. 1, on remarque, dans le cylindre ligneux entouré par son anneau de racines, deux parties distinctes : la région centrale, formée de bandes vasculaires (teintées en gris clair sur la Pl. XV, en gris sur la Pl. XVII) plus ou moins serrées, à courbure assez faible, rangées suivant une série de cercles ou d'ellipses concentriques, sauf les déformations dues à la compression latérale de la tige, et de bandes sclérenchymateuses (teintées en gris plus foncé sur la Pl. XV, en noir sur la Pl. XVII) interposées, du moins au voisinage de la périphérie, entre ces bandes vasculaires ; autour de cette région centrale est une sorte de couronne, une zone annulaire assez large, divisée par des bandes radiales de tissu sclérenchymateux en compartiments, dont chacun renferme, en général, une bande vasculaire en U tournant sa concavité vers le centre, parfois ouverte du côté extérieur et divisée alors en deux branches indépendantes.

Il était naturel de considérer, ainsi que l'ont fait divers auteurs, toutes ces bandes périphériques en U comme étant de nature identique et comme représentant, les unes et les autres, des cordons foliaires rencontrés par la coupe à des hauteurs variables au-dessus de leur origine, et plus ou moins près de sortir du cylindre ligneux. La coupe tangentielle fig. 2, Pl. XV, montre qu'il n'en est pas ainsi : cette section, dirigée suivant la ligne ×× de la fig. 1, rencontre trois séries longitudinales de feuilles, dont les cordons foliaires sont coupés suivant des ellipses ouvertes au sommet et à branches

---

1. Gœppert, *Foss. Fl. d. perm. Form.*, pl. V, fig. 1, 2.

légèrement recourbées en crochets vers l'intérieur, forme identique à celle
des cicatrices de certains *Caulopteris*, du *Caul. Saportæ*[1], par exemple. La file
médiane comprend deux de ces sections, dont une seule complète ; à gauche
de la figure on voit la moitié d'une cicatrice semblable, interrompue par la
cassure. Quant à la file de droite, elle offre deux cicatrices ; la plus basse
n'est visible que sur la moitié de son contour, la coupe ayant ensuite passé
dans l'anneau de racines ; la plus haute n'est représentée que par une faible
portion de sa partie inférieure, un arc très court compris entre les traits ε
et γ. On en voit assez, néanmoins, pour reconnaître que ces cicatrices
sont rangées en files verticales bien nettes et disposées en quinconce régulier.

Entre ces trois files longitudinales de cicatrices de la fig. 2 sont comprises deux bandes sinueuses semblables à celles qui, chez les *Ptychopteris*,
encadrent également les cicatrices et portent souvent des cicatricules marquant la sortie des racines adventives. Or, si l'on se reporte à la fig. 1, on voit
que ces bandes correspondent aux deux faisceaux P_1 et P_2, et la fig. 2 montre
que ces faisceaux, au lieu de sortir à l'extérieur comme le feraient des
faisceaux foliaires, courent parallèlement à l'axe de la tige, en ondulant à
droite et à gauche, en avant et en arrière : le faisceau P_1, coupé d'abord par
le plan $\varkappa\varkappa$, disparaît ensuite pour reparaître un peu plus haut et disparaître
de nouveau à la hauteur du trait horizontal β ; le faisceau P_2, entamé tangentiellement par la coupe au point le plus bas de celle-ci, se montre un
peu plus haut coupé franchement, suivant une section à peu près elliptique, après quoi il se rapproche de l'intérieur de la tige pour revenir ensuite
toucher le plan de coupe à la hauteur à peu près du plan horizontal $\beta\beta$,
après quoi il rentre de nouveau à l'intérieur.

Ainsi, des diverses bandes en U qu'on aperçoit sur la coupe transversale, les unes, de deux en deux, F_1, F_1', F_2, F_3, représentent donc seules des
cordons foliaires ; les autres, P_1, P_2, P_3, ne sortent pas à l'extérieur ; aucune
de ces dernières, du reste, n'est ouverte vers le dehors, ainsi que le sont

1. *Flore foss. du terr. houiller de Commentry*, 1re part., p. 329, pl. XXXV, fig. 6.

souvent les bandes foliaires, divisées en deux moitiés indépendantes, comme F_1 et F_1', ou F_3. De même, l'examen comparatif des deux faces, supérieure et latérale, de l'échantillon représenté Pl. XVII, fig. 1, et Pl. XVIII, fig. 1, montre que les bandes P_1, P_2, P_3, P_4, P_5, P_6, P_7, demeurent enfermées à l'intérieur de la gaîne sclérenchymateuse qui entoure le cylindre ligneux et que, seules, les bandes qui alternent avec elles, telles que F_2, F_4, F_6, sortaient de ce cylindre pour se rendre aux feuilles.

Cette constatation faite, il importait de rechercher le rôle de ces bandes périphériques intercalées entre les cordons foliaires sans rapport apparent avec ceux-ci, non plus qu'avec les bandes internes de la région centrale du cylindre ligneux. Tout d'abord il était vraisemblable que ces bandes devaient jouer un rôle essentiel dans la formation des racines et leur fournir les éléments de leur axe libéroligneux, puisqu'elles occupent précisément la place qui correspond, sur les *Ptychopteris,* aux points d'émission de ces racines : on peut voir sur la fig. 3, Pl. XVII, qu'il en était effectivement ainsi, la bande P_1 donnant naissance à un cordon *r* qui se dirige vers l'extérieur et ne peut correspondre qu'à une racine se préparant à percer la gaîne sclérenchymateuse du cylindre ligneux. Il en est de même sur la fig. 5, Pl. XXV. Quant à la part que prennent ces bandes périphériques à la formation des cordons foliaires, il a fallu, pour la mettre en évidence, une série de coupes successives permettant de suivre pas à pas la marche des unes et des autres ; ces coupes ont été faites sur l'échantillon de *Ps. infarctus* représenté fig. 2, Pl. XV, suivant les plans $\beta\beta$, $\gamma\gamma$, $\delta\delta$, $\epsilon\epsilon$, $\zeta\zeta$, $\eta\eta$, et $\theta\theta$; elles sont reproduites respectivement par les figures 1 à 7 de la Pl. XVI, sur lesquelles les bandes libéroligneuses sont teintées en gris foncé et les bandes sclérenchymateuses en noir.

La section $\beta\beta$ (Pl. XVI, fig. 1) montre en F_1, F_1', les deux branches de la cicatrice médiane coupée dans sa région supérieure, et en F_2 la bande foliaire de la file longitudinale de droite, qui va donner naissance à la cicatrice supérieure de cette file, représentée seulement par un petit arc sur la droite de la fig. 2, Pl. XV ; P_1 et P_2 sont les deux bandes périphériques, tangentes à cette hauteur au plan vertical xx ; à l'intérieur on voit les bandes

ou stèles de la région centrale et les bandes ou cordons de sclérenchyme
qui sont interposés entre elles. La coupe $\gamma\gamma$ (Pl. XVI, fig. 2) passe immédiatement au-dessus de la branche de droite de la cicatrice médiane et ne rencontre plus que la branche de gauche, F_1, dans sa région la plus élevée,
recourbée en crochet; les bandes P_1, P_2 ont fait un pas vers le centre; en
même temps les deux bandes sclérenchymateuses qui encadrent la file
médiane de cicatrices se sont rapprochées l'une de l'autre, ouvrant ainsi
plus largement vers l'intérieur les cadres où se trouvaient enfermées les
bandes P_1 et P_2.

    La coupe $\delta\delta$ (fig. 3, Pl. XVI) ne rencontre plus la cicatrice médiane;
la bande P_2 s'est divisée en deux, elle détache du côté de la file médiane de
cicatrices une branche p_2 qui se rapproche encore davantage de la région
centrale; sur la coupe $\varepsilon\varepsilon$ (fig. 4), cette branche p_2 est déjà plus séparée de
la branche principale P_2 et s'écarte d'elle vers la gauche; à son tour, la
bande périphérique de gauche s'est divisée en deux branches P_1 et p_1. La
coupe $\zeta\zeta$ (fig. 5) montre cette branche p_1 venant au contact des bandes de
la région centrale pour s'anastomoser avec l'une d'entre elles; la branche
p_2 vient de faire de même et a formé, par son union avec une de ces bandes
centrales, une bande f'_1 qui tend à s'orienter perpendiculairement au rayon
du cylindre ligneux. Sur la coupe $\eta\eta$ (fig. 6), la bande f'_1 se rapproche de la
périphérie, tandis qu'à gauche, et par un mécanisme identique, vient de se
constituer une bande semblable f_1; ces deux bandes f_1, f'_1, vont se réunir
maintenant pour former le cordon foliaire, ainsi que le montre la coupe $\theta\theta$
(fig. 7); on voit ici que la bande f_1, évidemment peu inclinée sur le plan
horizontal, s'est rapidement portée en avant; la bande f'_1, plus dressée,
reste quelque peu en arrière; mais les trachéides rayées qui les constituent
se montrent, à l'extrémité droite de f_1 et à l'extrémité gauche de f'_1, coupées
presque longitudinalement, ce qui prouve qu'elles sont là presque horizontales les unes et les autres et que, cheminant ainsi dans un même plan,
elles vont forcément s'unir et donner naissance à une bande unique;
elles sont d'ailleurs maintenant isolées des bandes périphériques P_1 et P_2
par les bandes sclérenchymateuses de droite et de gauche qui, après avoir

ouvert un passage aux branches p_1 et p_2, se sont allongées de nouveau vers l'intérieur et se sont écartées l'une de l'autre.

Ainsi, par suite de la disposition particulière qu'affectent ici les stèles ou bandes libéroligneuses les plus rapprochées de la périphérie, la formation du cordon foliaire se montre plus complexe que sur les échantillons étudiés par M. Stenzel : au lieu de naître simplement d'une anastomose bord à bord de deux bandes voisines, séparées seulement par un faible intervalle, le cordon foliaire se constitue en deux moitiés distinctes, dont chacune a pour origine une anastomose d'une stèle périphérique ou plutôt d'une branche de celle-ci avec une des stèles du bord de la région centrale ; ces deux moitiés du cordon se réunissent ensuite en une lame unique, courbée en gouttière, tournant sa convexité vers le dehors, et à bords finalement repliés en crochets à l'intérieur, comme on le voit sur les cicatrices de la fig. 2, Pl. XV, ainsi qu'en F_1, F_1' de la fig. 1, Pl. XVI. C'est évidemment à ce mode de formation de la bande foliaire, constituée par la réunion de deux bandes primitivement distinctes, qu'il faut attribuer les jarrets ou changements brusques de courbure qu'on remarque parfois sur les coupes, soit verticales, soit horizontales, des cordons foliaires, par exemple, sur la branche gauche de la cicatrice médiane, fig. 2, Pl. XV, ou sur le cordon F_2, fig. 1, Pl. XVI.

Les choses se passent exactement de même chez le *Ps. bibractensis:* sur la fig. 1 de la Pl. XVII, on voit les stèles périphériques P_1 et P_2 divisées en deux, et ayant détaché vers l'intérieur les branches p_1 et p_2, pour le passage desquelles les bandes sclérenchymateuses se sont interrompues ; la branche p_1 va se mettre ou vient peut-être déjà de se mettre en rapport avec la stèle C_1 du bord de la région centrale; à droite de celle-ci une stèle homologue se prépare à s'unir à la branche p_2 ; sur une section horizontale faite quelques millimètres plus haut (fig. 2), les anastomoses des branches p_1 et p_2 avec les stèles de la région centrale se sont opérées, et les deux moitiés f_1, f_1' du cordon foliaire sont constituées ; l'ouverture nécessaire à l'anastomose de C_1 et de p_1 est déjà refermée. Enfin, sur la coupe de la fig. 3, plus élevée encore d'un centimètre environ, la bande foliaire F_1 a réuni ses deux moitiés, et ne va pas tarder à s'isoler des stèles périphériques P_t et P_t, ainsi que de la région centrale, par l'interposition de bandes sclérenchymateuses sur ses côtés et derrière elle.

Par suite de l'orientation primitive de ses deux moitiés constitutives, la bande foliaire F_1 tourne à ce moment sa concavité vers l'extérieur; mais un peu plus haut cette concavité serait moins prononcée, comme en F_3 de la fig. 4, Pl. XVIII; puis le sens de la courbure change, comme en F_2 de la fig. 2, Pl. XVIII, et plus haut encore le cordon foliaire présente en coupe la forme en U habituelle, qu'on peut voir en F_2, fig. 1, Pl. XVII, ou fig. 3, Pl. XVIII.

Il ne m'a pas paru inutile de rechercher si les mêmes détails de structure se retrouveraient sur la belle tige non silicifiée de *Caulopteris endorhiza*, si favorable à une étude anatomique, qui a été trouvée à Commentry et à laquelle il a été déjà fait allusion plus haut. Nous avions constaté, M. Renault et moi [1], sur cet échantillon, que la bande foliaire avait pour origine une anastomose de deux des bandes vasculaires du bord de la région centrale, mais ce n'était là que la vérification des faits reconnus sur quelques *Psaronius* par M. Stenzel, et il fallait s'assurer si la formation du cordon foliaire n'était réellement pas plus complexe. La fig. 4, Pl. XIX, montre un groupe de trois cicatrices, détachées du cylindre ligneux de cet échantillon avec le système de bandes libéroligneuses et sclérenchymateuses aboutissant à leur contour. Ces cicatrices appartiennent à deux files verticales contiguës, savoir : deux d'entre elles à l'une de ces files, et la troisième à l'autre. Ce même groupe de cicatrices a, d'ailleurs, été représenté déjà dans la *Flore houillère de Commentry*, pl. XXXVI, fig. 1 a″, mais vu en sens inverse ; ici l'on voit de face, ou à peu près, la cicatrice qui, sur cette dernière figure, était masquée par les deux autres; celles-ci se décèlent seulement sur les fig. 4 et 5, Pl. XIX, l'une, la plus basse, par le faisceau foliaire F_2 qui se dirige vers elle, l'autre, la plus élevée, par la gaîne scléren-

---

1. *Comptes rendus Acad. sc.*, CII, p. 65 ; *Flore foss. du terr. houiller de Commentry*, 1re part., p. 311, pl. XXXVI, fig. 1 a′ et 1 a″.

chymateuse G_2, qui recouvre comme une chape le faisceau foliaire. La cicatrice unique de la file antérieure montre sur la fig. 4 son contour elliptique et sa cicatrice interne en v renversé, ainsi qu'une partie de la cicatrice externe correspondant à la gaîne G_1 ; on voit, en outre, le faisceau foliaire lui-même F_1 descendre du contour de la cicatrice vers l'intérieur du cylindre ligneux. Au-dessus de cette cicatrice, sur la cassure oblique de la roche, entre les deux files de cicatrices, F_1 G_1 et F_2 G_2, on remarque deux traces charbonneuses P, C, dont la première, en forme d'U, tourne sa convexité vers l'extérieur et représente évidemment la tranche d'une stèle périphérique, semblable à celles qu'on voit en P_1, P_2, P_3, etc., sur les fig. 1, Pl. XV, et fig. 1, Pl. XVII, intercalées entre les bandes foliaires ; quant à la trace C, elle correspond à une bande du bord de la région centrale. La cicatrice antérieure ayant été détachée de l'échantillon avec sa bande foliaire, j'ai pu dégager au burin la bande P et la suivre sur une hauteur égale à celle de cette cicatrice : la fig. 5 montre cette bande P ondulant légèrement, et se bifurquant à un certain moment pour émettre, vers la droite, une branche qui va s'anastomoser avec l'un des bords de la bande C ; de cette anastomose part une trace charbonneuse A, qui se dirige en montant vers l'extérieur, parallèlement au faisceau foliaire F_1, et qui représente le bord du faisceau aboutissant à la cicatrice située immédiatement au-dessus. On voit donc qu'ici comme chez les *Psaronius* dont j'ai parlé auparavant, le faisceau foliaire naît d'une double anastomose des stèles périphériques entre lesquelles il est compris, avec les bandes externes de la région centrale situées derrière elles. On peut voir, en outre, sur la fig. 5, que la bande C s'était anastomosée un peu plus bas, en A', avec une autre des bandes de la région centrale, plus voisine de l'intérieur ; mais cette anastomose, qui, d'après les indications de M. Stenzel, devrait représenter une partie plus profonde du faisceau foliaire, semble ici, d'après sa position comme d'après la direction de ses éléments, sans relation directe avec lui. Le faisceau foliaire ne se constitue réellement, ainsi que je le disais plus haut, que par les anastomoses des bandes libéroligneuses de la périphérie avec les bandes marginales de la région centrale. On remarquera que ces anastomoses se font ici très rapidement, et que, sur une coupe horizontale, on ne distinguerait plus, comme dans les échantillons examinés précédemment, les étapes préparatoires de la formation du faisceau. Il en est de même chez le *Ps. Faivrei,* où l'on peut voir (Pl. XIX, fig. 3) les stèles périphériques P_4 et P_8 et les stèles de la région centrale C et C′ donnant en coupe, par leurs anastomoses simultanées, une figure en forme d'H, dans laquelle la branche transversale représente le faisceau foliaire F_4; ce faisceau se dégage aussitôt des stèles C et C′, mais il reste quelques instants lié aux deux stèles P_4 et P_8 (fig. 2, Pl. XIX) avant de devenir complètement indépendant comme il l'est un peu plus haut (fig. 1, Pl. XIX).

Les faits observés par M. Stenzel, soit sur son *Ps. infarctus,* soit sur les espèces à feuilles distiques, ne diffèrent du reste de ceux que je viens d'exposer que par une simplification résultant de ce qu'il n'y a plus la même spécialisation, tant comme forme que comme situation, des stèles périphériques.

Si maintenant l'on cherche à suivre sur une section transversale de *Psaronius* la marche du cordon foliaire hors du cylindre ligneux, on le voit d'abord se diviser en deux branches (par exemple F_1 F_1', Pl. XV, fig. 1; F_1 F_1', Pl. XVIII, fig. 2; F_3 F_3', F_5 F_5', Pl. XIX, fig. 2 et 1; F_2 F_2', Pl. XX, fig. 4; F_1 F_1', Pl. XXI, fig. 1; F_8 F_8', Pl. XXIV, fig. 1), puis disparaître sans qu'il soit possible d'en retrouver trace au travers de l'anneau de racines, et l'on peut remarquer qu'à leurs extrémités ces deux branches du cordon foliaire sont presque toujours nettement limitées à un arc concentrique au cylindre ligneux. Il me paraît certain que, comme l'a pensé M. Stenzel[1], l'explication de ce fait doit être cherchée dans le développement des racines adventives et du tissu parenchymateux dans lequel elles sont plongées. Au sommet de la tige, à la hauteur du bouquet de feuilles qui couronnait celle-ci, l'écorce externe n'était vraisemblablement séparée du cylindre ligneux que par un anneau parenchymateux fort étroit; elle devait avoir

---

1. *Ueber die Staarsteine (Nova Acta Acad. Leop. Carol. nat. curios.,* XXIV, p. II, p. 779-784).

pour limite, du côté interne, la surface cylindrique plus ou moins ondulée à laquelle on voit s'arrêter les cordons foliaires. Après la chute des feuilles, les racines commençaient à se former et augmentaient rapidement en nombre, l'anneau parenchymateux compris entre le cylindre ligneux et l'écorce externe s'accroissait en épaisseur, tant par suite du développement propre de son tissu que par suite de l'interposition de ces racines : l'écorce externe s'éloignait ainsi graduellement de sa position primitive; peu susceptible de s'élargir, elle devait d'abord, pour se prêter à cet accroissement de diamètre, effacer peu à peu les inégalités de sa surface, côtes ou cannelures, et prendre un contour plus régulièrement circulaire, puis elle devait finir par se fissurer; en tout cas, dès qu'elle s'écartait du cylindre ligneux, elle était nécessairement forcée de se séparer des cordons foliaires qui aboutissaient originairement aux cicatrices dont elle était marquée et qui, une fois les feuilles tombées, n'avaient plus aucun rôle actif à remplir et ne devaient plus être susceptibles de s'allonger.

Si donc on pouvait enlever l'anneau de racines qui entoure le cylindre ligneux, les cicatrices des faisceaux foliaires qu'on verrait apparaître à la surface de celui-ci reproduiraient les cicatrices vasculaires qui, sur l'écorce externe, correspondant à telle ou telle espèce de *Caulopteris*, se trouvaient placées à l'intérieur des cicatrices pétiolaires. La forme de ces cicatrices étant en général très constante dans un même groupe naturel, ainsi que le prouve l'examen des troncs des Fougères vivantes, on trouverait sans doute dans leur étude les éléments d'une classification vraiment rationnelle des *Psaronius*, et l'on parviendrait à les raccorder aux *Caulopteris* ou tout au moins aux *Ptychopteris* déjà connus à l'état d'empreintes, tandis qu'on est aujourd'hui dans une incertitude à peu près complète sur leurs relations avec les diverses espèces de ces deux genres. On ne peut évidemment détacher mécaniquement cet anneau de racines, qu'aucune surface de moindre adhérence ne sépare, chez les *Psaronius*, du cylindre ligneux; d'autre part, les échantillons silicifiés, naturellement dépourvus de leur enveloppe radiculaire, sont d'une rareté excessive : il n'en a été, à ma connaissance, signalé jusqu'à présent qu'un seul, le *Caulopteris Giffordi* Lesquereux [1], et encore les cicatrices vasculaires y sont-elles indiscernables; il n'a d'ailleurs été décrit que pour sa surface externe, et sa structure anatomique n'a pas été étudiée.

Il est cependant possible, dans la plupart des cas, de reconnaître la forme et la disposition de ces cicatrices, au moyen de coupes longitudinales tangentielles convenablement dirigées, et dont la place peut être facilement déterminée d'après la position qu'occupent, sur la section transversale de la tige, les extrémités des branches des faisceaux foliaires. Les figures 2, Pl. XV, 6, Pl. XVIII, et 2, Pl. XX, reproduisent précisément diverses sections ainsi obtenues. Il faut seulement que les échantillons dont on dispose aient une longueur suffisante pour que la coupe s'étende sur toute la hauteur d'une cicatrice ou tout au moins sur la région intéressante de celle-ci, c'est-à-dire, en général, sur sa moitié supérieure. Malheureusement ce n'est pas toujours le cas, et l'on n'a parfois que des tronçons trop peu épais pour permettre de pareilles recherches; mais il est permis de regretter, pour certaines espèces au moins, que de telles coupes n'aient pas été faites sur les échantillons susceptibles de s'y prêter, et qu'on se soit borné presque exclusivement jusqu'ici à l'étude des sections transversales.

En raison des seuls caractères que celles-ci pouvaient offrir, la classification a été établie, par Corda [2] d'abord, puis par M. Stenzel [3], sur la constitution anatomique des divers éléments des *Psaronius,* tissu conjonctif, bandes libéroligneuses, bandes sclérenchymateuses, et racines. Le tissu conjonctif, aussi bien dans la zone annulaire occupée par les racines qu'à l'intérieur du cylindre ligneux, est toujours formé de cellules parenchymateuses à parois minces; mais il peut être tantôt plein, tantôt lacuneux, différence d'organisation qui a été depuis longtemps considérée, d'après ce que l'on constate chez les végétaux vivants, comme correspondant simplement à des différences d'habitat, les lacunes du tissu conjonctif dénotant des plantes aquatiques ou marécageuses.

Constitution et nature des divers éléments des Psaronius.

1. *Coal-Flora,* pl. LX, fig. 1, 2, p. 343.
2. *Beiträge zur Flora der Vorwelt,* p. 93.
3. *Ueber die Staarsteine,* p. 828.

Les bandes libéroligneuses sont formées par des trachéides rayées (vaisseaux scalariformes) de diamètre variable (*t*, Pl. XV, fig. 1 A, 3 A), d'ordinaire étroitement serrées les unes contre les autres, plus rarement entremêlées d'éléments parenchymateux (*c*, Pl. XXIV, fig. 1 A) à parois minces, mais sans que ceux-ci soient jamais réunis suivant l'axe de la bande de manière à y former une moelle centrale ; à la périphérie, l'on remarque, sur quelques échantillons, chez le *Ps. infarctus* notamment, une zone continue d'éléments plus fins, d'ordinaire plus ou moins aplatis ou déformés (*g*, Pl. XV, fig. 1 A ; Pl. XVI, fig. 8 B), qui constitue autour de la bande vasculaire une gaîne étroite, et qui doit représenter la région libérienne du faisceau, peut-être en partie sclérifiée ; il n'y a d'ailleurs aucune conséquence à déduire de l'absence fréquente de cette gaîne, la conservation des éléments libériens étant, comme on sait, fort rare dans les végétaux silicifiés. On est donc en droit d'assimiler ces bandes, souvent exclusivement vasculaires en apparence, des *Psaronius*, aux bandes libéroligneuses des tiges de Fougères, qui présentent cette même forme et cette même constitution, dépourvues de moelle centrale, formées de bois au centre et de liber sur tout leur pourtour.

M. Van Tieghem a montré que ces cordons libéroligneux des tiges de Fougères étaient de véritables cylindres centraux, des *stèles*[1], représentant chacun un corps ligneux complet, et que la disposition qu'ils affectent, groupés en plus ou moins grand nombre dans une même tige, résultait de la division plusieurs fois répétée d'un cylindre central originairement unique et dépourvu de moelle. Le tissu conjonctif parenchymateux dans lequel sont plongées les bandes ou cordons libéroligneux de ces tiges de Fougères, ou plus généralement des tiges polystéliques, n'est, par conséquent, pas une moelle véritable, mais représente la zone interne de l'écorce commune à toutes ces stèles ; à l'origine, cette écorce entourait la stèle axile primitive, suivant la disposition habituelle ; puis cette stèle axile s'est ramifiée, et l'écorce en est devenue commune à ses diverses branches, la zone

---

1. Van Tieghem et Douliot, *Sur les tiges à plusieurs cylindres centraux* (*Bull. soc. bot.*, XXXIII, p. 213-216) ; *Sur la polystélie* (*Ann. sc. nat.*, 7ᵉ Sér., Bot., III, p. 275-322, pl. XIII-XV).

externe les entourant toutes à la périphérie de la tige, tandis que la zone interne parenchymateuse occupe, jusqu'au centre, tout l'espace limité par la zone externe, et joue le rôle de tissu fondamental.

Le tissu parenchymateux dans lequel descendent les racines des *Psaronius* et celui qui occupe, dans le cylindre ligneux, les intervalles compris entre les bandes libéroligneuses ne sont par conséquent que des portions différentes de cette masse unique de parenchyme cortical. Les stèles plus grêles que l'on voit généralement au centre des sections de *Psaronius* représentent vraisemblablement les branches les plus récemment constituées, destinées sans doute à s'accroître ultérieurement, en se développant comme les autres en lames plus ou moins arquées. Toutes ces stèles s'anastomosent en un réseau fort complexe à mailles plus ou moins grandes; en général ces mailles doivent être assez étendues et assez peu éloignées les unes des autres, car la plupart des stèles paraissent indépendantes en coupe transversale, ou du moins ne présentent qu'un nombre relativement restreint d'anastomoses; cependant, sur certaines tiges, les mailles sont certainement plus petites et plus espacées, car les stèles s'y montrent soudées les unes aux autres en anneaux presque continus, se rapprochant ainsi de la disposition à laquelle M. Van Tieghem a appliqué le nom de *gamostèle*; tel est le cas notamment du *Ps. coalescens* (Pl. XXIII, fig. 2, 3).

Quant aux cordons foliaires, ils constituent eux-mêmes des stèles complètes, partant, comme on l'a vu, du fond d'une maille du réseau périphérique, et formées par une anastomose plus ou moins complexe des stèles les plus voisines du bord du cylindre ligneux.

Les bandes sclérenchymateuses qui, chez plusieurs espèces de *Psaronius*, s'intercalent entre les stèles du cylindre ligneux, surtout au voisinage de son pourtour, et dont les plus extérieures forment autour de ce cylindre un étui plus ou moins continu, doivent manifestement leur origine à des modifications du tissu conjonctif, c'est-à-dire du parenchyme cortical, dont les éléments se sclérifient dans certaines régions pour donner de la rigidité à l'ensemble du système: on les voit en effet, sur certains échantillons, passer sur leurs bords aux grandes cellules à parois minces qui constituent

25

la masse de ce tissu conjonctif. Elles paraissent, du moins chez plusieurs espèces, devoir prendre naissance d'abord sous forme de cordons plus ou moins grêles, indépendants, qui ensuite acquerraient un développement de plus en plus considérable et se souderaient les uns aux autres en lames continues ; c'est du moins ce qui semble avoir lieu chez le *Ps. infarctus,* où l'on voit, en se rapprochant du centre, les bandes sclérenchymateuses de la périphérie remplacées peu à peu par de petits îlots de sclérenchyme indépendants (voir la Fig. 38, p. 208). Ces bandes sont constituées par des cellules allongées dans le sens vertical, de courtes fibres, effilées pour la plupart en pointe à leurs extrémités (*s,* Pl. XV, fig. 3 A).

Chez le plus grand nombre des espèces du bassin d'Autun, on observe de telles bandes, d'abord autour du cylindre ligneux, formant une gaîne qui le sépare de l'anneau de racines, puis interposées entre les bandes libéroligneuses les plus voisines du pourtour, et constituant ainsi un important appareil de soutien.

Chez d'autres espèces, cet appareil de soutien se réduit à la gaîne du cylindre ligneux ; mais peut-être, pour quelques-unes de celles qui présentent ce caractère, un examen plus approfondi ferait-il reconnaître, ainsi qu'il est arrivé pour le *Ps. infarctus,* d'autres bandes de même nature à l'intérieur de cette gaîne.

D'autres encore, en petit nombre, offrent seulement des traces d'une gaîne peu distincte, ce qui tient peut-être à une altération particulière de ces tiges, bien qu'en général les tissus sclérenchymateux offrent une grande résistance à la décomposition ; je ferai remarquer toutefois que sur les racines du *Ps. brasiliensis* on observe en divers points une altération prononcée des cellules sclérenchymateuses de l'écorce externe, qui les rend presque méconnaissables.

Enfin, quelques *Psaronius* paraissent dépourvus de gaîne comme de bandes internes de sclérenchyme ; il est vrai que certains d'entre eux (*Ps. Freieslebeni, Ps. arenaceus*)[1] ne sont pas silicifiés, et que sur des tiges dont

1. Gœppert, *Foss. Fl. d. perm. Form.,* p. 57, 73.

les éléments sont simplement transformés en charbon, il est difficile de
déterminer avec certitude la nature des tissus; pour d'autres, comme le
Ps. Gœpperti[1], l'absence d'une gaîne semble quelque peu douteuse, et peut
être doit-elle être attribuée à un défaut de conservation; d'autres enfin
n'offrent qu'un cylindre ligneux de très petit diamètre (*Ps. plicatus, Ps. Gutbieri, Ps. Cottai*[2]), dénotant des tiges très jeunes, et l'on peut se demander si
ces mêmes tiges, plus avancées en âge, coupées à une plus grande hauteur
au-dessus de leur base, ne se seraient pas montrées pourvues, elles aussi,
d'une gaîne de sclérenchyme. Aussi cette absence complète, un peu surpre-
nante à priori, de tout appareil propre de soutien, ne me semble-t-elle pouvoir être admise que sous certaines réserves; il est vrai toutefois que
l'anneau radiculaire, avec ses racines à écorce épaisse et résistante, étroitement serrées les unes contre les autres, pouvait suffire à lui seul pour sou-
tenir le cylindre ligneux qu'il enveloppait. Il finissait, en effet, par acquérir
un développement considérable, formant autour du cylindre ligneux une
zone de largeur égale et parfois même très supérieure au diamètre de
celui-ci; aussi très souvent les échantillons qu'on récolte, bien que de
grandes dimensions, ne comprennent-ils que des fragments de cette zone
radiculaire, avec ses racines plongées dans le tissu parenchymateux, notablement accru, de l'écorce interne de la tige. D'autres fois les racines ne
sont plus reliées entre elles par aucun tissu conjonctif, elles étaient alors
complètement sorties de la tige et devenues indépendantes.

Ces racines des *Psaronius* présentent deux types différents, suivant
qu'elles ont leur zone corticale interne formée par un tissu plein ou par un
tissu lacuneux; les premières ont toujours un diamètre assez faible, tandis
que les autres peuvent atteindre une grosseur considérable. Dans l'un
comme dans l'autre cas, elles sont limitées à l'extérieur par une zone
annulaire plus ou moins large de cellules sclérenchymateuses, à parois
épaisses, fortement colorées (*s*, Pl. XVI, fig. 8 A; Pl. XXI, fig. 1 A; Pl. XXIV,

1. Gœppert, *Foss. Fl. d. perm. Form.*, p. 57, 72.
2. *Ibid.*, p. 57, 69-71.

fig. 1 C; Pl. XXV, fig. 3 A, 3 B; Pl. XXVI, fig. 1 A, 2 A), qui, sur les coupes transversales, donne à l'anneau radiculaire des *Psaronius* son aspect moucheté caractéristique, et qui représente la région externe de l'écorce. Les cellules les plus extérieures de cette zone sont généralement en relation directe, sans séparation, avec les cellules parenchymateuses à parois minces du tissu conjonctif dans lequel sont plongées les racines (Pl. XXI, fig. 1 A; Pl. XXIV, fig. 1 C).

Quelquefois, du moins sur les racines libres, l'écorce externe se subdivise en deux zones, la plus extérieure formée de cellules à parois moins épaissies que celles de la couche interne (*Ps. augustodunensis*, Pl. XXVI, fig. 3 C, 3 D); peut-être cette couche interne appartient-elle seule à l'écorce proprement dite, et la zone annulaire, probablement parenchymateuse, qui l'entoure, représente-t-elle une des assises extérieures de la racine.

Entre la région corticale externe et le cylindre central, se trouve l'écorce interne, constituée par des cellules parenchymateuses à parois minces, tantôt serrées les unes contre les autres et formant un tissu plein (*p*, Pl. XXI, fig. 1 A; Pl. XXIII, fig. 1 C), tantôt laissant entre elles des intervalles libres plus ou moins larges, et formant alors un tissu lacuneux à mailles plus ou moins lâches (Pl. XXIV, fig. 1 C; Pl. XXV, fig. 3 A, 3 B; Pl. XXVI, fig. 1 A, 1 B, 2 A, 3 A-D). Chez quelques espèces à zone corticale interne dépourvue de lacunes aérifères, on distingue dans celle-ci des méats fortement colorés, affectant souvent une disposition assez régulière, qui paraissent devoir être considérés comme des canaux sécréteurs, des canaux gommeux probablement (*m*, Pl. XXI, fig. 1 A). Assez souvent, au surplus, la zone corticale interne, comme le tissu parenchymateux conjonctif du cylindre ligneux, n'est que très imparfaitement conservée.

Il en est de même quelquefois pour les éléments du cylindre central, qui apparaît alors complètement vide ou dans lequel on ne discerne plus que quelques vestiges des vaisseaux (Pl. XVI, fig. 8 A); cependant, en général, la partie ligneuse de ce cylindre central est assez bien conservée, mais le plus ordinairement la partie libérienne et surtout le tissu conjonctif parenchymateux en ont entièrement disparu; lorsque la zone corticale interne est conservée, la limite à laquelle s'arrêtent, vers l'intérieur, les cellules qui la constituent marque d'une façon très nette le contour du cylindre central; quelquefois aussi il est accusé par une ligne plus ou moins continue, en forme de polygone à côtés curvilignes, qui semble représenter l'endoderme, mais qui n'est peut-être due qu'à une infiltration de silice d'une couleur différente à la limite interne de l'écorce. Quant à la partie ligneuse du faisceau, elle affecte en coupe transversale la forme d'une étoile comprenant d'habitude de 5 à 10 rayons plus ou moins saillants, avec les éléments les plus fins placés à leur extrémité. Parfois, dans les intervalles compris entre ces rayons on distingue, vers le pourtour du cylindre, des groupes de cellules ou de fibres (L, Pl. XXV, fig. 2 A), qui représentent évidemment les faisceaux libériens, alternant, en nombre égal, avec les faisceaux ligneux.

Enfin on observe parfois des racines en voie de division, ainsi que l'a observé M. Stenzel [1].

C'est sur l'examen de ces divers éléments qu'est fondée la classification proposée par M. Stenzel [2], d'après les bases antérieurement admises par Corda : sans attacher une importance exagérée à l'absence ou à la présence de lacunes dans la zone corticale interne des racines, qui lui paraissait déjà devoir dépendre principalement de l'habitat de la plante, M. Stenzel est parti de ce caractère, facile à reconnaître en général même sur des fragments peu étendus, pour diviser les *Psaronius* en deux grandes sections, *Helmintholithi* et *Asterolithi*, concordant avec les deux sous-genres *Eupsaronius* et *Trimatopteris* de Corda [3]; la première d'entre elles, *Helmintholithi*, comprend les espèces dans lesquels le tissu parenchymateux soit de la tige, soit de la zone corticale interne des racines, est plein; dans la seconde, *Asterolithi*, sont réunies les espèces chez lesquelles le parenchyme, soit de la zone corticale interne des racines, soit du tissu conjonctif de la tige, offre des lacunes aérifères.

Classification
des
Psaronius.

1. *Ueber die Staarsteine,* p. 829-831 ; Gœppert, *Foss. Fl. d. perm. Form.,* p. 56-57.
2. *Foss. Fl. d. perm. Form.,* p. 52, pl. V, fig. 8, *w*.
3. *Beitr. z. Fl. der Vorwelt,* p. 106.

La section des Helmintholithi se subdivise en trois : *Vaginati, Subvaginati, Evaginati*, suivant que le cylindre ligneux est entouré d'une gaîne sclérenchymateuse, ou n'offre qu'une gaîne indistincte, ou bien est dépourvu de gaîne. Parmi les *Vaginati*, M. Stenzel a distingué deux séries d'espèces, celles à feuilles disposées sur plusieurs files longitudinales, et celles à feuilles distiques; il a formé dans la première trois groupes, fondés sur le nombre plus ou moins considérable et sur le rapprochement ou l'espacement des stèles du cylindre ligneux, ainsi que sur la disposition des feuilles, savoir : *Conferti*, à stèles nombreuses, serrées, à feuilles rapprochées, verticillées; *Radiati*, à stèles nombreuses et serrées, mais à feuilles isolées, espacées; et *Spirales*, à stèles moins nombreuses, écartées, à feuilles isolées et espacées. Les espèces à feuilles distiques, à stèles disposées en deux séries opposées, constituent le groupe des *Distichi*.

Les *Psaronius* à gaîne sclérenchymateuse indistincte, les *Subvaginati*, ne comprennent qu'un seul groupe, celui des *Jugati*, à feuilles distiques.

Les *Evaginati*, plus nombreux, forment trois groupes : *Compressi*, à stèles rangées en deux séries opposées, à feuilles par conséquent distiques, à racines dépourvues de canaux gommeux; *Coronati*, différant principalement de ceux-ci par la présence, dans leurs racines, de canaux gommeux répartis en couronne vers la périphérie de la zone corticale interne; et *Verticillati*, à stèles nombreuses rangées en cercles concentriques, et à feuilles verticillées.

La section des Asterolithi ne compte que deux groupes : *Reticulati*, à stèles assez nombreuses, disposées concentriquement sur plusieurs rangs, à feuilles verticillées, à racines entourées d'une gaîne sclérenchymateuse (écorce externe) épaisse; et *Stellati*, à stèles bisériées ou quadrisériées, à feuilles opposées (distiques ou tétrastiques?), à racines pourvues seulement d'une gaîne sclérenchymateuse peu épaisse.

A ces divers groupes, M. B. Renault en avait ajouté un onzième, sous le nom de *Muniti* [1], pour les tiges pourvues à leur intérieur, comme le

---

1. *Cours de bot. foss.*, III, p. 142, 150.

Ps. bibractensis, de bandes de sclérenchyme alternant avec les bandes libéroligneuses; mais, ainsi que je l'ai déjà fait observer et que je l'établirai plus loin, le *Ps. infarctus,* qui est le type et le seul représentant du groupe des *Conferti* de M. Stenzel, présente également cette constitution. Il diffère, il est vrai, du *Ps. bibractensis* et de la plupart des autres espèces d'Autun, qui viennent se ranger autour de celui-ci, par ses stèles plus serrées et ses feuilles plus rapprochées; mais on trouve à cet égard des formes intermédiaires entre lui et les espèces de *Muniti* à stèles relativement écartées, de sorte qu'il ne paraît pas possible de maintenir ces deux groupes séparés; pour n'en faire qu'un seul, le nom de *Muniti* de M. Renault semblerait plus convenable que celui de *Conferti,* comme s'appliquant plus exactement à l'ensemble.

Parmi les espèces, au nombre de quatorze, dont la description va suivre, dix appartiennent à la section des *Helmintholithi,* et toutes, offrant une gaîne autour du cylindre ligneux, se classeraient comme *Vaginati;* deux groupes seulement se trouveraient représentés, savoir les *Muniti* par les *Ps. infarctus, Ps. bibractensis, Ps. Buréaui, Ps. Landrioti, Ps. Faivrei, Ps. rhomboidalis,* et *Ps. coalescens;* le *Ps. brasiliensis* pourrait encore être rattaché à ce groupe, mais il y occuperait une situation à part, en raison de la disposition tétrastique de ses feuilles; enfin les *Distichi* compteraient deux espèces, *Ps. Brongniarti* et *Ps. Levyi.*

Les quatre autres espèces, avec leurs racines à tissu lacuneux, rentrent dans la section des *Asterolithi,* trois d'entre elles, *Ps. Demolei, Ps. espargeollensis* et *Ps. augustodunensis,* appartenant au groupe des *Reticulati,* et la quatrième, *Ps. asterolithus,* au groupe des *Stellati.*

J'ai tenu à indiquer cette répartition des espèces de *Psaronius* de l'Autunois dans les divers groupes du cadre établi par M. Stenzel, mais je dois faire observer que des espèces dont l'affinité mutuelle est manifeste se trouvent ainsi séparées les unes des autres : le *Ps. Demolei* et le *Ps. espargeollensis,* notamment, viennent se placer loin des *Muniti,* dont ils sont cependant très voisins; ils ont, sans doute, des racines lacuneuses; mais, si les lacunes sont bien visibles sur les plus grosses de leurs racines, elles sont souvent indiscernables sur les petites, si bien que le *Ps. Demolei* a pu être classé par M. Renault parmi les *Helmintholithi*. D'ailleurs, ainsi qu'il a déjà été dit, ce caractère, de l'existence ou de l'absence des lacunes dans les racines ou dans le tissu conjonctif, n'a évidemment qu'une valeur de convention : des espèces étroitement alliées les unes aux autres peuvent différer entre elles à cet égard, suivant qu'elles vivaient sur un sol émergé ou qu'elles avaient le pied dans l'eau ; peut-être même ce caractère n'est-il pas constant chez une même espèce, et certains *Psaronius* pouvaient-ils, selon le degré d'humidité plus ou moins marqué de la station qu'ils occupaient, avoir des racines tantôt d'*Helmintholithi,* et tantôt d'*Asterolithi*. Il ne semble pas, il est vrai, qu'il en soit ainsi et qu'on puisse, en faisant abstraction de la structure de ces racines, arriver à raccorder telle ou telle espèce de la première section avec telle ou telle autre de la seconde ; mais si l'on peut accorder à un tel caractère une valeur spécifique, c'est, je crois, aller trop loin que de le prendre pour base primordiale de la classification, quelque commode qu'il puisse être à observer.

Si l'on tient compte, d'une part de la grande ressemblance de forme et de constitution que présentent entre elles les cicatrices des diverses espèces de *Caulopteris* et de *Ptychopteris,* et d'autre part des différences profondes qui séparent, à ce point de vue, les *Megaphyton* des *Caulopteris* ou *Ptychopteris* à plusieurs séries de feuilles, on est conduit à penser que le nombre de ces séries de feuilles pourrait fournir une base plus solide pour la division du genre *Psaronius* en groupes naturels ; l'organisation des tiges est d'ailleurs en rapport direct avec le nombre de leurs séries de feuilles, les stèles des espèces à feuilles distiques étant toujours rangées en deux séries diamétralement opposées, tandis que celles des espèces à séries foliaires plus nombreuses sont réparties tout autour de l'axe en cercles concentriques. En entrant dans cette voie, on se trouve amené à mettre à part une espèce dont il sera parlé plus loin, le *Ps. brasiliensis,* qui, par ses feuilles tétrastiques et par la disposition des bandes vasculaires de son cylindre ligneux, s'écarte autant des *Psaronius* à plusieurs rangées de feuilles que des espèces à feuilles distiques ; une autre encore, le *Ps. asterolithus,* qui semble offrir une constitution analogue, doit être également classée dans ce groupe particulier. Il n'est pas sans intérêt, à ce propos, de noter que la seule tige de Fougère du terrain houiller à quatre séries de feuilles qui ait été observée en empreintes, le *Caul. aliena,* est précisément munie de cicatrices très différentes, et par leur forme générale, et par la disposition de leurs cicatrices vasculaires, de celles des autres *Caulopteris* comme de celles des *Megaphyton.*

On formerait alors trois sections distinctes : les *Psaronius* à plusieurs séries longitudinales de feuilles, ou polystiques, les *Psaronius* à quatre séries longitudinales, ou tétrastiques, et les *Psaronius* à deux séries longitudinales, ou distiques. L'examen des cicatrices foliaires ou du moins des cicatrices correspondant aux cordons foliaires pourrait ensuite, lorsqu'on parviendrait à les étudier, à l'aide de coupes longitudinales tangentielles, fournir pour chacune de ces sections des éléments secondaires de classification, qui se combineraient avec la présence ou l'absence d'une gaîne autour du cylindre ligneux, et finalement avec la nature pleine ou lacuneuse du parenchyme cortical des racines ou du tissu conjonctif de la tige, pour déterminer la répartition des espèces en différents groupes.

C'est le système que j'adopterai pour celles que je vais avoir à décrire; mais il me paraît tout d'abord nécessaire de faire remarquer qu'en employant pour les *Psaronius* ce mot d'*espèce*, je ne puis lui attribuer la même valeur que lorsqu'il s'agissait, par exemple, d'empreintes de frondes de Fougères : pour celles-ci, la forme, le mode de découpure, et la nervation des pinnules fournissent en général des caractères suffisamment fixes, de même ordre que ceux qui, dans le monde vivant, sont utilisés pour les distinctions spécifiques. Pour les tiges, surtout pour celles dont on ne peut observer les cicatrices, il n'en est plus de même : on ignore à peu près complètement dans quelles limites l'âge d'une tige, c'est-à-dire la hauteur à laquelle est faite la section qu'on étudie, est susceptible de faire varier les éléments sur lesquels on s'appuie pour la différenciation des espèces. Il est fort possible que les tiges très jeunes ne soient pas encore en possession de tous les caractères de structure qu'elles devaient posséder plus tard, que notamment, ainsi que j'en ai émis plus haut la supposition à propos des *Ps. plicatus, Ps. Gutbieri, Ps. Cottai,* l'appareil de soutien ne se développât que lorsqu'il devenait véritablement nécessaire à la tige.

L'espacement des feuilles devait aussi, en variant dans une même espèce suivant les conditions d'existence et la vigueur de chaque individu, amener certaines modifications dans la disposition relative, soit des stèles de la tige, soit tout au moins des cordons foliaires, et déterminer sur les coupes transversales, dans l'arrangement des divers éléments, des variations dont on ne saurait, à priori, apprécier l'importance. On peut donc se demander si l'on n'a pas quelquefois séparé spécifiquement des tronçons provenant d'individus différents d'une même espèce ou pris à des hauteurs différentes, soit sur une même tige, soit sur des tiges semblables. Il est clair toutefois qu'on n'est actuellement en droit de réunir sous un même nom que les échantillons dont tous les caractères sont réellement concordants, et qu'il y aurait plus d'inconvénients à réunir indûment des formes distinctes qu'à laisser provisoirement séparées des formes destinées à être plus tard reconnues pour identiques.

D'autre part, il n'est pas impossible que l'on ait parfois identifié des tiges provenant d'espèces différentes, faute d'avoir pu saisir dans leur structure des caractères distinctifs suffisamment nets; peut-être l'examen des cicatrices correspondant aux faisceaux foliaires fournirait-il à cet égard un élément utile de différenciation, trop négligé jusqu'à présent.

C'est sous la réserve de ces observations que va être abordée l'étude des diverses formes qui m'ont paru devoir être distinguées parmi les *Psaronius* trouvés aux environs d'Autun; mais avant de passer à cette description, je ne crois pas superflu de dire quelques mots de la place à donner à ces tiges dans l'ensemble de la classification. Dès 1845, Corda [1] les avait rapportées aux Marattiacées, en faisant remarquer l'analogie de structure qu'elles présentent, tant dans leur cylindre ligneux que dans leurs racines, avec les *Angiopteris.* M. Stenzel, après avoir, dans sa monographie

---

[1]. *Beitr. z. Flora der Vorwelt,* p. 68, 69.

de 1855[1], rapproché les *Psaronius* des Polypodiacées, ou plus exactement des Cyathéacées, a fini par les rattacher formellement à cette famille[2], tout en reconnaissant qu'elles devaient y constituer un groupe spécial. Depuis lors, les découvertes faites notamment à Saint-Étienne par M. Grand'Eury sont venues confirmer les déductions de Corda, en établissant que les *Psaronius* avaient dû porter des frondes de *Pecopteris*, à fructifications d'*Asterotheca* ou de *Scolecopteris*[3], et qu'il fallait par conséquent les classer parmi les Marattiacées; ils diffèrent toutefois des formes vivantes de cette famille, ainsi que l'a fait remarquer M. Renault[4], par la constitution particulière de leurs cordons foliaires, formés d'une bande libéroligneuse unique pliée en gouttière et non d'une série de cordons indépendants; à cet égard ils rappellent plutôt certaines Cyathéacées, notamment les *Dicksonia*; il faut évidemment les considérer comme constituant, dans la famille des Marattiacées, une tribu particulière, complètement éteinte aujourd'hui.

Section I. — *Psaronii polystichi.*

Cette section, la plus nombreuse, comprend les *Psaronius* à feuilles disposées en plusieurs séries longitudinales, à stèles réparties tout autour de l'axe de la tige; elle correspond, en un mot, aux *Caulopteris* ou *Ptychopteris* du type habituel : parmi les espèces des environs d'Autun que j'ai pu examiner, dix viennent se ranger dans cette section; elles sont toutes pourvues d'une gaîne de sclérenchyme autour de leur cylindre ligneux; mais sept d'entre elles ont des racines à tissu plein, tandis que les trois autres ont des racines lacuneuses, de sorte qu'on pourrait les séparer en deux groupes. En tête du premier viendrait le *Ps. infarctus,* représentant les *Conferti* proprement dits; puis six espèces à stèles plus ou moins serrées, mais comprenant toujours

1. *Ueber die Staarsteine,* p. 803.
2. Gœppert, *Foss. Fl. d. perm. Form.,* p. 56.
3. *Flore carb. du dép. de la Loire,* p. 79, 98.
4. *Cours de bot. foss.,* III, p. 149.

entre elles des bandes sclérenchymateuses, c'est-à-dire possédant les caractères des *Muniti* de M. Renault; ce sont les *Ps. bibractensis, Ps. Bureaui, Ps. Landrioti, Ps. Faivrei, Ps. rhomboidalis* et *Ps. coalescens.* Le *Ps. Demolei* et le *Ps. espargeollensis,* qui sont en tête du deuxième groupe, offrent du reste ces mêmes caractères, et à ce titre ils pourraient encore être rattachés aux *Muniti,* mais leurs racines ont l'écorce interne lacuneuse; de plus les stèles périphériques y sont moins spécialisées, moins différentes des stèles de la région centrale, que chez les espèces du premier groupe.

Quant au *Ps. augustodunensis,* d'après la figure qui en a été publiée par MM. Stenzel et Gœppert, il n'aurait qu'une gaîne sclérenchymateuse périphérique, sans bandes sclérenchymateuses internes; il représente à Autun le groupe des *Verticillati,* dans lequel, comme je l'ai déjà dit plus haut, il faudrait également classer les *Ps. Demolei* et *Ps. espargeollensis* si l'on croyait devoir attribuer moins d'importance à la présence de bandes sclérenchymateuses entre les stèles de la périphérie et celles de la région centrale qu'à la constitution de l'écorce interne des racines.

PSARONIUS INFARCTUS. Unger.

(Pl. XV, fig. 1 à 4; Pl. XVI, fig. 1 à 9.)

1832. **Psaronius helmintholithus.** Cotta, *Dendrolithen,* p. 31-32 *(pars),* pl. VI, fig. 3; pl. A, fig. 2.
1841. **Psaronius infarctus,** Unger, *in* Endlicher, *Gen. plant.,* Suppl. II, p. 4. Corda, *Beitr. z. Fl. d. Vorw.,* p. 99, pl. XXXIV, fig. 4-5. Stenzel, *Ueber die Staarst.,* p. 831, pl. 38, fig. 6; *in* Gœppert, *Foss. Fl. d. perm. Form.,* p. 57 *(pars?),* (an var. *quinquangulus,* pl. V, fig. 1, 2 ?). Schimper, *Trait. d. pal. vég.,* I, p. 721, pl. LVI, fig. 4-5. Renault, *Cours bot. foss.,* III, p. 143, pl. 25, fig. 1, 2, (an fig. 4?); (an *Fl. foss. du terr. houiller de Commentry,* 2ᵉ part., Atlas, p. 12, pl. LXXIV, fig.1 ?).

Description de l'espèce.

Cylindre ligneux entouré d'une *gaîne sclérenchymateuse discontinue, ouverte en regard des stèles périphériques.* Celles-ci fortement pliées ou courbées en gouttière, bien distinctes des stèles de la région centrale et formant avec les bandes foliaires une couronne autour d'elle. *Stèles de la région centrale très nombreuses, disposées sur plusieurs cercles concentriques se succédant presque*

sans intervalles libres, *ceux du pourtour séparés seulement par des cercles sembla-*
bles formés de bandes sclérenchymateuses alternant avec les bandes vasculaires.
Stèles formées de trachéides rayées sans interposition de tissu parenchyma-
teux, et *entourées d'une étroite gaîne de liber, probablement en partie sclérifié.*

Feuilles disposées en verticilles alternants plus ou moins réguliers, au
nombre de cinq à dix par verticille.

Racines d'assez petit diamètre, *à tissu cortical interne non lacuneux,* à écorce
externe sclérenchymateuse épaisse.

Le *Ps. infarctus* est l'une des espèces les plus facilement reconnaissables, par son cylindre central absolument rempli de bandes, pour la plupart libéroligneuses, alternant seulement vers le pourtour avec des bandes
sclérenchymateuses, et ne laissant entre elles, même sur des tiges à peine
déformées, comme celle de la fig. 9, Pl. XVI, aucun intervalle appréciable ;
ce développement de l'appareil conducteur est évidemment en rapport avec
le rapprochement des feuilles, dont les pétioles devaient se toucher mutuellement à leurs bases sur une même file verticale et peut-être latéralement
d'un verticille à l'autre, à en juger par le peu d'espacement des cicatrices
que montre la coupe tangentielle fig. 2, Pl. XV. Le *Ps. infarctus* semble ainsi
correspondre à diverses espèces ou formes de *Caulopteris* à cicatrices foliaires
presque contiguës, et pouvant d'ailleurs offrir aussi bien des cicatrices vasculaires fermées, comme le *Caul. peltigera,* que des cicatrices vasculaires ouvertes par le haut, comme le *Caul. Saporiæ;* en d'autres termes, plusieurs
Caulopteris spécifiquement différents, ou du moins considérés comme tels, se
trouveraient ici réunis par suite de l'identité de leur structure interne ; aussi
peut-on penser que des études ultérieures conduiront peut-être à une subdivision de ce *Ps. infarctus,* entendu aujourd'hui dans un sens assez large.

Ce rapprochement des feuilles, groupées en touffe serrée au sommet
de la tige, devait exiger, concurremment avec le développement de l'appareil conducteur, un puissant appareil de soutien. Il n'est donc pas surprenant de voir les bandes libéroligneuses alterner à diverses reprises avec des
bandes de sclérenchyme, comme le montre surtout la fig. 1, Pl. XV, sur
laquelle ces dernières sont teintées en gris, les bandes vasculaires ayant été

Remarques
paléontologiques.

laissées presque blanches. On distingue moins bien la nature de ces bandes sur les fig. 8 et 9, Pl. XV, le dessinateur ayant cherché ici à rendre plutôt l'aspect réel des échantillons qu'il avait sous les yeux; sur celui de la fig. 8, les bandes gris foncé de la moitié droite de la figure, sur 0^m,025 de largeur vers le haut et sur 0^m,020 vers le bas, sont toutes des bandes vasculaires; sur la gauche, les bandes vasculaires deviennent plus claires, et les bandes ou îlots à contour parfois irrégulier et de couleur plus foncée qui alternent avec elles sont formées de sclérenchyme. On ne voit sur cet échantillon aucune trace de la couronne de stèles périphériques et de bandes foliaires qui devrait entourer la région centrale; cette couronne a été sans doute écrasée ou détruite, et remplie peu à peu par des racines, ainsi que cela a eu lieu sur le bord gauche de la tige de *Ps. bibractensis* représentée fig. 1, Pl. XVII. Elle est en revanche très visible sur la coupe transversale (fig. 1, Pl. XV) de l'échantillon dont j'ai parlé plus haut et sur lequel j'ai pu suivre pas à pas, au moyen des coupes fig. 1 à 7, Pl. XVI, l'origine et la marche des cordons foliaires; je ne reviendrai pas ici sur ces détails d'organisa-tion, me bornant à renvoyer à ce que j'en ai dit précédemment[1].

Sur la fig. 9, les bandes grises sont des bandes vasculaires; les bandes de sclérenchyme qui alternent avec elles, sauf au voisinage du centre, sont très claires dans la région supérieure, presque noires au contraire vers le bas et sur les bords de l'échantillon. On remarquera combien ces bandes sont plus minces ici que sur les autres spécimens de la même espèce. M. Renault, qui a figuré déjà cet échantillon, l'a considéré comme une jeune tige, en faisant remarquer[2] que « le parenchyme fondamental ne s'était pas encore sclérifié autour des faisceaux ligneux de la tige. » Les bandes vas-culaires sont en effet, pour la plupart, dépourvues de cette mince gaîne propre qu'on observe, par exemple, sur le fragment de tige fig. 8 (*g*, fig. 8 B), et qui me paraît devoir être regardé comme le liber, en partie sclérifié, de ces stèles; cependant, sur quelques points de ce même échantillon

---

1. V. *supra*, p. 184 à 186.
2. *Cours de bot. foss.*, III, pl. 25, fig. 2.

fig. 9, on retrouve autour des bandes vasculaires les traces de cette gaîne, en général mal conservée, mais dans laquelle on peut distinguer çà et là des éléments aplatis encore reconnaissables. Il en est de même, au reste, sur l'échantillon de la fig. 1, Pl. XV (*g*, fig. 1 A), où quelques stèles seulement montrent encore autour de leur partie ligneuse des traces de l'enveloppe concentrique de liber. Je ne crois donc pas que cette disparition de la gaîne libérienne sur la petite tige de la fig. 9 dépende uniquement de sa jeunesse.

On peut même se demander si cette tige, qui renferme un nombre si considérable de stèles, avec un appareil de soutien si développé, est bien une tige jeune, ou si elle n'appartient pas plutôt à une espèce différente du type normal, chez laquelle le tronc aurait été plus grêle, avec des stèles de moitié plus minces, et des feuilles probablement plus petites; mais il est plus facile de poser la question que de la résoudre, l'échantillon ne présentant pas sa couronne de stèles périphériques et de cordons foliaires, qui peut-être eût fourni des caractères distinctifs.

Dans les divers échantillons dont je viens de parler, les bandes de sclérenchyme interposées entre les stèles du cylindre ligneux sont extrêmement visibles et très nettement délimitées (*s*, fig. 1 A et 3 A, Pl. XV, et fig. 8 B, Pl. XVI), et leur nature ne saurait faire l'objet d'un doute. Or, leur existence n'avait pas été signalée chez le *Ps. infarctus;* il était donc indispensable, avant de rapporter ces échantillons à cette espèce, dont ils présentaient pourtant tous les autres caractères, de s'assurer s'il n'y avait pas discordance sur ce point essentiel.

L'examen de la fig. 2, pl. XXXIV de l'ouvrage de Corda montre, il est vrai, entre les bandes vasculaires d'autres bandes *d, e,* à contour bien arrêté, séparées d'elles par des intervalles vides, ou du moins remplis par de la silice amorphe (*f*), que l'auteur a indiquées comme « moelle entre les faisceaux ligneux », mais qui semblent, tout au moins la bande *d,* constituées plutôt par du sclérenchyme que par du parenchyme à parois minces. L'étude d'une plaque de la collection Unger, qui se trouve au Muséum de Paris et qui provient du type même du savant paléontologiste autrichien, m'a prouvé qu'en effet c'étaient bien là des bandes sclérenchymateuses, de constitution identique à celle de la gaîne qui entoure le cylindre ligneux et dont la nature n'a jamais donné lieu à discussion. J'ai pu, en outre, y reconnaître, en ce qui concerne les cordons foliaires, divers détails que ne montrent ni la figure de Corda, ni celle, plus exacte cependant à beaucoup d'égards, que M. Renault a publiée, en 1883 [1], de cette plaque du Muséum. Aussi ne m'a-t-il pas paru inutile de donner ici (Fig. 38) un nouveau dessin de celle-ci, calqué directement sur l'échantillon lui-même : les bandes

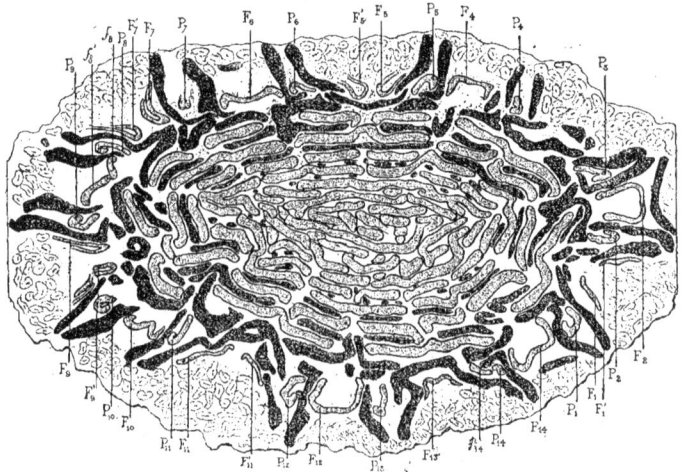

Fig. 38. — *Psaronius infarctus*. Unger. Type de l'espèce, d'après une plaque provenant de la collection Unger et faisant partie des collections du Muséum de Paris. Les bandes vasculaires sont teintées en gris clair et les bandes sclérenchymateuses en gris très foncé. P_1 à P_{14}, stèles périphériques ; F_1 à F_{14}, cordons foliaires.

vasculaires y sont teintées en gris clair, et le trait noir qui les entoure représente leur gaîne libérienne sclérifiée ; quant aux bandes de scléren-

1. *Cours de bot. foss.*, III, pl. 25, fig. 4.

chyme, elles sont représentées en gris très foncé. Le tissu parenchymateux conjonctif est presque complètement détruit, et les vides qu'a laissés sa disparition sont remplis par de la silice concrétionnée ; cependant, en quelques points, on passe, sur les bords de ces bandes de sclérenchyme, à des cellules sensiblement plus grandes, à parois plus minces, qui occupent l'étroit intervalle existant entre elles et les bandes libéroligneuses, et qui représentent évidemment des restes du tissu conjonctif parenchymateux ; le même fait s'observe d'ailleurs sur l'échantillon de la fig. 8, Pl. XVI, et atteste bien la différence de nature entre ces bandes et le tissu conjonctif qui les entourait. On voit sur la Fig. 38 que, vers le pourtour du cylindre ligneux, les bandes sclérenchymateuses sont continues et, en général, de même longueur que les stèles entre lesquelles elles sont rangées ; mais un peu plus près du centre on ne trouve plus que des îlots indépendants, les portions du tissu conjonctif situées entre les stèles de deux cercles concentriques successifs ne s'étant encore sclérifiées que par places. Dans la région tout à fait centrale il n'y avait plus que du parenchyme à parois minces, qui s'est entièrement détruit.

On distingue, dans la couronne qui borde le cylindre ligneux, les stèles périphériques en U ou en C, désignées par les lettres P_1 à P_{14} sur la Fig. 38, et les cordons foliaires F_1, F_1' à F_{14} ; on remarque que, de deux en deux, ces cordons foliaires sont constitués par une bande continue en U ou en V, comme F_2, F_4, F_6, f_8, f_6', F_{10}, F_{12}, F_{14}, tandis que les cordons impairs sont presque tous divisés en deux branches. La coupe n'a donc rencontré aucune des cicatrices de rang pair, tandis qu'elle rencontre presque toutes celles de rang impair, ce qui dénote des feuilles disposées en verticilles alternants, ainsi que l'a indiqué M. Stenzel ; seulement le nombre des feuilles de chaque verticille est de sept et non pas de huit, et cette tige aurait dû être cataloguée non pas comme *octangulus,* mais bien comme *septangulus* [1]. Il est facile de constater que tous les faisceaux d'un même verti-

---

[1]. C'est sous ce nom, du reste, ou du moins sous celui d'*heptangularis,* qu'elle a été étiquetée par M. Renault dans les collections du Muséum.

cille ne sont pas coupés à la même hauteur, ce qui prouve qu'ils étaient quelque peu obliques sur l'axe de la tige; de plus, il y avait çà et là des irrégularités assez notables, certaines feuilles se trouvant manifestement placées ou plus haut ou plus bas que leurs voisines, ainsi qu'on peut s'en assurer en examinant la disposition et la forme des bandes vasculaires correspondant à chacune d'elles. On sait, en effet, que la bande foliaire recourbe peu à peu ses bords en dedans, et que les crochets ainsi formés s'accentuent de plus en plus à mesure qu'on se rapproche du sommet de la cicatrice. On peut reconnaître, d'après cela, que, sur le verticille correspondant aux files impaires, les cicatrices 1 et 11 étaient placées plus haut que toutes les autres, les crochets des bandes F_1, F_1', F_{11}, F_{11}' étant de beaucoup les moins prononcés. La cicatrice 3 est au contraire la plus basse : le plan de coupe, ne rencontrant pas le faisceau foliaire, doit passer immédiatement au-dessus de son sommet. La cicatrice 5 est coupée dans sa région tout à fait supérieure, puisque les crochets des deux moitiés F_5, F_5', du faisceau aboutissent eux-mêmes à la cicatrice. Sur les files 7 et 9, les crochets sont moins développés, et par conséquent les cicatrices sont situées plus haut, s'élevant ainsi graduellement de 3 jusqu'à 11. En F_{13} on constate une soudure des deux crochets, que pouvait déjà faire prévoir l'extrême rapprochement des boucles F_5, F_5' : les cicatrices foliaires étaient donc fermées à leur sommet, et accompagnées alors à leur intérieur d'une bande indépendante, comme celles du *Caul. peltigera*; pour la cicatrice 13, la coupe passe entre cette bande et le sommet ; cette cicatrice est donc notablement plus basse que ses deux voisines 11 et 1, et ne se trouve pas à la place qu'elle devrait occuper si le verticille, tout en étant oblique, avait sa régularité normale ; de tels dérangements s'observent, du reste, quelquefois chez les plantes vivantes.

On peut remarquer que la stèle périphérique P_{14} vient de détacher vers l'intérieur une branche p_{14} et que la stèle P_{13} se prépare à faire de même ; la branche p_{14} et celle qui se détachera un peu plus haut de P_{13}, iront alors s'unir avec les stèles du bord du cylindre ligneux, qui viennent elles-mêmes, comme on le voit sur la figure, de se joindre par leurs bords en arrière de F_{12}. C'est exactement le même mécanisme que celui que j'ai exposé plus haut, d'après les coupes successives faites sur l'échantillon de *Ps. infarctus* de la Pl. XV, fig. 1, 2, et représentées fig. 1 à 7, Pl. XVI.

Si l'on examine de même, sur l'échantillon d'Unger, les cordons qui se dirigent vers les feuilles des files paires, on constate que, sur la file 8, la bande foliaire est en train de réunir ses deux moitiés constitutives f_8 et f'_8 ; la bande F_{10} vient de se former, mais elle tourne encore sa concavité vers l'extérieur ; la bande F_6 s'aplatit et se prépare à changer le sens de sa courbure ; les autres affectent toutes la forme normale en U à concavité tournée vers le centre.

Enfin la Fig. 38 montre la disposition régulière des stèles, tout au moins de celles qui sont les plus voisines du pourtour de la région centrale : elles sont rangées en séries parallèles derrière chacune des stèles périphériques P_1 à P_{14}, au nombre de quatorze par conséquent sur chacun des cercles concentriques successifs qu'elles forment ; seulement elles s'anastomosent çà et là en arrière des points de sortie des faisceaux foliaires, s'unissant deux à deux par leurs bords, soit sur un même cercle, soit d'un cercle à l'autre. Vers le centre, on ne saisit plus dans leur arrangement aucune loi régulière.

Il est à remarquer que, sur cet échantillon d'Unger comme sur celui de la Pl. XV, fig. 1, la gaîne du cylindre ligneux est visiblement discontinue, les bandes radiales de sclérenchyme qui séparent les faisceaux foliaires des stèles périphériques ne se soudant pas entre elles en avant de ces dernières et ne les enfermant pas, comme chez le *Ps. bibractensis,* dans des chambres sans communication avec l'extérieur. Cela paraît être un caractère spécifique d'une certaine valeur.

A d'autres égards, il semble qu'il y ait, entre le type d'Unger et l'échantillon que j'ai représenté sur la Pl. XV, une différence assez importante, je veux parler de la constitution des cicatrices : sur celui-là, comme je l'ai montré tout à l'heure, les cicatrices se ferment à leur partie supérieure, tandis que, sur le fragment de tige recueilli à Autun, elles restent ouvertes en fer à cheval. La coupe x x (Pl. XV, fig. 1) passe, il est vrai, à une certaine distance en dedans des cicatrices; mais les crochets qu'on voit aux extrémités de la bande foliaire sur la fig. 2, sont trop peu accentués et trop éloignés encore l'un de l'autre pour avoir pu se réunir ensuite sur un parcours aussi faible que celui qu'il leur restait à accomplir; d'ailleurs, les trachéides qui les constituent ne présentent pas la plus légère obliquité sur le plan de coupe, et en usant plus profondément la plaque antérieure, de manière à obtenir une coupe plus voisine de l'anneau radiculaire, on ne constate aucune tendance à un rapprochement de ces crochets; le faisceau ne soudait donc pas ses bords en un anneau continu.

Si, comme je suis porté à le croire, la constitution des cicatrices a réellement une valeur spécifique, s'il faut distinguer les formes à cicatrices toutes fermées, telles que le *Caul. peltigera,* des formes à cicatrices toutes ouvertes, telles que le *Caul. Saportæ,* le *Ps. infarctus* d'Autun que j'ai figuré ne représenterait pas la même espèce que celui d'Unger. Il semble d'ailleurs en différer par un autre caractère, à savoir la largeur plus grande de sa couronne de bandes foliaires et de stèles périphériques, et le développement plus considérable de celles-ci, qui affectent la forme d'U beaucoup plus largement ouverts; mais ces différences peuvent tenir aussi à un moindre rapprochement des feuilles, l'importance des stèles périphériques dépendant peut-être de la place plus ou moins grande qui leur était laissée entre les bandes foliaires.

Dans l'état actuel de nos connaissances, il est difficile de se prononcer d'une façon définitive sur l'identité ou la différence spécifique de tels échantillons; j'ai fait plus haut des remarques analogues au sujet de la petite tige de la fig. 9, Pl. XVI, et je serais assez disposé à voir, dans ces deux échantillons d'Autun (fig. 9, Pl. XVI, et fig. 1, 2, Pl. XV) et dans l'échantillon type d'Unger, trois espèces distinctes, n'ayant pas dû avoir les mêmes cicatrices ni porter les mêmes frondes; mais il me paraît plus prudent de réserver la question et de me borner à distinguer ces trois formes à titre seulement de variétés, en désignant celle de la fig. 9, Pl. XVI, caractérisée par ses stèles minces, comme var. *gracilis,* et celle des fig. 1 et 2, de la Pl. XV, avec ses cicatrices ouvertes, comme var. *hippocrepicus.*

Les fig. 3 et 4 de la Pl. XV, qui se rapportent encore à ce dernier, montrent les deux faces d'une section radiale indiquée sur la fig. 1 par les lignes $\lambda\lambda$, $\lambda'\lambda'$; la fig. 3 reproduit la face $\lambda\lambda$ de la coupe; la fig. 4 représente une portion de la face $\lambda'\lambda'$ vue dans un miroir, de manière à donner aux diverses parties la même orientation que sur la fig. 3. La stèle périphérique P_2 se déviant rapidement vers F_2 n'a été qu'effleurée par la coupe, et se montre au bas et vers la gauche de la fig. 3, représentée seulement par un petit arc d'ellipse de couleur presque blanche; on voit sur la droite de cette figure les stèles de la région centrale, teintées en gris très clair, alternant avec les bandes de sclérenchyme teintées en gris. Sur la gauche la coupe a rencontré les bords du faisceau qui se rend à la cicatrice la plus basse de la file 2, c'est-à-dire le faisceau marqué F_2 sur la fig. 1, ainsi que la bande de sclérenchyme qui le borde latéralement et lui constitue une gaîne; le faisceau que l'on voit au-dessus, désigné par la lettre F_2, est celui de la cicatrice supérieure de cette file, dont on aperçoit un petit arc à droite de la fig. 2, entre γ et ε, et dont la fig. 1, Pl. XVI, montre en F_2 la section horizontale.

Sur la fig. 4, ce faisceau foliaire F_2 paraît faire directement suite à la stèle la plus voisine du bord de la région centrale; mais l'examen microscopique montre, au point où il semble y avoir seulement inflexion, un changement brusque dans la direction des trachéides, indiquant l'intervention d'un autre système d'éléments, qui doit être, d'après ce qu'on a vu plus haut, une branche détachée de la stèle périphérique P_2; au-dessus, la stèle du bord de la région centrale disparaît, son bord étant dirigé obliquement par rapport au plan de la coupe. C'est par suite de cette obliquité que, sur la fig. 3, cette même stèle s'évanouit au-dessous de l'origine du faisceau F_2, après s'être montrée au bas de la coupe sur $0^m,01$ environ de hauteur. On voit sur cette figure qu'au point où le faisceau foliaire prend naissance, il vient d'y avoir une anastomose entre les stèles des deux cercles les plus extérieurs de la région centrale; c'est ce qui avait lieu également sur le fragment de tige de la fig. 5, Pl. XIX, en A'; mais, ici encore, la direction des trachéides montre que la branche qui unit les deux cercles de stèles

les plus extérieurs ne peut pas être regardée comme faisant déjà partie du cordon foliaire.

Quant à l'anneau radiculaire, la fig. 8 A en fait voir la constitution. Il est formé, entre les racines, d'un tissu conjonctif parenchymateux *p* à assez grandes cellules; mais les racines elles-mêmes sont mal conservées : il n'en reste en général que l'écorce externe sclérenchymateuse *s*; l'épaisseur de celle-ci et son faible diamètre extérieur dénotent des racines à tissu non lacuneux; malheureusement il est impossible de constater directement cette absence de lacunes, la zone corticale interne étant détruite; la stèle centrale elle-même n'est plus représentée que par quelques débris qui semblent indiquer un axe ligneux pentagonal ou hexagonal. La conservation n'est guère meilleure sur le fragment de la fig. 8, Pl. XVI, et elle est plus défectueuse encore sur l'échantillon type d'Unger.

Rapports et différences. Les tiges réunies sous le nom de *Ps. infarctus,* soit qu'on les regarde comme spécifiquement identiques, soit qu'il faille prévoir leur séparation ultérieure en espèces distinctes, diffèrent de celles qui vont suivre par la constitution plus dense de leur cylindre ligneux, formé de stèles et de bandes sclérenchymateuses étroitement pressées les unes contre les autres. De plus, comme je l'ai déjà fait remarquer, la gaîne de sclérenchyme qui entoure le cylindre ligneux est toujours interrompue en regard des stèles périphériques, ce qui n'a pas lieu, par exemple, chez le *Ps. bibractensis.*

Synonymie. La seule observation que j'aie à faire sur la synonymie se rapporte au doute que j'ai exprimé relativement à l'identité du *Ps. infarctus,* var. *quinquangulus,* avec la forme type. D'une part, les figures qui ont été publiées de cette variété par M. Stenzel, et dont l'une a été reproduite par M. Renault, indiquent une gaîne sclérenchymateuse absolument continue, parfaitement fermée devant chacune des stèles périphériques; d'autre part, il ne paraît pas qu'il y ait de bandes de sclérenchyme interposées entre les stèles de la région centrale. Enfin les stèles périphériques semblent beaucoup moins spécialisées, beaucoup moins différentes, comme forme et comme position, de celles de la région centrale, que sur les échantillons qui viennent d'être étudiés. Il se pourrait toutefois, bien que cela me paraisse infiniment peu vraisemblable, que la nature des bandes sclérenchymateuses internes eût été méconnue par M. Stenzel comme elle l'avait été par Corda, et qu'une étude ultérieure fît disparaître l'une des différences principales qui semblent devoir séparer cette forme du type normal. C'est pour ce seul motif que je l'ai laissé figurer dans la liste synonymique, alors qu'il eût été peut-être plus rationnel de la rayer.

Je me suis abstenu, par contre, de mentionner dans cette liste la figure d'un échantillon d'Autun publié par M. Renault dans la 2ᵉ partie de la *Flore fossile du terrain houiller de Commentry* sous le nom de *Ps. infarctus,* var. *decangulus.* Cet échantillon, bien que voisin du *Ps. infarctus,* me paraît constituer une espèce distincte, qui sera décrite plus loin comme *Ps. Landrioti.*

On ignore d'où vient l'échantillon type d'Unger; mais le *Ps. infarctus* a été signalé par Corda comme reconnu notamment à Chemnitz en Saxe, et à Neu-Paka en Bohême.

Provenance.

Il ne paraît pas très rare dans les gisements de végétaux silicifiés du Permien de l'Autunois; je citerai, par exemple, le Champ de la Justice, où M. Faivre avait recueilli l'échantillon que j'ai décrit comme var. *hippocrepicus.*

PSARONIUS BIBRACTENSIS. Renault.

(Pl. XVII, fig. 1 à 4; Pl. XVIII, fig. 1 à 3.)

1883. **Psaronius bibractensis**. Renault, *Cours de bot. foss.,* III, p. 142, pl. 26, fig. 2.
1883. **Psaronius Demolei**. Renault, *ibid.,* p. 143 (*pars*), pl. 26, fig. 1 (*non* pl. 25, fig. 3).

Cylindre ligneux entouré d'une *gaîne sclérenchymateuse continue,* toujours *fermée en regard des stèles périphériques* et fermée également *en regard des faisceaux foliaires,* soit devant, soit derrière eux. Stèles périphériques fortement arquées en gouttière, bien distinctes des stèles de la région centrale, et formant avec les bandes foliaires une couronne autour de celle-ci. *Stèles de la région centrale très nombreuses, disposées sur plusieurs cercles concentriques non contigus, ceux du pourtour séparés par des cercles* semblables formés *de bandes*

Description de l'espèce.

sclérenchymateuses, interposées entre les bandes vasculaires. Stèles offrant à leur pourtour une étroite gaîne libérienne, le plus souvent détruite.

Feuilles probablement disposées en verticilles alternants, *assez écartées* les unes des autres; *cicatrices* correspondant aux faisceaux foliaires elliptiques, *ouvertes par le haut, à extrémités fortement repliées en crochet* vers l'intérieur.

Racines d'assez petit diamètre, *à tissu cortical interne non lacuneux*, à écorce externe sclérenchymateuse épaisse.

Remarques paléontologiques. Les fig. 1, Pl. XVII, et fig. 1, Pl. XVIII, montrent l'une la coupe transversale, l'autre la face latérale de l'échantillon qui a servi de type à M. Renault pour la création de cette espèce. La fig. 1, Pl. XVII, diffère toutefois quelque peu de celle qu'il a publiée, celle-ci ayant été faite d'après une plaque de $0^m,01$ d'épaisseur détachée du fragment de tige en question, tandis que celle que je donne représente la face supérieure du morceau principal; le plan de coupe se trouve ainsi un peu plus bas, d'environ 11 ou 12 millimètres, que celui auquel correspond le dessin de M. Renault. La fig. 1 *a* reproduit à l'échelle de 1/8° l'ensemble de la section, le cylindre ligneux ayant pu seul être compris sur la fig. 1, faite de grandeur naturelle.

Sauf les cassures accidentelles des bords, comme en F_2, ou les déchirures résultant de l'écrasement de la face latérale de gauche, la gaîne de sclérenchyme apparaît, en coupe transversale, absolument continue, aussi bien en regard des bandes foliaires que des stèles périphériques. Les fig. 2 et 3 de la Pl. XVIII font mieux comprendre encore ce caractère, qui semble propre au *Ps. bibractensis* et que j'ai retrouvé sur tous les autres échantillons de cette espèce que j'ai eus entre les mains : on voit sur ces figures que, lorsque la gaîne s'interrompt ou va s'interrompre pour laisser sortir la bande foliaire, à laquelle il faut nécessairement livrer passage, une liaison s'est déjà établie au moyen de bandes radiales de sclérenchyme, à droite et à gauche du faisceau foliaire, entre la gaîne externe et la première bande sclérenchymateuse interne, interposée entre la région centrale et la couronne : ainsi la gaîne qui, sur la coupe fig. 2, est fermée en avant du faisceau F_2, apparaît sur la coupe fig. 3, faite à $0^m,04$ plus haut, interrompue en avant de ce même faisceau, mais refermée derrière lui, comme elle l'est sur la fig. 2 derrière le faisceau $F_1 F_1'$. En d'autres termes les mailles ouvertes, l'une pour la formation du faisceau, dans l'anneau sclérenchymateux qui sépare la couronne de la région centrale, l'autre dans la gaîne externe, pour la sortie de ce même faisceau, sont disposées de telle façon que le sommet de la première n'arrive pas à la hauteur de la base de la seconde, le faisceau très oblique cheminant quelque temps dans un compartiment clos de toutes parts (F_2, F_4, F_6, fig. 1, Pl. XVII); ainsi, quelle que soit la position du plan de coupe, une section transversale montrera toujours le cylindre ligneux enveloppé dans une bande ininterrompue de sclérenchyme.

On voit sur la fig. 1, Pl. XVII, en dedans de la gaîne externe, quatre cercles successifs de bandes de sclérenchyme, mais le dernier formé de bandes plus grêles et moins continues; plus à l'intérieur il y a encore çà et là quelques îlots sclérenchymateux mal délimités; en divers points, des bandes radiales établissent des liaisons entre un cercle et le suivant, de telle sorte que l'ensemble de cet appareil de soutien, ainsi entretoisé en quelque sorte, devait offrir une rigidité et une solidité considérables. Ces tiges semblent du reste avoir atteint des dimensions plus fortes que celles d'aucune autre espèce, car un échantillon d'Autun, qui se trouve au Muséum, montre un fragment légèrement aplati d'un cylindre ligneux réduit à sa région centrale, mesurant $0^m,20$ de diamètre suivant son grand axe et $0^m,13$ suivant le petit, bien qu'il soit dépourvu de sa couronne de stèles périphériques et de bandes foliaires, et qu'il ne semble même pas s'étendre jusqu'à la limite interne de cette couronne, à en juger par le petit nombre d'anneaux discontinus de sclérenchyme qu'il présente vers son pourtour.

J'ai établi plus haut (p. 184) la distinction des bandes vasculaires en V ou en U qui forment la couronne de la fig. 1, Pl. XVII, en stèles périphériques (P_1 à P_7) et en faisceaux foliaires (F_2 à F_6), et je n'y reviendrai pas ici. Le cylindre ligneux se trouvant, sur le quart environ de son pourtour, dépouillé de son anneau radiculaire, c'est-à-dire ramené à la forme *Ptycho-*

pteris, on voit à sa surface (fig. 1, Pl. XVIII), entre les files de cicatrices, les
petites cicatricules correspondant à la sortie des racines issues des stèles
périphériques P_3, P_4; la fig. 3, Pl. XVII, montre en *r* la naissance du faisceau ligneux d'une de ces racines. La fig. 1, Pl. XVIII, fait voir en outre
l'espacement des cicatrices, et les sortes de coussinets saillants, amincis en
pointe vers le bas (F_2, F_4), que forme au-dessous de chacune d'elles la portion de la gaîne comprise entre les bandes radiales qui séparent chaque
faisceau des deux stèles périphériques situées sur ses côtés.

La cicatrice F_3 correspondant au faisceau foliaire n'était pas naturellement visible, la surface étant en ce point très irrégulièrement cassée,
mais il a été facile de la faire apparaître, en polissant le fond du sillon dans
lequel elle se trouvait; elle affecte, comme on le voit, la forme d'une ellipse
assez allongée, ouverte par le haut, avec les bords de la bande vasculaire
fortement repliés en crochets vers l'intérieur. Ce reploiement des bords se
voit également sur la coupe transversale d'un autre fragment de tige,
en F_1, F_1' (fig. 2, Pl. XVIII), la section passant au-dessus du milieu de la
cicatrice. Sur la fig. 1, Pl. XVIII, cette cicatrice vasculaire est entourée,
comme chez les *Ptychopteris*, d'une cicatrice externe elliptique, qui représente le contour de la masse de parenchyme accompagnant le faisceau et
limitée à la gaîne sclérenchymateuse externe du cylindre ligneux.

On voit sur la fig. 1 de la Pl. XVII qu'en arrière du faisceau foliaire F_3,
qui vient de sortir au-dessous du plan de coupe, deux des stèles de la région
centrale s'anastomosent bord à bord et que la bande qui les réunit commence à se porter en avant pour s'unir aux deux stèles périphériques P_3,
P_4, ou plus exactement aux branches qui vont se détacher d'elles; c'est ce
qu'on voit se réaliser au sommet de la fig. 1 et sur les fig. 2 et 3, pour la
formation du faisceau F_1, ainsi que je l'ai indiqué plus haut[1]. Avant de
s'anastomoser mutuellement bord à bord, les stèles du pourtour de la région
centrale avaient dû, comme on l'a déjà vu chez le *Caulopteris endorhiza*
(Pl. XIX, fig. 5, A') et chez le *Ps. infarctus*, s'unir elles-mêmes aux stèles

1. V. *supra*, p. 186.

internes les plus rapprochées d'elles : c'est ainsi que sur la fig. 1, Pl. XVII, on voit, en arrière de F_6, une des stèles du deuxième rang s'avancer par son bord, après anastomose avec sa voisine, entre les deux stèles du premier rang. Sur la fig. 4, qui représente une coupe faite à $0^m,011$ ou $0^m,012$ plus haut, cette branche issue de l'union des stèles du deuxième rang va s'unir avec les stèles du premier rang situées derrière les stèles périphériques P_6 et P_7; mais cette anastomose, bien que destinée à jouer son rôle plus tard dans la formation d'un nouveau faisceau F_6, ne représente pas encore le commencement de ce faisceau, qui ne prendra naissance que plus haut, après la sortie du faisceau F_6 actuel, et avec le concours des stèles périphériques P_6, P_7, lesquelles, pour le moment (fig. 1 et 4), se préparent à fournir des éléments pour la constitution des faisceaux de rang impair F_4 et F_7.

De même que chez le *Ps. infarctus,* on remarque ici que tous les faisceaux foliaires de rang pair sont encore enfermés à l'intérieur du cylindre ligneux, les interruptions que présentent quelques-uns d'entre eux, comme F_4 (fig. 1, Pl. XVII) ou F_6 (fig. 4) provenant évidemment de déchirures accidentelles; au contraire tous les faisceaux de rang impair sont sortis au-dessous du plan de coupe et il va s'en former une nouvelle série. Aussi, bien qu'on ne puisse, à cause de l'écrasement de la face de gauche, compter les séries foliaires, me paraît-il évident que les feuilles étaient disposées en verticilles légèrement obliques sur l'axe de la tige.

Au point de vue de la structure individuelle de ses éléments constitutifs, le *Ps. bibractensis* ne donne lieu à aucune observation importante : à l'intérieur du cylindre ligneux, le tissu conjonctif, sur tous les échantillons que j'ai pu voir, est presque entièrement détruit, il n'en reste du moins que des traces des plus vagues. Il en est de même en général de la gaine libérienne des bandes vasculaires; cependant, autour de quelques-unes de celles-ci on distingue des éléments aplatis, semblables à ceux qui se montrent à cette même place chez le *Ps. infarctus,* mais à parois plus minces.

Le tissu parenchymateux conjonctif de l'anneau radiculaire est aussi très mal conservé; il se montre, notamment sur l'échantillon type, criblé de perforations très petites, indiquant l'action destructive de certains micro-organismes. La plupart des racines sont réduites à leur écorce externe, sclérenchymateuse, qui forme un anneau assez épais. A l'intérieur de quelques-unes d'entre elles, on observe encore le cylindre central, réduit à ses éléments vasculaires, et offrant, en coupe transversale, la forme d'une étoile à cinq ou six rayons confluents vers le centre.

Comparé au *Ps. infarctus,* le *Ps. bibractensis* se distingue facilement par l'écartement très sensible des cercles successifs de bandes vasculaires et de bandes sclérenchymateuses qui constituent son axe ligneux; il a en outre les cicatrices foliaires beaucoup plus espacées.

Il se rapproche davantage des trois espèces dont la description va suivre, mais il en diffère par la continuité absolue que présente, en coupe transversale, la gaîne de sclérenchyme qui entoure son cylindre ligneux.

L'examen attentif d'un des échantillons figurés par M. Renault sous le nom de *Ps. Demolei* m'a montré qu'il ne différait du *Ps. bibractensis* par aucun caractère appréciable : les deux arcs vasculaires, tels que celui qui est marqué *a* sur la figure de cet échantillon représentent, non pas des faisceaux foliaires, mais des stèles périphériques; entre ces deux arcs, en dehors de la gaîne générale du cylindre ligneux, on voit une moitié d'un faisceau foliaire mal conservé, à peu près semblable à l'une des branches F_1 ou F_1' de la fig. 2, Pl. XVIII. Enfin, sur le bord de la plaque, à droite de la stèle *a*, on aperçoit une portion d'un faisceau en U semblable à F_6 de la fig. 1, Pl. XVII. D'autre part, les racines avaient évidemment leur tissu cortical interne plein, comme celles du *Ps. bibractensis,* tandis que chez le *Ps. Demolei,* ainsi qu'on le verra plus loin, ce tissu est lacuneux.

Gisements permiens des environ d'Autun, notamment au Champ de la Justice.

PSARONIUS BUREAUI. n. sp.

(Pl. XX, fig. 4.)

Cylindre ligneux entouré d'une *gaîne sclérenchymateuse discontinue, fermée en avant des stèles périphériques,* mais souvent *ouverte en regard des faisceaux foliaires,* à la fois devant et derrière eux. Stèles périphériques fortement arquées en gouttière, distinctes des stèles de la région centrale et formant avec les bandes foliaires une couronne autour de celle-ci. *Stèles de la région centrale nombreuses, assez grêles, disposées sur plusieurs cercles concentriques non contigus, ceux du pourtour comprenant entre eux un certain nombre de bandes sclérenchymateuses* interposées entre les bandes vasculaires.

Faisceaux foliaires affectant, avant leur sortie, *la forme de gouttières largement ouvertes.* Feuilles probablement disposées en hélice.

Racines de petit diamètre, à tissu cortical interne non lacuneux.

Je ne connais de cette espèce qu'un seul fragment de tige, qui fait partie des collections du Muséum de Paris et qui a été scié en deux plaques, respectivement épaisses de 13 et de 25 millimètres; la fig. 4 de la Pl. XX représente la face polie de cette dernière.

On voit que la gaîne de sclérenchyme qui entoure le cylindre ligneux ne se referme derrière les faisceaux foliaires que lorsque ceux-ci sont déjà presque complètement sortis : elle se montre en effet interrompue soit sur les bords, soit en arrière des deux bandes foliaires F_1, F_3, F_3', bien que cette dernière soit déjà ouverte en avant et divisée en deux arcs, la coupe rencontrant la partie inférieure de la cicatrice à laquelle elle aboutit; on remarque en même temps la forme en U très largement ouvert qu'affecte cette bande F_3, F_3'; ensuite la bande foliaire repliait ses bords en crochets vers l'intérieur, ainsi qu'on le voit en F_2, F_2'; mais il est impossible de s'assurer si, plus haut encore, ces deux crochets se soudaient l'un à l'autre pour donner naissance à une branche intérieure ou s'ils restaient indépendants, c'est-à-dire si les cicatrices étaient fermées, ou bien ouvertes à leur partie supérieure.

La bande foliaire F_1 vient de se constituer, car sa région médiane est encore légèrement concave vers l'extérieur, et ses deux bords sont encore très voisins des stèles périphériques P_1, P_2, qui ont contribué à sa formation. Le faisceau F_3 est coupé beaucoup plus haut, ainsi que l'attestent son épanouissement et sa division en deux branches. La grande différence qui existe à cet égard entre ces deux faisceaux, tous deux de rang impair, ne permet guère de penser que les feuilles aient été, comme chez les deux

Remarques
paléontologiques.

espèces qui précèdent, rangées en verticilles alternants; il est beaucoup plus probable qu'elles étaient disposées en spirale.

Les stèles de la région centrale sont toutes très minces, ainsi que les bandes de sclérenchyme interposées entre elles vers le pourtour de cette région; sur aucune de ces stèles on ne distingue plus la moindre trace des éléments libériens.

Les racines sont assez mal conservées : on ne retrouve que sur un petit nombre d'entre elles des indices de l'axe central, qui paraît avoir eu quatre ou cinq rayons; l'écorce interne a le plus souvent disparu, mais il est certain, d'après le peu qu'il en reste, comme d'après le faible diamètre de ces racines et l'épaisseur relative de leur écorce externe sclérenchymateuse, qu'elles étaient dépourvues de lacunes aérifères. Le tissu conjonctif parenchymateux de l'anneau radiculaire a été un peu mieux préservé, bien qu'il présente des indices de décomposition semblables à ceux que j'ai signalés chez le *Ps. bibractensis*.

Rapports
et différences.
Le *Ps. Bureaui* ressemble à beaucoup d'égards au *Ps. bibractensis;* mais il s'en distingue par la discontinuité de sa gaîne de sclérenchyme, par l'épaisseur beaucoup moindre de ses bandes vasculaires, par la forme de ses faisceaux foliaires, plus arrondis et plus largement ouverts du côté interne, enfin par la disposition vraisemblablement spiralée de ses feuilles. Ces deux derniers caractères surtout ne peuvent être attribués à des différences dans l'âge ou dans les conditions d'existence de la plante et obligent à considérer cet échantillon comme une espèce nouvelle, distincte de la précédente. J'ai été heureux de la dédier à M. Ed. Bureau, professeur au Muséum d'histoire naturelle, à qui je dois, en même temps qu'à M. B. Renault, d'avoir pu étudier et faire figurer un si grand nombre d'échantillons faisant partie des collections confiées à leurs soins.

Le *Ps. Bureaui* diffère d'autre part du *Ps. Landrioti* parce que ses bandes vasculaires et sclérenchymateuses sont notablement moins nombreuses et moins serrées, et parce que sa gaîne de sclérenchyme est toujours nettement continue en avant des stèles périphériques.

Enfin, comparé au *Ps. Faivrei*, il se distingue par les stèles de sa région centrale beaucoup plus grêles, par ses faisceaux foliaires plus largement ouverts en U vers l'intérieur, et par ses feuilles rangées en spirale.

Gisements permiens des environs d'Autun.   Provenance.

PSARONIUS LANDRIOTI. n. sp.

(Pl. XVIII, fig. 4 à 7.)

1890. **Psaronius infarctus**, var. *decangulus.* Renault *(non* Corda), *Fl. foss. du terr. houiller de Commentry,* 2e part., Atlas, p. 7, pl. LXIII, fig. 7.

Cylindre ligneux entouré d'une *gaine sclérenchymateuse discontinue, interrompue, non seulement en regard des faisceaux foliaires, mais parfois aussi en avant des stèles périphériques.* Stèles périphériques arquées en gouttière, distinctes de celles de la région centrale et formant avec les faisceaux foliaires une couronne autour de celle-ci. *Stèles de la région centrale très nombreuses, disposées sur plusieurs cercles concentriques très rapprochés,* mais *non contigus, ceux du pourtour séparés par des cercles* semblables formés *de bandes sclérenchymateuses* interposées entre les bandes vasculaires. Gaîne libérienne de ces stèles très mince, le plus souvent complètement détruite.   Description de l'espèce.

Faisceaux foliaires affectant, avant leur sortie, *la forme de bandes à courbure assez faible. Cicatrices* correspondant à ces faisceaux *elliptiques, ouvertes par le haut, à extrémités repliées en crochet vers l'intérieur.*

Racines d'assez petit diamètre, à tissu cortical interne non lacuneux.

J'ai eu entre les mains deux échantillons de cette espèce, l'un donné jadis au Muséum d'histoire naturelle par Mgr Landriot, l'autre donné à l'École des mines par M. Faivre; tous deux proviennent manifestement de la même tige, mais ils ont été pris à des hauteurs quelque peu différentes. Sur l'un comme sur l'autre on ne remarque à la périphérie qu'un très petit nombre de racines, ce qui donnerait à penser que le fragment de tige dont ils faisaient partie devait être rapproché du sommet, et n'avait pas encore eu le temps de s'entourer d'un anneau radiculaire plus épais.   Remarques paléontologiques.

Les bandes vasculaires de la région centrale et les bandes de sclérenchyme qui leur sont interposées vers le pourtour sont assez régulièrement rangées en séries les unes derrière les autres, chaque série limitée latéralement aux rayons qui correspondent aux files de feuilles, et se terminant à l'extérieur par une stèle périphérique, nettement différente de celles qui la précèdent par sa courbure beaucoup plus forte. Au centre cependant l'arrangement n'est plus aussi régulier, les bandes vasculaires y étant plus fortement ondulées et s'anastomosant sans ordre apparent les unes avec les autres. Toutes ces bandes de la région centrale, soit vasculaires, soit sclérenchymateuses, sont très rapprochées les unes des autres, mais pourtant elles laissent toujours entre elles un intervalle libre au moins égal à leur propre épaisseur. On constate du reste, surtout sur l'échantillon du Muséum, que la tige a été assez fortement aplatie, et cette déformation a certainement contribué dans une assez large mesure au rapprochement de ces bandes, évidemment plus écartées originairement, c'est-à-dire lorsque la tige n'était pas comprimée. A la périphérie de quelques-unes des stèles on distingue une gaîne excessivement étroite, formée d'éléments à peine discernables, tant ils sont fortement aplatis ; elle représente la portion libérienne de ces stèles, mais le plus ordinairement il ne reste aucune trace de celles-ci.

La gaîne de sclérenchyme qui entoure le cylindre ligneux se montre assez irrégulièrement discontinue, si bien qu'on peut se demander si les interruptions qu'elle présente en certains points ne tiennent pas simplement à une destruction de ses éléments : c'est ainsi, par exemple, qu'elle semble s'évanouir en avant de la stèle périphérique P_4 (Pl. XVIII, fig. 4), alors qu'une coupe parallèle (fig. 5) faite 6 ou 7 millimètres plus haut la montre parfaitement continue tout autour de cette même stèle. En revanche sur d'autres points, autour de la stèle P_4 par exemple, l'interruption réelle de la gaîne ne semble guère douteuse.

Les stèles périphériques jouent ici, pour la formation des faisceaux foliaires, le rôle qui a été indiqué plus haut ; il semble seulement que l'anastomose avec les stèles de la région centrale se fasse par une extension de leurs bords latéraux plutôt que par une branche oblique détachée à cet effet : ainsi l'on voit sur la fig. 4 la stèle périphérique P₆ s'unir directement par son bord avec une bande vasculaire formée évidemment par l'anastomose de deux stèles du pourtour de la région centrale, et constituer ainsi une bande continue f_3, qui va devenir indépendante, comme le montre la coupe fig. 5 faite 6 ou 7 millimètres plus haut, et qui sera le faisceau foliaire F_3 ; cette dernière coupe n'ayant été poussée qu'à une faible distance du bord, la fig. 5 ne reproduit en traits pleins que les parties qu'elle a réellement mises à nu, les traits ponctués indiquant le prolongement présumé de ces diverses bandes vers l'intérieur.

Le faisceau foliaire, d'abord concave vers l'extérieur, comme on le voit pour le faisceau F_3 sur les fig. 4 et 5 et pour le faisceau F_2 sur la fig. 4, change ensuite de courbure, ainsi qu'on le voit pour ce même faisceau F_3 sur la coupe partielle fig. 7 faite 6 ou 7 millimètres plus haut; ce faisceau se montre en même temps séparé des stèles périphériques qui lui ont donné naissance par des bandes radiales de sclérenchyme, mais celles-ci ne semblent pas se replier en avant de ces stèles périphériques; la même coupe a rencontré un faisceau r issu évidemment de la stèle P_2 et qui va former l'axe central d'une racine.

La figure 6 reproduit une coupe longitudinale faite suivant $\alpha\alpha$ de la fig. 4, mais arrêtée au plan de la coupe partielle fig. 7, c'est-à-dire à 6 ou 7 millimètres au-dessus de la section transversale fig. 4; elle montre la coupe du faisceau F_2, affectant la forme d'une ellipse ouverte par le haut, et repliant fortement ses bords vers l'intérieur. La cicatrice n'était donc pas fermée, car les bords repliés du faisceau ne pouvaient certainement pas se réunir et se souder dans le très court trajet qui lui restait à faire encore avant d'aboutir à la cicatrice. Les bandes qu'on voit sur cette figure entre les deux branches de la cicatrice représentent des sections longitudinales de racines rencontrées ou effleurées par le plan de coupe.

Quant à l'arrangement des feuilles, il n'est guère possible de juger si elles devaient être spiralées ou verticillées.

Le *Ps. Landrioti* se distingue des *Ps. bibractensis* et *Ps. Bureaui*, ainsi que du *Ps. Faivrei*, par le rapprochement des bandes vasculaires ou scléren- Rapports et différences.

chymateuses qui constituent son cylindre ligneux et par les interruptions que présente souvent, en regard des stèles périphériques, la gaîne sclérenchymateuse de ce cylindre; Il se rapproche d'autre part du *Ps. Faivrei* par la façon dont les stèles périphériques s'anastomosent avec celles de la région centrale pour former les faisceaux foliaires, l'union paraissant se faire par la soudure directe des bords de ces stèles et non par l'intermédiaire d'une branche oblique, comme chez le *Ps. bibractensis* et le *Ps. infarctus.*

Comparé à ce dernier, auquel il ressemble aussi beaucoup et auquel il a même été rapporté par M. Renault, il se distingue par ses bandes non contiguës, bien qu'assez rapprochées, et aussi par ce fait que la gaîne de sclérenchyme n'est pas, comme chez le *Ps. infarctus,* régulièrement ouverte en avant des stèles périphériques, caractère qui me paraît avoir une réelle valeur; les lames de sclérenchyme situées vers le pourtour de la région centrale sont plus régulières et plus continues; de plus, le faisceau foliaire semble, comme je l'ai déjà fait remarquer, se constituer ici par une union plus directe des stèles périphériques avec les stèles de la région centrale, en ce sens que la bande d'anastomose ne semble pas se dégager aussi nettement ici que chez le *Ps. infarctus.* La cicatrice correspondant à la bande foliaire semble également quelque peu différente, mais j'ai fait remarquer que l'on trouve des différences plus grandes encore chez les diverses formes réunies sous le nom de *Ps. infarctus.* Enfin les éléments libériens paraissent avoir été moins résistants que chez ce dernier, car on n'en retrouve presque plus de traces à la périphérie des stèles.

Synonymie. L'échantillon dont M. Renault a donné une reproduction phototypique à la Pl. LXIII, fig. 7, de la *Flore fossile du terrain houiller de Commentry,* n'est autre que la contre-partie de celui que je représente sur la fig. 4 de la Pl. XVIII; je viens d'indiquer les motifs pour lesquels cette tige ne me semble pas pouvoir être attribuée au *Ps. infarctus.*

Provenance. Gisements permiens des environs d'Autun.

PSARONIUS FAIVREI. n. sp.

(Pl. XIX, fig. 1 à 3.)

Cylindre ligneux entouré d'une *gaîne sclérenchymateuse discontinue, fermée en avant des stèles périphériques,* mais souvent *ouverte en regard des faisceaux foliaires.* Stèles périphériques fortement arquées ou pliées en gouttière, formant avec les bandes foliaires une couronne assez nette autour de la région centrale. *Stèles de la région centrale nombreuses,* rapprochées, *s'anastomosant assez irrégulièrement,* comprenant entre elles, *vers le pourtour, un seul cercle de bandes sclérenchymateuses.*

Faisceaux foliaires affectant, avant leur sortie, *la forme de gouttières assez étroites. Feuilles disposées en verticilles alternants.*

Racines d'assez petit diamètre, à écorce externe sclérenchymateuse relativement épaisse.

Les fig. 1 à 3 de la Pl. XIX représentent trois coupes successives, celles des fig. 2 et 3 très rapprochées, faites dans une plaque de 0^m,03 d'épaisseur provenant de la collection de M. Faivre et donnée par lui à l'École des Mines.

On remarque, sur ces diverses figures, qu'en outre de l'anneau sclérenchymateux qui sépare la couronne de la région centrale et qui forme une partie de la gaîne externe, il n'y a dans la région centrale elle-même qu'un seul cercle de bandes de sclérenchyme ; mais peut-être le nombre de ces cercles dépendait-il de l'âge et du diamètre des tiges. Les stèles de cette région centrale s'anastomosent assez irrégulièrement, comme le montre surtout la fig. 1, et ne semblent pas aussi nettement rangées en séries derrière les stèles périphériques que chez les espèces précédemment examinées. Sur aucune d'entre elles on ne discerne plus la moindre trace des éléments libériens.

L'échantillon ayant été scié à une hauteur convenable, les deux faces du trait de scie, distantes l'une de l'autre d'un millimètre environ, ont montré les anastomoses des stèles périphériques et des stèles de la région

Description de l'espèce.

Remarques paléontologiques.

centrale qui donnent naissance au faisceau foliaire F_4. Sur la plus basse de ces sections, fig. 3, on voit les stèles C, C′ de la région centrale et les stèles périphériques P_4 et P_5 s'anastomoser bords à bords, donnant ainsi une figure en forme d'H; la barre transversale F_4 est l'origine du faisceau foliaire; la gaîne de sclérenchyme est déjà interrompue devant lui. Sur l'autre face du trait de scie, fig. 2, les deux stèles de la région centrale sont redevenues indépendantes, tandis que la bande foliaire demeure encore liée aux deux stèles P_4 et P_5. A 16 millimètres au-dessus (fig. 1), le faisceau foliaire est devenu libre, et des bandes radiales de sclérenchyme le séparent des deux stèles P_4 et P_5, en attendant que la gaîne sclérenchymateuse du cylindre ligneux se referme peu à peu derrière lui, comme elle le fait derrière les faisceaux impairs F_1, F'_1, F_3, F'_3, F_5, F'_5 de la même figure.

Les bandes foliaires, d'abord très faiblement convexes en dehors, comme F_4, fig. 1, se plient peu à peu en gouttière assez étroite, affectant en coupe la forme d'un U à branches allongées, ainsi que le montre la fig. 2 pour F_1, puis elles aboutissent à l'extérieur, et l'on peut suivre leurs modifications sur les figures 1 à 3, les coupes que celles-ci représentent rencontrant à diverses hauteurs les cicatrices de rang pair. Les bords internes de la bande foliaire se replient peu à peu en crochets F_3, F'_3 (fig. 2 et 1), et F_1, F'_1 (fig. 1); en F_5, F'_5 de la fig. 1, ces crochets sont seuls visibles, et il ne reste que des traces mal conservées de la portion externe de ces bandes, qui, autrement, donneraient sur cette coupe une figure semblable à F_1, F'_1 de la fig. 2, Pl. XVIII. Il est impossible de dire positivement si, plus haut, la cicatrice finissait par se refermer, mais cela semble fort peu probable, vu l'écartement de ces deux branches F_5, F'_5.

On remarque, sur les trois sections figurées, que les faisceaux foliaires portant des numéros impairs aboutissent tous à des cicatrices, tandis que ceux de rang pair sont seulement en voie de formation; d'autre part, il semble qu'on ait sous les yeux juste la moitié de la section transversale de la tige, et que celle-ci ait dû posséder cinq autres files de feuilles de l'autre côté du petit diamètre mené un peu à gauche des bandes F_4, F'_4 de la fig. 1. Il y aurait donc eu dix séries longitudinales de feuilles, et celles-ci auraient été disposées en verticilles alternants, légèrement obliques, de cinq feuilles chacun.

Les racines sont assez mal conservées : on n'y discerne plus que quelques traces du faisceau central ; mais il est permis, d'après l'épaisseur de l'écorce externe et le peu d'espace correspondant à l'écorce interne, de conclure que celle-ci n'était pas lacuneuse.

Cette espèce ressemble surtout au *Ps. Bureaui* et au *Ps. Landrioti ;* elle se rapproche du premier par la disposition de la gaîne sclérenchymateuse du cylindre ligneux, interrompue seulement çà et là en regard des bandes foliaires, mais toujours fermée en avant des stèles périphériques ; elle s'en distingue par ses stèles plus épaisses, par ses bandes foliaires plus étroitement pliées en gouttière et surtout par la disposition de ses feuilles en verticilles.

Rapports
et différences.

Ses faisceaux foliaires se constituent, comme chez le *Ps. Landrioti,* par une union directe, bords à bords, des stèles périphériques avec les stèles de la région centrale ; mais elle diffère de celui-ci par la disposition moins régulière des stèles de sa région centrale, par l'interposition d'un nombre beaucoup moindre de bandes sclérenchymateuses, et par la continuité que présente toujours la gaîne de sclérenchyme de son cylindre ligneux en face des stèles périphériques.

Gisements permiens des environs d'Autun, au Champ de la Justice.

Provenance.

PSARONIUS RHOMBOIDALIS. n. sp.

(Pl. XX, fig. 1 à 3.)

Cylindre ligneux entouré d'une *gaîne sclérenchymateuse continue.* Stèles périphériques fortement pliées en gouttière, formant avec les bandes foliaires une couronne autour de la région centrale. *Stèles de la région centrale assez épaisses, nombreuses, rapprochées, séparées vers le pourtour par un certain nombre de bandes sclérenchymateuses assez épaisses,* interposées entre elles.

Description
de
l'espèce.

Cicatrices correspondant aux faisceaux foliaires *rapprochées, affectant un contour rhomboïdal, anguleuses à la base, ouvertes au sommet,* à extrémités repliées en crochets vers l'intérieur ; stèles périphériques s'infléchissant fortement en zigzag autour de ces cicatrices.

Racines de petit diamètre, à tissu cortical interne non lacuneux.

Remarques
paléontologiques. Je ne connais de cette espèce qu'un seul échantillon, recueilli par M. Renault, qui a bien voulu me communiquer les sections qu'il en avait faites ; la conservation en est malheureusement quelque peu imparfaite ; certaines interruptions que présentent les bandes vasculaires ou sclérenchymateuses sont dues à des cassures de la roche ou à des interpositions accidentelles de silice amorphe très fortement imprégnée d'oxyde de fer. La fig. 1 de la Pl. XX représente la plaquette détachée de la partie inférieure de l'échantillon, c'est-à-dire une coupe inférieure d'environ 1 millimètre à la base du fragment dont la fig. 2 montre la face antérieure, coupée longitudinalement suivant α α de la fig. 1 ; enfin la fig. 3 reproduit la face supérieure de ce même fragment fig. 2, poli suivant la cassure oblique à laquelle il se terminait.

Ce qui caractérise surtout cette espèce et la distingue immédiatement de toutes les précédentes, c'est la forme anguleuse, presque rhomboïdale de ses cicatrices, bien visible sur la fig. 2 ; les cicatrices foliaires devaient être assez rapprochées, puisque le plan de coupe inférieur en rencontre deux, F_1' et F_3, placées, par conséquent, très peu au-dessous de la cicatrice médiane F_2 de la fig. 2 ; aussi les stèles périphériques étaient-elles obligées de s'infléchir fortement en zigzag pour passer entre les différentes bandes foliaires, comme le montre la fig. 2.

Les stèles de la région centrale sont très serrées, ainsi qu'on devait le prévoir d'après le rapprochement des cicatrices ; toutefois elles ne sont pas encore aussi voisines les unes des autres que chez le *Ps. infarctus* ; elles se font remarquer par leur grande épaisseur, surtout sur la face supérieure de l'échantillon (fig. 3), où elles sont, il est vrai, coupées un peu obliquement ; on ne retrouve plus, à la périphérie de ces stèles, la moindre trace de leur région libérienne.

La coupe inférieure fig. 1 montre la bande foliaire F_2 qui vient de se constituer, mais reste encore liée aux deux stèles de la région centrale dont l'union avec les stèles périphériques P_2, P_3, a donné lieu à sa formation. Sur l'autre face de la même section, c'est-à-dire à la base du fragment fig. 2, ce faisceau F, s'est porté en avant et se trouve déjà séparé par des bandes de sclérenchyme à la fois des stèles périphériques P_2 et P_3 et des stèles de la région centrale auxquelles il doit naissance.

Cette même coupe fig. 1 montre la moitié de chacune des bandes foliaires F_1 et F_3, aboutissant aux cicatrices et par conséquent divisées, en coupe transversale, en deux branches indépendantes.

Il semble probable que les feuilles étaient disposées en verticilles alternants, sans cependant qu'on puisse rien affirmer à cet égard.

Le *Ps. rhomboidalis* pourrait, en raison du rapprochement notable des bandes vasculaires et sclérenchymateuses de son cylindre ligneux, être confondu, sur l'examen d'une coupe transversale, avec le *Ps. infarctus;* toutefois ce rapprochement, si marqué sur la fig. 3, est peut-être accidentel, car il est beaucoup moindre sur la coupe inférieure fig. 1. En tout cas, il suffit d'une coupe tangentielle, comme celle de la fig. 2, pour reconnaître les inflexions en zigzag des stèles périphériques et de la bande sclérenchymateuse qui les enveloppe. J'ajouterai que le nombre des cercles de bandes sclérenchymateuses, vers le pourtour de la région centrale, semble moins considérable que chez le *Ps. infarctus;* de plus, la gaîne est complètement fermée, tandis que, chez ce dernier, elle est ouverte en regard des stèles périphériques.

A ce point de vue, le *Ps. rhomboidalis* se rapproche du *Ps. bibractensis,* mais il a les cicatrices moins espacées, et très différentes par leur forme nettement anguleuse. Il se distingue, en outre, des autres espèces qui précèdent par la continuité de sa gaîne de sclérenchyme, l'interruption que celle-ci semble présenter sur la fig. 1 à côté de la bande F, étant due seulement à une cassure.

Gisements permiens des environs d'Autun.

Rapports et différences.

Provenance.

PSARONIUS COALESCENS. n. sp.

(Pl. XXIII, fig. 2, 3.)

Description
de
l'espèce.

Cylindre ligneux entouré d'une gaîne sclérenchymateuse. Stèles périphériques... *Stèles de la région centrale souvent soudées latéralement les unes aux autres* et *se présentant* en coupe transversale *sous forme de demi-cercles ou de cercles presque complets, celles du pourtour comprenant entre elles des bandes sclérenchymateuses.*

Tissu conjonctif non lacuneux.

Remarques
paléontologiques.

Les deux échantillons que je réunis sous ce nom sont dépourvus l'un et l'autre de leur région périphérique ; mais ils montrent à leur pourtour quelques bandes discontinues de sclérenchyme qui prouvent que le cylindre ligneux devait posséder une gaîne sclérenchymateuse plus ou moins continue, renforcée à l'intérieur par un certain nombre d'anneaux de même nature.

Les bandes vasculaires sont ici beaucoup plus étendues que chez aucune des espèces précédentes, les stèles se soudant les unes aux autres bords à bords, de manière sans doute à ne laisser entre elles que des mailles peu importantes ; la fig. 2 montre même un cercle presque complet, comme M. Van Tieghem en a reconnu chez certaines Auricules[1], chez l'*Auricula japonica*, par exemple ; il y a ainsi tendance vers la structure gamostèle.

Les figures grossies 2 A et 3 A montrent la disposition de ces bandes vasculaires, formées de trachéides rayées sans interposition de tissu cellulaire. Entre ces bandes on reconnaît çà et là, sur l'échantillon de la fig. 2, des débris mal conservés du tissu conjonctif, qui est continu et ne présente pas de lacunes, ce qui donne à penser qu'il pouvait en être de même de l'écorce interne des racines, mais ne permet nullement de l'affirmer. On verra en effet que, chez le *Ps. Demolei*, le tissu conjonctif est dépourvu de

1. *Sur la polystélie*, p. 299, pl. XV, fig. 28-30.

lacunes, tandis que les racines sont lacuneuses. Les restes de ce tissu conjonctif de l'échantillon fig. 2 forment des lames irrégulières qui, parfois, s'appliquent contre les bandes vasculaires et semblent faire corps avec elles, comme on le voit sur la fig. 2 A; mais ce n'est là qu'une juxtaposition accidentelle, résultant de la disparition des éléments intermédiaires et du déplacement des lames encore existantes de tissu conjonctif; on remarque en effet, sur d'autres points, autour des bandes vasculaires, une étroite gaîne formée d'éléments confus, très aplatis, fondus en quelque sorte en une masse unique, qui doit représenter la région libérienne, détruite partout ailleurs.

Il est à souhaiter que l'on découvre de nouveaux échantillons plus complets de cette espèce, sur lesquels on puisse observer les stèles périphériques et les bandes foliaires ainsi que l'anneau radiculaire, et étudier la constitution des racines.

Si la place de cette espèce reste quelque peu incertaine entre les deux grandes sections admises par M. Stenzel, c'est-à-dire entre les *Helmintholithi* et les *Asterolithi*, faute de savoir si ses racines étaient ou non lacuneuses, elle se rapproche en tout cas du groupe des *Muniti* par les bandes de sclérenchyme dont elle est pourvue, et il paraît naturel de la mettre à côté des espèces qui précèdent. Rapports et différences.

Elle se distingue d'ailleurs de celles-ci comme de celles qui suivent par la soudure de ses stèles en bandes très étendues, les cercles qu'elles forment en coupe transversale ne présentant souvent qu'un très petit nombre d'interruptions.

Gisements permiens des environs d'Autun. Provenance.

PSARONIUS DEMOLEI. Renault.

(Pl. XXIV, fig. 1 à 3.)

1883. **Psaronius Demolei.** Renault, *Cours bot. foss.*, III, p. 143 (*pars*), pl. 25, fig. 3, (*non* pl. 26, fig. 1).

Description de l'espèce.

Cylindre ligneux entouré d'une *gaîne sclérenchymateuse continue*, fermée en avant des stèles périphériques, et fermée également soit devant, soit derrière les faisceaux foliaires. *Stèles périphériques assez faiblement arquées* en gouttière, formant avec les bandes foliaires, autour de la région centrale, une couronne bien nette, limitée du côté intérieur par un anneau de sclérenchyme discontinu. *Stèles de la région centrale peu nombreuses*, souvent soudées bords à bords les unes aux autres, ne comprenant pas entre elles de bandes de sclérenchyme.

Faisceaux foliaires affectant, avant leur sortie, *la forme de gouttières largement ouvertes*, à bords plus ou moins repliés en crochets. Feuilles disposées en hélice, assez espacées.

Tissu conjonctif de la tige et de l'anneau radiculaire continu. *Racines à écorce interne lacuneuse, à axe ligneux* en forme d'étoile *à cinq ou six rayons largement confluents vers le centre.*

Remarques paléontologiques.

J'ai déjà fait remarquer plus haut que l'un des deux échantillons figurés par M. Renault sous ce nom de *Ps. Demolei* devait être rapporté au *Ps. bibractensis;* l'autre reste par conséquent le seul type de l'espèce; il est représenté à nouveau sur la fig. 3 de la Pl. XXIV. La comparaison de cette figure avec les fig. 1 et 2 de la même planche, qui reproduisent deux sections faites dans un autre fragment de tige un peu plus gros suffit pour démontrer l'identité spécifique, sinon même l'identité individuelle de ces fragments; l'échantillon de la fig. 3, qui d'ailleurs est incomplet et se montre dépourvu d'une partie de sa couronne, pourrait bien en effet correspondre simplement à la région inférieure de la même tige dont le tronçon des fig. 1 et 2 représente une région plus élevée. Il est à noter que la masse de quartz amorphe, qui remplit, dans cet échantillon de la fig. 3, les intervalles compris entre les diverses bandes vasculaires ou sclérenchymateuses, est pétrie de débris de tissus, paquets de fibres, de trachéides, îlots de cellules parenchymateuses, comme si les résidus dè la destruction des parties organisées de la région supérieure de la tige s'étaient accumulés dans les vides de sa partie inférieure et y avaient formé un amas pulvérulent, saisi ensuite par la silicification.

On voit sur les fig. 1 à 3 que le nombre des anneaux de sclérenchyme se réduit ici à deux, en comptant la gaîne qui entoure le cylindre ligneux ; des bandes radiales les réunissent çà et là l'un à l'autre, enfermant les bandes foliaires avant leur sortie dans un étui clos de toutes parts, comme pour F_3, sur la fig. 1, de sorte qu'en section transversale le cylindre ligneux apparaît toujours enfermé, comme chez le *Ps. bibractensis*, dans une gaîne sclérenchymateuse continue ; si cette gaîne paraît interrompue en regard de F_2 sur la fig. 1, c'est parce que, la tige étant dépouillée, sur la moitié de son pourtour, de son anneau radiculaire, une cassure accidentelle a entamé légèrement le bord du cylindre ligneux et que le petit éclat de roche ainsi enlevé a fait disparaître une partie de la gaîne de sclérenchyme.

Les stèles périphériques, à courbure assez faible, indiquées par les lettres P, sont, ainsi que les bandes foliaires, au nombre de cinq.

Il est facile, sur les fig. 1 et 2, de suivre pas à pas la formation de ces dernières : elle se prépare par l'anastomose, bords à bords (f_2, fig. 2), de deux des stèles de la région centrale ; la bande ainsi formée se porte peu à peu en avant et vient s'unir avec les stèles périphériques avoisinantes ; sur la fig. 1, F_2 est déjà soudé à P_2 et va se souder à la stèle P_3 qui avance à cet effet son bord vers l'intérieur. Plus haut, l'union est complète avec les deux stèles périphériques ; c'est ainsi que P_4, F_4 et P_5 (fig. 2) forment une bande continue qui, à 3 centimètres plus haut, sur la coupe de la fig. 1, s'interrompt entre P_4 et F_4. La bande foliaire va ensuite s'isoler, comme on le voit pour F_4 sur la fig. 2, en même temps qu'elle devient convexe vers l'extérieur ; puis, elle se séparera des stèles périphériques au moyen de bandes radiales, qui se montrent déjà à droite et à gauche de F_1

sur la fig. 1, ainsi que sur les côtés de F_3, sur la fig. 2. Cette dernière bande F_3 apparaît sur la fig. 1 complètement enfermée dans un étui de sclérenchyme, qui ne tardera pas à s'ouvrir vers l'extérieur (F_3, fig. 2); enfin la bande foliaire arrive à sortir du cylindre ligneux, elle aboutit à la cicatrice et se montre alors divisée en deux branches (F_5, F'_5, fig. 1), à extrémités recourbées en crochets vers l'intérieur. Il me paraît probable que la cicatrice ne devait pas se refermer à la partie supérieure, car sur un autre tronçon donné à l'École des mines par M. Raymond, ingénieur en chef des mines du Creusot, et provenant évidemment encore de la même tige, on voit les deux crochets internes s'avancer presque jusqu'à la cicatrice sans s'être sensiblement rapprochés.

On se rend aisément compte, d'après ce que je viens de dire, de la disposition des feuilles : il est clair, en effet, sur les fig. 1 et 2, que le faisceau le plus éloigné de son point de sortie est le faisceau F_2, puis viennent F_4, F_1, F_3, et enfin F_5, qui aboutit, du moins sur la fig. 1, à une cicatrice; les feuilles étaient donc rangées en hélice suivant la divergence 2/5. Ces feuilles devaient être très espacées, car la section fig. 1 ne rencontre qu'une seule cicatrice, et la section fig. 2, faite trois centimètres plus bas, n'en rencontre aucune.

A part quelques points, où la silice qui a pénétré ces échantillons a cristallisé dans les vides laissés au milieu des tissus, le parenchyme de l'intérieur du cylindre ligneux se montre en général assez bien conservé, surtout au voisinage de la gaîne de sclérenchyme, ainsi que l'indique la fig. 1 B (p); il est formé de cellules à parois minces d'assez grandes dimensions. Sur les points où il s'approche le plus des bandes vasculaires, il reste toujours entre elles et lui un faible intervalle rempli de silice amorphe, qui doit correspondre à la région libérienne détruite.

Quant aux bandes vasculaires, elles sont formées de trachéides rayées t, groupées, comme le montre la fig. 1 A, en îlots plus ou moins étendus se reliant souvent les uns aux autres, mais dont les intervalles sont remplis par un tissu parenchymateux à petits éléments c; à la périphérie, on observe toutefois des éléments plus larges, qui peut-être appartiendraient déjà à la région libérienne de la stèle.

Dans l'anneau radiculaire, le tissu conjonctif est également bien conservé, plus complètement même que dans le cylindre ligneux (*p'*, fig. 1 B et 1 C); en divers points, les cellules qui le constituent se montrent assez nettement allongées dans le sens radial, ainsi qu'on le voit pour le *Ps. brasiliensis* sur la fig. 1 A de la Pl. XXI. De même encore que chez celui-ci, certaines racines semblent avoir eu leur écorce externe déchirée, et l'interruption, souvent considérable, que présente alors cette écorce est comblée par le prolongement du tissu conjonctif, qui vient se raccorder avec l'écorce interne.

Chez les racines les plus petites, qui sont aussi les plus rapprochées du cylindre ligneux, cette écorce interne est le plus habituellement détruite; mais, lorsqu'on en retrouve des traces, elle apparaît nettement lacuneuse; d'ailleurs, sur les racines plus grosses, la conservation est habituellement meilleure, et les lacunes (*l*, fig. 1 C) sont alors extrêmement visibles. Dans le cylindre central, l'axe vasculaire est toujours seul conservé; il affecte la forme d'une étoile à quatre, cinq ou six rayons largement confluents au centre (V, fig. 1 B, 1 C). Il est parfois entouré d'une ligne continue, sans épaisseur, suivant un contour polygonal à côtés concaves (fig. 1 C), comme s'il était resté autour de lui une mince membrane occupant la place de l'endoderme; peut-être est-ce tout simplement le résultat d'une infiltration de silice qui se serait faite à la limite de l'écorce interne et du cylindre central avant la destruction des tissus adjacents, et dont la couleur tranche sur celle du remplissage ultérieur; toujours est-il qu'il est impossible d'y saisir la moindre trace d'organisation.

Il n'est pas très rare, chez le *Ps. Demolei*, de trouver, au milieu du parenchyme intracortical, des racines en voie de division, émettant notamment des branches latérales, comme M. Stenzel en a observé chez le *Ps. Haidingeri*[1].

Les taches annulaires qu'on voit en *q* sur la coupe fig. 2 et qui simulent des racines situées en dedans de la gaîne sclérenchymateuse, sont dues

1. *Foss. Fl. d. perm. Form.*, p. 75, pl. V, fig. 8, 10.

simplement à des anneaux de silice concrétionnée, qui paraît avoir rempli des trous percés dans le tissu conjonctif du cylindre ligneux, peut-être par quelques petites larves.

Le *Ps. Demolei* se distingue des espèces précédentes par ses racines lacuneuses, ainsi que par la différenciation beaucoup moins prononcée de ses stèles périphériques.

Comparé au *Ps. espargeollensis*, il semble avoir une gaîne plus continue, et, dans tous les cas, il en diffère par ses racines, dans lesquelles les faisceaux rayonnants qui constituent l'axe ligneux sont largement confluents vers le centre et paraissent en outre avoir été toujours un peu moins nombreux ; enfin les lacunes de l'écorce interne ne sont pas aussi développées.

On peut encore rapprocher cette espèce du *Ps. Haidingeri* [1], mais elle en diffère par les mêmes caractères qui la séparent du *Ps. espargeollensis*, et de plus par la présence, entre la couronne et la région centrale de son cylindre ligneux, d'un anneau plus ou moins continu de sclérenchyme qui ne paraît pas exister chez le *Ps. Haidingeri*.

Gisements permiens des environs d'Autun.

PSARONIUS ESPARGEOLLENSIS. Renault.

(Pl. XXV, fig. 1 à 5).

» **Psaronius espargeollensis.** Renault, *msc. in Coll. Mus. Par.*

Cylindre ligneux entouré d'une *gaîne sclérenchymateuse probablement discontinue*, mais fermée en avant des stèles périphériques. *Stèles périphériques affectant la forme de bandes presque plates, à extrémités recourbées en crochets* vers l'intérieur, formant avec les bandes foliaires, autour de la région centrale, une couronne assez nette, limitée du côté intérieur par un anneau de sclérenchyme discontinu. Stèles de la région centrale...

1. *Ps. Haidingeri.* Stenzel, *Ueber die Staarsteine,* p. 878, pl. 39; Gœppert, *Foss. Fl. d. perm. Form.*, p. 74, pl. V, fig. 8.

Faisceaux foliaires affectant, avant leur sortie, *la forme de gouttières très largement ouvertes,* à bords plus ou moins repliés en crochets vers le dedans. Tissu conjonctif de la tige et de l'anneau radiculaire non lacuneux.

Racines atteignant et *dépassant un centimètre* de diamètre, à écorce externe relativement épaisse, *à écorce interne lacuneuse, à axe ligneux* en forme d'étoile *à six à huit rayons faiblement confluents vers le centre.*

Cette espèce n'est connue jusqu'à présent que par un seul tronc, découvert au champ des Espargeolles, près Autun, et que M. Renault a signalé[1], sans le décrire, comme constituant une espèce inédite ; il mesurait 4^m,70 de longueur et était enveloppé de racines sur toute son étendue. La conservation en est malheureusement assez imparfaite : il ne reste, en effet, qu'une portion relativement peu étendue du cylindre ligneux, ainsi que le montre la fig. 1 de la Pl. XXV qui reproduit la coupe de l'un des meilleurs fragments. La région centrale est presque entièrement détruite, et l'espace qui lui correspond n'est qu'en partie rempli par un dépôt peu consistant de silice amorphe ; sur les bords seulement on retrouve des portions encore organisées, et l'on peut ainsi constater que la couronne annulaire était séparée de la région centrale par un anneau discontinu de sclérenchyme, et divisée çà et là en compartiments par des bandes radiales de même nature. Il est impossible de savoir si d'autres bandes de sclérenchyme venaient s'interposer, comme chez le *Ps. bibractensis,* entre les cercles de stèles les plus voisins du pourtour de la région centrale, ou si, comme chez le *Ps. Demolei,* l'appareil de soutien ne comprenait que la gaîne externe et ce premier anneau.

Les stèles périphériques, ainsi que le montrent les figures 1, 2 et 4, sont presque plates, recourbées seulement en crochets sur leurs bords ; elles sont séparées latéralement, par des bandes radiales de sclérenchyme, des faisceaux foliaires qui, comme F_1 de la fig. 1 ou F de la fig. 4, vont sortir du cylindre ligneux ou aboutissent déjà aux cicatrices ; mais il ne semble pas que ces bandes radiales s'unissent aussi régulièrement avec

Remarques paléontologiques.

[1]. *Cours bot. foss.,* III, p. 448-449

l'anneau interne que chez le *Ps. Demolei* ou chez le *Ps. bibractensis*, et la gaîne semble, en coupe transversale, avoir dû être discontinue.

Ou peut suivre, à l'autre extrémité et sur le fragment suivant du tronçon représenté en coupe sur la fig. 1, la marche du faisceau F_1, qui ne tarde pas à aboutir à une cicatrice et à s'ouvrir en deux branches, ainsi qu'on le voit également pour le faisceau F sur la fig. 4. Autant qu'on en peut juger, il ne semble pas que les cicatrices aient dû être fermées à leur partie supérieure. Il paraît probable, en outre, que ces cicatrices devaient être assez espacées.

La coupe longitudinale fig. 5, menée suivant $\alpha\alpha$ de la fig. 4, montre l'origine de l'axe vasculaire d'une racine partant de la stèle périphérique, conformément à ce qui a été observé déjà chez d'autres espèces.

Les stèles du cylindre ligneux sont toutes entièrement dépouillées de leur région libérienne, qui n'a laissé aucune trace de son existence. Le tissu conjonctif a également disparu, et l'on en retrouve seulement quelques portions conservées, aussi bien dans l'anneau radiculaire qu'à l'intérieur du cylindre ligneux, au voisinage de la gaîne de sclérenchyme qui entoure celui-ci; on peut alors constater qu'il était formé de cellules assez grandes à parois minces, constituant un tissu non lacuneux; dans l'anneau radiculaire, ces cellules s'allongent entre les racines et se présentent alors en files radiales semblables à celles que montre la fig. 1 A de la Pl. XXI.

La plupart des racines sont réduites à leur écorce externe sclérenchymateuse et à leur axe ligneux; cependant, sur les fragments fig. 2 et 3, qui présentent des racines plus grosses et proviennent vraisemblablement de régions un peu moins élevées que le tronçon fig. 1, quelques-unes de celles-ci offrent encore leur écorce interne assez bien conservée.

Les figures grossies 3 A et 3 B montrent la constitution de cette écorce interne, formée de cellules à parois minces *p*, laissant entre elles de nombreuses lacunes arrondies *l*. L'axe ligneux est presque toujours bien conservé, et souvent il apparaît, comme chez le *Ps. Demolei*, entouré par une ligne polygonale plus ou moins irrégulière, qui semble correspondre à la limite de l'écorce interne et du cylindre central; cet axe ligneux est formé de six à huit faisceaux rayonnants, qui ne se rejoignent que vers le centre et forment ainsi en coupe transversale une étoile à branches très saillantes (V. fig. 2 A, 3 A). Quelquefois on discerne, entre les pointes de ces faisceaux, des groupes d'éléments plus petits (L, fig. 2 A), qui sont évidemment les faisceaux libériens; quant au tissu conjonctif, il n'en reste jamais la moindre trace.

Par la constitution de ses racines, le *Ps. espargeollensis* appartiendrait, dans la classification de M. Stenzel, à la section des *Asterolithi*. L'espèce dont il se rapproche le plus est le *Ps. Demolei*, auquel il ressemble notamment par la disposition de son appareil de soutien, ainsi que par la forme de ses stèles périphériques et de ses bandes foliaires; mais il en diffère par ses cicatrices beaucoup plus grandes, par les interruptions que paraît présenter la gaîne de son cylindre ligneux en regard des faisceaux foliaires, par ses racines plus grosses, munies de lacunes plus grandes, parcourues par un axe ligneux formé de faisceaux plus indépendants et en général plus nombreux. Rapports et différences.

Comme le *Ps. Demolei*, il diffère du *Ps. Haidingeri* par l'anneau de sclérenchyme dont il est pourvu à l'intérieur de son cylindre ligneux, entre la couronne et la région centrale; de plus les lacunes des racines paraissent, chez cette dernière espèce, avoir été plus importantes encore, ne laissant entre elles, comme chez le *Ps. asterolithus*, qu'une seule rangée de cellules.

On peut encore le rapprocher, en raison notamment de la forme de ses stèles périphériques, du *Ps. alsophiloides* [1], qui possède également une gaîne sclérenchymateuse épaisse autour de son cylindre ligneux, mais chez lequel le tissu conjonctif de l'intérieur de la tige est criblé de petites lacunes, tandis que l'écorce interne des racines ne paraît pas être lacuneuse. En tout cas ces racines sont beaucoup plus petites que celles du *Ps. espargeollensis*, leur écorce externe est notablement plus épaisse, eu égard à leur diamètre; enfin l'axe ligneux est formé d'un nombre moindre de faisceaux largement

[1]. Corda, *Beitr. z. Fl. d. Vorw.*, p. 407, pl. XLIV, fig. 5-10.

confluents, et se rapproche plutôt de celui du *Ps. Demolei*. Il n'y a donc pas de confusion possible.

Provenance.

Gisements permiens des environs d'Autun, au champ des Espargeolles.

PSARONIUS AUGUSTODUNENSIS. Unger.

(Pl. XXVI, fig. 3.)

1842. **Psaronius augustodunensis.** Unger, *in* Endlicher, *Gen. plant.,* Suppl. II, p. 5; *Gen. et sp. plant. foss.*, p. 223; Stenzel, *in* Gœppert, *Foss. Fl. d. perm. Form.*, p. 75, pl. VII, fig. 1-3.
1854. **Psaronius asterolithus.** Stenzel, *Ueber die Staarst.*, p. 883 (*pars*).

Description de l'espèce.

Cylindre ligneux entouré d'une gaîne sclérenchymateuse. Stèles périphériques et stèles de la région centrale semblables, en forme de bandes plates, très grêles, alignées les unes derrière les autres, ne comprenant pas entre elles de bandes de sclérenchyme.

Racines de grosseur variable, atteignant et dépassant parfois un centimètre de diamètre, à écorce externe épaisse, formée de deux zones distinctes, la zone intérieure nettement sclérenchymateuse, la zone extérieure constituée par des éléments à parois moins épaissies; *écorce interne lacuneuse; axe ligneux en forme d'étoile à six à huit rayons, confluents vers le centre.*

Remarques paléontologiques.

Unger, qui a créé cette espèce, ne l'a fait connaître que par une courte diagnose, dans laquelle il indique la « gaîne parenchymateuse », c'est-à-dire l'écorce externe des racines, comme pourvue d'une sorte de bordure (*submarginata*). Ce caractère particulier se montre nettement sur les figures données par MM. Gœppert et Stenzel, les seules qui aient été publiées de ce type spécifique, d'après un échantillon très fragmentaire appartenant au Musée minéralogique de Breslau; c'est d'après ce même caractère, ainsi que d'après la forme de l'axe ligneux des racines, que je rapporte au *Ps. augustodunensis* l'échantillon dont la fig. 3, Pl. XXVI, représente un fragment. Cet échantillon est constitué par un bloc de près de 0ᵐ,20 d'épaisseur, à section elliptique de 0ᵐ,15 sur 0ᵐ,30, qui, malheureusement, ne comprend absolument que des racines. On n'en peut donc tirer aucun renseignement sur la constitution du cylindre ligneux, très insuffisamment connu par le peu qu'en laisse voir le fragment de tige du Musée de Breslau. Celui-ci ne montre en effet, d'après la figure qui en a été publiée, que le bord de ce cylindre, entouré d'une gaîne de sclérenchyme, et offrant, en dedans de cette gaîne et très rapprochées les unes des autres, quatre bandes vasculaires parallèles, très grêles, à extrémités légèrement recourbées en crochet vers l'extérieur et non entremêlées de bandes sclérenchymateuses. Il est impossible de juger s'il y avait plusieurs séries radiales de ces bandes, ou seulement deux séries diamétralement opposées; néanmoins M. Stenzel a classé cette espèce dans son groupe des *Reticulati* et a admis ainsi qu'elle possédait plusieurs séries de feuilles. Je la place également ici, mais sous toutes réserves, dans les *Psaronius* polystiques, en souhaitant que l'on parvienne à en découvrir des échantillons plus complets, sur lesquels on puisse étudier plus sérieusement la constitution du cylindre ligneux et s'assurer du nombre des files de feuilles que la tige portait à sa périphérie.

Dans la dernière des diagnoses qu'il a données de cette espèce [1], Unger a indiqué le tissu conjonctif de l'anneau radiculaire comme lacuneux; M. Stenzel au contraire l'a trouvé dépourvu de lacunes, mais il fait observer avec raison que c'est là un caractère peu sûr, lorsqu'on n'a, comme c'était le cas, que des échantillons imparfaitement conservés. Sur le bloc qui se trouve à l'École des mines on n'observe aucune trace de ce tissu conjonctif, soit qu'il ait été détruit, soit qu'on ait affaire ici uniquement à des racines libres, c'est-à-dire définitivement sorties de la tige et dégagées des tissus dans lesquelles elles étaient plongées à leur origine.

Sur toutes ces racines, l'écorce externe est nettement formée de deux zones, la zone externe très claire, probablement parenchymateuse, s_2, la zone interne beaucoup plus foncée et formée d'éléments sclérifiés de diamètre beaucoup moindre, s_1 (Pl. XXVI, fig. 3 C, 3 D). Peut-être cette zone externe doit-elle être considérée comme représentant le *voile* formé, chez les racines aériennes, par l'assise pilifère persistante. L'écorce interne est

[1]. *Gen. et sp. plant. foss.*, p. 223 (1850).

en général assez mal conservée; elle a persisté surtout au contact de l'écorce externe, ainsi que l'a constaté M. Stenzel sur l'échantillon du Musée de Breslau; mais quelquefois elle se suit, sauf des interruptions irrégulières, jusqu'au cylindre central (Pl. XXVI, fig. 3 A, 3 B). On voit du reste qu'avant la silicification il y avait eu destruction d'une partie notable des éléments de ces racines et déplacement de quelques-uns d'entre eux : c'est ainsi, par exemple, que, sur la fig. 3 A, les divers faisceaux ligneux du cylindre central (V) sont complètement dissociés et dérangés de leur position naturelle, quelques-uns s'appuyant par leur flanc directement contre l'écorce interne, d'autres retournés presque bout pour bout et dirigeant vers le centre leur pointe, composée des trachéides les plus fines. Lorsque ces faisceaux ligneux sont en place, ils forment une étoile à six à huit rayons bien saillants, mais confluents au centre sur près de la moitié de leur longueur (fig. 3 B). Il ne reste aucune trace des faisceaux libériens.

Quant à l'écorce interne, elle est formée d'un tissu parenchymateux à parois minces (p, fig. 3 A à 3 D), et percée de lacunes (l, fig. 3 A à 3 C) d'autant plus larges que le diamètre des racines est lui-même plus considérable.

Cette espèce se distingue des autres *Psaronius* à racines lacuneuses rencontrées dans le bassin d'Autun par la présence constante, dans l'écorce externe de ses racines, de deux zones nettement distinctes. Elle diffère, en tout cas du *Ps. espargeollensis*, par la confluence beaucoup plus marquée des faisceaux de l'axe central de ces racines; elle se rapprocherait davantage à cet égard du *Ps. Demolei*, mais chez celui-ci la confluence est plus accentuée encore, et les rayons, moins nombreux, de l'étoile qui représente l'axe ligneux ne sont guère libres qu'à leur extrémité, ou tout au plus sur le tiers de leur longueur.

Enfin le *Ps. augustodunensis* diffère également du *Ps. asterolithus,* auquel M. Stenzel avait, à un moment donné, proposé de le réunir, par la confluence des faisceaux ligneux de ses racines; ces deux espèces appartiennent en outre à des sections bien différentes, s'il faut réellement voir dans le *Ps. speciosus* le cylindre ligneux de cette dernière.

Provenance.   Gisements permiens des environs d'Autun.

Section II. — *Psaronii tetrastichi.*

Les tiges de Fougères houillères à quatre séries de feuilles sont excessivement rares : ainsi que je l'ai déjà dit, je n'en connais, sous forme d'empreinte, qu'une seule espèce, le *Caulopteris aliena* de Commentry, qui, par la constitution de ses cicatrices, munies, en dedans de leur bande vasculaire fermée, de deux arcs vasculaires internes indépendants, se rapprocherait plutôt des *Megaphyton* que des autres espèces du genre *Caulopteris*.

Parmi les *Psaronius,* une seule espèce a été formellement signalée comme ayant des feuilles tétrastiques : c'est le *Ps. arenaceus*[1], des grès houillers de Chomle en Bohême, qui, par le fait, pourrait tout aussi bien être classé comme un *Ptychopteris* possédant encore quelques indices de structure interne, que comme un véritable *Psaronius*. Il est constitué par un fragment de cylindre ligneux très aplati, dépouillé de son enveloppe radiculaire et portant à sa surface des cicatrices elliptiques à contour mal défini, à structure indiscernable, disposées suivant quatre files longitudinales ; à l'intérieur on distingue des bandes vasculaires irrégulièrement plissées, et vraisemblablement dérangées de leur situation primitive ; on ne peut se faire aucune idée de la disposition relative de ces bandes, non plus que de celle des faisceaux qui devaient se rendre aux feuilles.

Il y a, cependant, une autre espèce qui, bien que donnée simplement par M. Stenzel comme ayant des faisceaux foliaires opposés[2], sans autre indication sur le nombre de ses rangées de feuilles, paraît, d'après la figure qu'en a publiée Corda, avoir eu également des feuilles tétrastiques, c'est le *Ps. speciosus*[3] : il semble, en effet, que les bandes vasculaires de cette espèce soient alignées parallèlement à deux diamètres rectangulaires et forment ainsi quatre séries, ce qui, avec la disposition des stèles périphériques,

---

1. Corda, *Beitr. z. Fl. d. Vorw.,* p. 95, pl. XXVIII, fig. 5-9.
2. Gœppert, *Foss. Fl. d. perm. Form.,* p. 77.
3. Corda, *Beitr. z. Fl. d. Vorw.,* p. 106, pl. XLIV, fig. 1-4.

donne lieu de croire qu'il y avait quatre séries de feuilles ; malheureusement l'échantillon est assez fragmentaire, et il est difficile, sur le seul
examen de la figure, de se prononcer définitivement à cet égard.

Aussi, étant donné le peu qu'on sait jusqu'à présent sur la constitution
des *Psaronius* à feuilles tétrastiques, m'a-t-il paru utile de décrire et de faire
figurer ici un spécimen bien conservé appartenant à cette section, bien
qu'il ne vienne pas d'Autun et qu'aucun fragment de cylindre ligneux pouvant être rapporté à ladite section n'ait été jusqu'à présent signalé dans
les gisements permiens de cette région. Il s'agit du *Ps. brasiliensis*, dont
MM. Bureau et Renault ont bien voulu me confier le beau tronçon qui fait
partie des collections du Muséum et qui a été détaché d'une tige conservée
dans le Musée de Rio-de-Janeiro ; peut-être est-ce de cette même tige que
proviendrait également la section de *Psaronius* du British Museum que
M. le Comte de Solms-Laubach a signalée[1] comme ayant dû être rapportée
de Rio-de-Janeiro par Claussen et comme étant, à sa connaissance, le seul
exemple d'une espèce tétrastique à structure conservée.

Je placerai dans le même groupe, à la suite du *Ps. brasiliensis*, le *Ps.
asterolithus*, en raison de l'identification que M. Stenzel en a faite avec le
Ps. speciosus, mais non sans faire quelques réserves sur cette identification.

PSARONIUS BRASILIENSIS. Brongniart.

(Pl. XXI, fig. 1).

1850. **Psaronius brasiliensis**. Brongniart, *in* Martius, *Gen. et. sp. palm.*, I, Unger, *De palmis
fossilibus*, p. LXX, pl. géol. I, fig. 4 ; *Notice sur le* Ps. brasil., *in Bull. soc. bot. Fr.*, XIX,
p. 3-10.

Description
de
l'espèce.

Cylindre ligneux entouré d'une *gaîne sclérenchymateuse continue. Stèles
périphériques au nombre de quatre, séparées de la région centrale par des bandes
sclérenchymateuses sur une partie de leur étendue, affectant une courbure assez
faible, mais à bords fortement enroulés en dedans et parfois même repliés en forme*

1. *Einleitung in die Paläophytologie*, p. 174-175.

de boucle fermée jusque vers leur milieu. Région centrale comprenant, d'une part, en arrière de chacune des stèles périphériques, deux ou trois stèles fortement courbées, rangées en séries radiales et parfois divisées en deux, parfois aussi se soudant sur elles-mêmes en un anneau complet, d'autre part, entre ces stèles, alternant et quelquefois soudées avec elles sur leurs bords, des bandes plus ou moins arquées, d'autant plus longues qu'elles sont plus éloignées du centre.'

Feuilles disposées en quatre séries, probablement opposées deux à deux, ou plutôt subopposées. *Faisceaux foliaires affectant,* avant leur sortie, *la forme de gouttières assez largement ouvertes,* à bords repliés en crochets.

Tissu conjonctif de la tige et de l'anneau radiculaire continu. *Racines à écorce interne non lacuneuse, mais paraissant pourvue de canaux gommeux* plus ou moins nombreux et plus ou moins régulièrement rangés en cercle. Axe ligneux formé de six à huit faisceaux largement confluents.

L'échantillon qui a été figuré comme type du *Ps. brasiliensis* dans l'étude d'Unger sur les Palmiers fossiles, et qui a été donné, en 1836, par M. de Martius au Muséum de Paris, ne comprenait qu'un fragment d'anneau radiculaire sans aucune portion du cylindre ligneux ; il avait été recueilli par M. de Martius lui-même dans la province de Piauhy, entre Oeiras et San Gonçala d'Amarante, à la surface du sol[1]. L'étude comparative de cet échantillon et d'une plaque détachée d'un tronc silicifié de provenance incertaine conservé au Musée de Rio-de-Janeiro, que M. Guillemin a rapporté du Brésil en 1839, a permis à M. Brongniart d'établir l'identité avec le *Ps. bra-siliensis* de ce dernier tronc, dont il a donné en 1872 à la Société botanique de France une description détaillée. La plaque qu'en possède le Muséum n'a malheureusement qu'une épaisseur de $0^m,035$, et les deux sections, l'une polie, l'autre brute, du cylindre ligneux ne sont pas assez éloignées pour qu'on puisse étudier avec toute la précision désirable les modifications qui s'y produisent suivant la hauteur, et notamment le mode de formation des faisceaux foliaires. Toutefois, si l'examen de ces sections laisse subsister

Remarques paléontologiques.

---

1. Brongniart, *Bull. soc. bot.*, XIX, p. 6.

quelques doutes sur certains points de détail, il permet cependant de se faire une idée assez nette de la constitution de cette tige, en s'aidant des données générales acquises dans l'étude des autres espèces de *Psaronius*.

La figure 1 de la Pl. XXI représente la partie principale de la section polie de l'échantillon du Muséum, catalogué sous le n° 1445 ; la section tout entière est représentée, à 1/10° de la grandeur naturelle, sur la fig. 1 *a* de la même planche.

On constate sur la figure 1 que, comme l'a indiqué M. Brongniart, la gaîne sclérenchymateuse qui entoure le cylindre ligneux présente quatre grands lobes arrondis, correspondant aux deux diamètres inclinés à 45° par rapport aux bords de la planche ; aux deux extrémités du diamètre horizontal, elle est creusée de sinus assez profonds, tandis qu'aux extrémités du diamètre vertical elle offre les « deux petits lobes » signalés dans la description de M. Brongniart. En réalité, elle s'infléchit en même temps vers l'intérieur, et il est facile, par comparaison avec ce que l'on a vu chez les espèces qui précèdent (*Ps. bibractensis*, F$_1$, F$_2$, fig. 2 et 3, Pl. XVIII ; *Ps. Faivrei*, F$_1$, F$_2$, F$_3$, fig. 1, Pl. XIX), de reconnaître que ces deux extrémités du diamètre vertical correspondent à des points de sortie de faisceaux foliaires. A la partie inférieure, le faisceau F$_2$, en forme d'U plus large que haut, se prépare à sortir, tandis que celui qui est à l'autre extrémité aboutit déjà à une cicatrice et se montre divisé en deux branches F$_1$, F'$_1$; en même temps, la gaîne de sclérenchyme s'est refermée derrière lui, ainsi que l'indiquent les îlots mal conservés qui en représentent la trace. Les sinus situés aux deux extrémités du diamètre horizontal correspondent aussi manifestement à des files de feuilles ; les faisceaux sont sortis un peu plus bas, et d'autres vont être constitués par les bandes A, B, pour se porter à une nouvelle paire de feuilles. On a donc affaire à une tige tétrastique.

M. Brongniart avait conclu à « des verticilles successifs de quatre parties alternant entre elles en formant huit séries longitudinales » ; mais les constatations faites sur les espèces décrites plus haut, relativement à l'alternance régulière, à la périphérie, de bandes libéroligneuses ne sortant jamais de la tige, avec les faisceaux foliaires, ne permettent pas de douter du rôle que jouent ici les larges bandes P_1, P_2, P_3, P_4, correspondant aux quatre grands lobes de la tige : ce sont, non pas des bandes foliaires, mais des stèles périphériques. Ces stèles périphériques sont fortement recourbées en crochets à leurs extrémités voisines du diamètre vertical; mais, à l'autre bout, elles se replient bien plus fortement encore, si bien que trois d'entre elles, P_1, P_3 et P_4, forment même des boucles fermées; je reviendrai plus loin sur cette particularité.

Si maintenant on examine la région centrale, incomplètement séparée de la couronne périphérique par les quatre bandes de sclérenchyme qui partent des deux extrémités du diamètre horizontal, on y remarque d'abord deux grandes bandes A et B, puis deux bandes arquées D et E, et enfin, plus près du centre, deux autres bandes également arquées G et H. Outre ces bandes, dont les cordes sont respectivement parallèles aux deux diamètres vertical et horizontal, la région centrale renferme d'autres bandes vasculaires moins régulières et moins développées, les unes sinueuses, les autres demi-circulaires, d'autres encore fermées en anneau, qui se groupent en séries radiales plus ou moins régulières au voisinage des deux diamètres à 45°.

A l'autre bout de l'échantillon, qui montre une section située à 35 millimètres environ au-dessus de celle de la figure 1, ces dernières bandes ou stèles se retrouvent à peu près exactement aux mêmes places, ayant subi seulement quelques changements dans leur contour : les unes, qui étaient annulaires, se sont ouvertes; d'autres, qui étaient demi-circulaires ou arquées, se sont refermées en anneau; d'autres se sont unies à leurs voisines; mais elles n'ont subi ni déplacements notables, ni modifications importantes. Il n'en est pas de même des bandes A, B, D, E, G, H, qui, toutes, se sont avancées plus ou moins vers le pourtour et ne présentent plus le même aspect : la bande G s'est aplatie et se rapproche des deux stèles situées au-dessus et au-dessous d'elle comme pour se souder avec elles bords à bords; la bande H vient de se souder, en s'avançant vers la droite, aux deux petites stèles entre lesquelles elle était comprise, constituant ainsi une bande beaucoup plus longue, à extrémités légèrement recourbées en crochets vers le dedans. La bande E s'est portée vers le bas, s'est unie aux deux petites stèles

32

sinueuses voisines de ses extrémités, formant avec elles une grande lame à faible courbure et à bords légèrement repliés en dedans. La bande D a pris la même figure, de manière à lui être presque exactement symétrique, sauf sa courbure plus forte, se soudant à droite à la stèle avoisinante, tandis qu'à son extrémité gauche la stèle annulaire à laquelle elle était déjà liée s'est ouverte vers l'intérieur. Quant aux deux bandes A et B, elles ont avancé leur partie médiane presque au contact des sinus de la gaîne, et elles se sont sensiblement raccourcies ; la lame C, qui reliait l'une d'elles à la stèle P_2, a disparu, et les boucles des trois stèles P_1, P_3, P_4 se sont ouvertes, de telle façon que les quatre stèles périphériques présentent maintenant toutes le même aspect, et sont semblables à P_2 de la figure 1. Enfin, la gaîne s'est refermée derrière le faisceau F_2, qui a abouti au dehors et s'est divisé en deux branches ; l'état de l'échantillon ne permet pas de se rendre un compte précis de l'état du faisceau F_1 ; il semble cependant qu'il ait complètement disparu, la cicatrice ne s'élevant sans doute pas jusqu'à cette hauteur.

D'après cela, la constitution du cylindre ligneux du *Ps. brasiliensis* me paraît devoir être interprétée de la manière suivante : les petites stèles sinueuses ou annulaires situées sur les deux diamètres à 45° ou dans leur voisinage sont les stèles propres de la région centrale, rangées plus ou moins régulièrement derrière les stèles périphériques, se repliant sur elles-mêmes, s'ouvrant, se divisant même peut-être dans leur parcours ; on voit nettement au centre le groupe le plus voisin de l'axe, comprenant quatre petites stèles, dont une annulaire et trois autres lunulées. Quant aux lames arquées, parallèles soit au diamètre horizontal, soit au diamètre vertical, elles représentent les bandes d'anastomose au moyen desquelles ces stèles de la région centrale s'unissent mutuellement les unes aux autres, soit sur un même cercle, soit d'un cercle à l'autre. Les dernières de ces bandes vers l'extérieur, celles qui joignent entre elles les stèles les plus voisines du bord de la région centrale, comme D de la fig. 1, doivent ensuite, pour former le faisceau foliaire, s'unir aux stèles périphériques, et c'est ici que le mécanisme de la constitution de ce faisceau semble différer le plus de ce qui avait lieu chez les *Psaronius* polystiques.

Chez ces derniers, en effet, les stèles périphériques émettaient directement de leur bord une branche dirigée vers l'intérieur dans le sens du
rayon et destinée à s'anastomoser, soit avec les stèles du pourtour de la
région centrale, soit avec la bande qui venait d'unir l'une à l'autre les dernières de ces stèles. Chez le *Ps. brasiliensis* on voit qu'une lame de sclérenchyme sépare de cette bande (A ou B) le bord de la stèle périphérique qui
doit s'anastomoser avec elle; la stèle périphérique se replie alors sur elle-
même jusque vers son milieu, c'est-à-dire jusqu'à l'extrémité de la lame de
sclérenchyme interposée entre elle et la bande à laquelle elle doit s'unir, et,
après avoir formé ainsi une boucle fermée, elle émet, en arrière de la lame
sclérenchymateuse, une branche telle que C, qui va réaliser l'anastomose
à la suite de laquelle le faisceau foliaire sera définitivement constitué. Sur
la stèle P_1, cette branche commence à se former; à l'autre extrémité du
même diamètre, en C, elle est formée, et va se détacher de la stèle P_3 pour
s'unir à la bande B; il est probable qu'à l'autre bout de la même bande B
et à l'extrémité inférieure de A, l'anastomose est déjà réalisée. Ces branches
d'anastomose étant dirigées obliquement, n'occupent plus, à quelques
centimètres plus haut, sur l'autre face de l'échantillon, qu'une étendue
moindre aux deux bouts des bandes A et B, qui se montrent sur cette
section, la première d'entre elles tout au moins, plus courtes que sur la
section inférieure fig. 1. Le faisceau foliaire est alors constitué; il est
devenu complètement indépendant, et n'a plus qu'à s'arquer peu à peu en
gouttière pour prendre la forme qu'on lui voit en F_2 de la fig. 1; il paraît
probable qu'en même temps les lames de sclérenchyme qui le séparaient
des stèles périphériques doivent se replier avec lui comme elles le font à
droite et à gauche de F_2, pour se réunir ensuite l'une à l'autre derrière
lui au moment où la gaine du cylindre ligneux s'ouvrira pour lui livrer
passage.

Plus haut, on verrait évidemment les faisceaux destinés à succéder à
F_1 et à F_2 se constituer de la même manière, les bandes D et E se portant
de plus en plus en avant, se séparant par des lames de sclérenchyme des
bords des stèles périphériques les plus voisins du diamètre vertical, et ces

bords se repliant en boucles contre le corps même de ces stèles pour contourner l'extrémité des lames de sclérenchyme et s'anastomoser avec les bords des bandes D et E.

On remarque que la section transversale fig. 1 rencontre les deux faisceaux foliaires F_1 et F_2 à des hauteurs sensiblement différentes, savoir F_1 vers le milieu sans doute de la cicatrice et F_2 au-dessous de la cicatrice ; à l'autre bout du tronçon, les deux faisceaux correspondant aux extrémités du diamètre horizontal semblent à peu près, mais non tout à fait aussi avancés l'un que l'autre, la bande A étant un peu plus courte que la bande B et s'approchant davantage du bord de la gaine. Il résulte de là que les feuilles étaient disposées par verticilles alternants, mais que ces verticilles étaient légèrement obliques ; en d'autres termes, les deux feuilles d'une même paire n'étaient pas exactement opposées l'une à l'autre, mais seulement subopposées. On observe d'ailleurs assez souvent, chez les plantes vivantes à feuilles normalement opposées, des dérangements analogues.

Si maintenant l'on passe à l'examen microscopique des parties principales de cette tige, on constate que les stèles sont formées de trachéides exactement contiguës les unes aux autres, sans interposition de tissu cellulaire (fig. 1 B) ; ces trachéides sont tapissées sur leurs parois, et souvent complètement remplies de petits corpuscules arrondis, présentant à leur centre un noyau plus foncé, qu'on serait tenté au premier abord de regarder comme des micro-organismes conservés par la silicification ; mais l'examen de plaques minces au microscope polarisant montre que ces corpuscules ne sont autre chose que des sphérolithes de silice, donnant la croix noire sous les nicols croisés. Cette précipitation de silice en grains à structure radiée a eu lieu après une première imprégnation des vaisseaux, dont on peut encore, çà et là, distinguer les parois ; quelquefois, notamment à l'intérieur du cylindre central des racines, le remplissage des vides a été complet, et l'on ne discerne plus les éléments de l'axe ligneux, cimentés en une masse confuse à contour mal délimité. Sur les bords des stèles, quelques cellules aplaties (g, fig. 1 B), assez mal conservées en général, semblent devoir représenter la gaine libérienne, et peut-être l'endoderme.

Ensuite vient le tissu conjonctif parenchymateux *p*, formé de cellules à parois minces, et non lacuneux. La gaîne du cylindre ligneux (S) est constituée par des éléments de petit diamètre, à parois fortement épaissies, de même que l'écorce externe des racines (*s*, fig. 1 A).

Ces racines courent au travers d'un tissu parenchymateux également dépourvu de lacunes, et dont les cellules s'allongent d'ordinaire très nettement (*p′*) entre les racines, assez régulièrement rangées elles-mêmes en séries rayonnantes. Très souvent l'anneau de sclérenchyme qui constitue l'écorce externe présente des interruptions (*i*, fig. 1 A), remplies par un tissu parenchymateux à parois minces qui réunit l'écorce interne au tissu conjonctif et présente la même constitution que l'un et l'autre ; il semble que l'écorce externe se soit crevassée plus ou moins largement, et que la cicatrisation se soit faite par l'extension du tissu conjonctif de l'anneau radiculaire.

L'écorce interne est également formée de parenchyme à parois minces, et l'on n'y voit pas ces grandes et nombreuses lacunes que l'on observe chez les *Psaronius* de la section des *Asterolithi* ; mais on y remarque des lacunes *m* assez régulièrement rangées en couronne vers le pourtour et bien distinctes du reste du tissu par leur coloration d'un brun foncé ; ce sont, à peu près certainement, des canaux gommeux semblables à ceux qui ont été reconnus chez d'autres espèces ; quelquefois leur arrangement est moins régulier et ils sont disséminés sans ordre apparent jusqu'au voisinage de l'axe libéro-ligneux. Ces tubes gommeux se voient d'ailleurs à l'œil nu, et la fig. 1 reproduit très exactement leur aspect.

Le cylindre central se présente sous la forme d'un pentagone ou d'un hexagone, plus rarement d'un carré, à côtés légèrement concaves ; mais la conservation de ses éléments laisse fort à désirer. On peut néanmoins reconnaître à peu près le contour de l'axe ligneux, constitué par cinq ou six faisceaux rayonnants soudés latéralement les uns aux autres sur presque toute leur étendue.

On remarque sur la fig. 1 quelques petites racines comprises à l'intérieur du cylindre ligneux, entre la gaîne de ce cylindre et les stèles périphériques, particulièrement en avant de P_1; ces racines viennent sans doute de prendre naissance à la surface de ces stèles et elles descendent obliquement entre elles et la gaîne avant de percer celle-ci; d'autres sont en train de traverser cette gaîne, en face de P_2 et de P_4, par exemple.

Quant aux taches qu'on voit aux extrémités du diamètre vertical, en dedans des bandes $F_1 F_1'$, ou F_2, en o notamment, il est impossible de se rendre compte de leur signification, toute trace d'organisation ayant disparu dans cette région; peut-être faut-il les regarder, ainsi que je l'ai pensé pour les taches analogues observées chez les *Ps. Demolei,* comme des trous percés par quelques larves dans le tissu conjonctif.

Rapports et différences. Le *Ps. brasiliensis* se distingue nettement de toutes les autres espèces connues par la disposition quadrisériée des éléments de son cylindre ligneux, stèles et bandes foliaires. Il faut cependant faire exception pour le *Ps. speciosus* Corda, qui, comme je l'ai dit plus haut, me paraît avoir eu aussi des feuilles tétrastiques, mais qui se distingue en tout cas du *Ps. brasiliensis* par le moindre nombre des stèles de sa région centrale, par le développement beaucoup moindre de ses stèles périphériques, et par l'existence de grandes lacunes tant dans le tissu conjonctif de son cylindre ligneux et de son anneau radiculaire, que dans l'écorce interne de ses racines.

Provenance. Le fragment d'anneau radiculaire qui constitue le type de cette espèce vient de la province de Piauhy, au Brésil, où il a été trouvé à la surface du sol, entre Oeiras et San Gonçala d'Amarante; il est permis de croire que le tronçon de tige du Musée de Rio-de-Janeiro doit venir de la même région. La constitution géologique du Brésil n'est pas encore assez connue pour qu'on puisse se prononcer avec certitude sur l'âge de ces échantillons, mais ce qu'on en sait donne cependant lieu de penser que, comme les *Psaronius* d'Europe, ils proviennent de couches permiennes.

PSARONIUS ASTEROLITHUS. Cotta.

(Pl. XXVI fig. 1, 2.)

1832. **Psaronius asterolithus.** Cotta, *Dendrolithen*, p. 29-30 *(pars)*, pl. IV, fig. 1, 2. Corda, *in* Sternberg, *Ess. Fl. monde prim.*, II, fasc. 7-8, p. 173 *(pars)*; *Beitr. z. Fl. d. Vorw.*, p. 109, pl. XLVII, fig. 1, 2. Stenzel, *Ueber die Staarst.*, p. 883, pl. 34, fig. 4; pl. 40, fig. 1-13; *in* Gœppert, *Foss. Fl. d. perm. Form.*, p. 77. Schimper, *Trait. de pal. vég.*, I, p. 729, pl. LVI, fig. 9, Renault, *Cours bot. foss.*, III, p. 147, pl. 24, fig. 5, *(an fig. 6?)*.

1838. **Psaronius parkeriæformis.** Corda, *in* Sternberg, *Ess. Fl. monde prim.*, II, fasc. 7-8, p. 173, pl. LX, fig. 4; pl. LXI, fig. 11-14; *Beitr. z. Fl. d. Vorw.*, p. 110, pl. XLVII, fig. 3-6.

1838. **Psaronius dubius.** Corda, *in* Sternberg, *Ess. Fl. monde prim.*, II, fasc. 7-8, p. 173. pl. LX, fig. 2; pl. LXI, fig. 5-10; *Beitr. z. Fl. d. Vorw.*, p. 108, pl. XXX, fig. 5-12.

1845. *An* **Psaronius speciosus.** Corda, *Beitr. z. Fl. d. Vorw.*, p. 106, pl. XLIV, fig. 1-17.

Description de l'espèce.

Cylindre ligneux *(Ps. speciosus)* entouré d'une *gaine sclérenchymateuse continue. Stèles périphériques* vraisemblablement au *nombre de quatre*, assez fortement arquées en demi-ellipse. *Région centrale* dépourvue de bandes de sclérenchyme, *comprenant seulement un petit nombre de bandes libéroligneuses* aplaties, *à extrémités recourbées en dedans, alignées parallèlement à deux diamètres rectangulaires* et alternant avec les stèles périphériques. Feuilles probablement disposées suivant quatre files longitudinales, alternant avec les stèles périphériques. *Faisceaux foliaires divisés, avant leur sortie, en deux bandes arquées se faisant vis-à-vis.*

Tissu conjonctif de la tige et de *l'anneau radiculaire lacuneux. Racines* atteignant et dépassant 2 centimètres de diamètre, *à écorce interne pourvue de lacunes nombreuses et très grandes*, séparées les unes des autres par une seule assise de cellules; écorce externe sclérenchymateuse, d'autant moins épaisse que les racines sont plus grosses, et souvent entourée, chez les racines libres, d'un anneau parenchymateux plus ou moins nettement délimité; *axe ligneux en forme d'étoile à six, à dix rayons indépendants ou à peine confluents au centre.*

Remarques paléontologiques.

L'échantillon type de cette espèce, tel qu'il a été figuré par Cotta, ne comprend que des racines assez grosses, à contour déformé par la pression mutuelle qu'elles exerçaient les unes sur les autres, à écorce externe relativement peu épaisse, à écorce interne largement lacuneuse, à axe ligneux formé de faisceaux assez étroits, indépendants jusqu'au centre.

Les fragments représentés sur les fig. 1 et 2 de la Pl. XXVI concordent exactement, par tous leurs caractères, avec l'échantillon de Cotta, à cette différence près, qu'ils comprennent des racines beaucoup plus grosses encore : on voit en effet, sur la fig. 2, que quelques-unes de ces racines atteignent près de 3 centimètres de diamètre, dimension qui n'avait guère été observée encore que chez le *Ps. giganteus,* mais qui ne saurait évidemment être considérée comme constituant un caractère spécifique. En général ces grosses racines sont assez mal conservées : l'écorce interne y est en grande partie détruite, et ce n'est guère que vers le pourtour (fig. 2 A) ou bien contre le cylindre central, qu'on peut observer le tissu largement lacuneux qui la constitue. Sur l'échantillon de la fig. 1, dont les racines sont un peu moins grosses, la conservation est généralement meilleure ; l'écorce interne est souvent conservée dans toute son étendue, et l'on constate alors que les lacunes diminuent quelque peu d'étendue vers le centre et qu'au contact immédiat du cylindre ligneux le tissu parenchymateux *p* (fig. 1 B) devient continu ; cependant le fait n'est pas constant, et sur quelques racines les lacunes s'étendent jusqu'à la périphérie du cylindre ligneux comme sur l'échantillon de Cotta et sur ceux qui ont été figurés plus tard par Corda sous différents noms spécifiques. Quant au cylindre ligneux central, il montre toujours très nettement ses six à dix faisceaux (V, fig. 1 B, 1 C), indépendants ou à peine confluents vers le centre, et formant une élégante étoile à longues pointes ; quelquefois le tissu parenchymateux est conservé et l'on distingue alors très nettement, entre les pointes des faisceaux ligneux, des groupes semblables à ceux que montre, pour le *Ps. espargeollensis,* la fig. 2 A (L) de la Pl. XXV, et qui ne sont autre chose que les faisceaux libériens.

Sur quelques-unes de ces racines, on observe, dans l'anneau de parenchyme continu qui entoure le cylindre central, un ou deux cercles de petites lacunes dont la dimension ne dépasse pas celle des cellules elles-mêmes, mais qui tranchent sur celles-ci par leur coloration et leur opacité ;

ce sont vraisemblablement des canaux gommeux, semblables à ceux dont Corda a constaté l'existence chez son *Ps. dubius* et que M. Stenzel a reconnu n'être pas constants sur un même échantillon[1], se montrant chez certaines racines tandis qu'ils font défaut chez les autres. C'est le cas également sur l'échantillon de la fig. 1, où on les observe seulement dans quelques racines.

Sur aucun des deux fragments représentés Pl. XXVI, fig. 1 et 2, on ne retrouve, entre les racines, aucune trace de tissu conjonctif : on a évidemment affaire à des racines libres, définitivement dégagées de l'anneau de parenchyme cortical dans lequel elles couraient au début; chez les unes le contour est nettement limité par la zone de sclérenchyme qui constitue leur écorce externe; chez les autres, on remarque autour de cette zone, comme chez le *Ps. augustodunensis,* un anneau plus ou moins étroit, formé d'éléments probablement parenchymateux, à parois minces, et offrant une section sensiblement supérieure à celle des fibres sclérenchymateuses qu'ils avoisinent.

M. Stenzel, qui a étudié un grand nombre d'échantillons de *Ps. asterolithus,* a constaté l'existence de cette gaîne de tissu parenchymateux chez toutes les racines libres, tandis qu'elle paraît manquer chez les racines encore plongées dans le tissu conjonctif intra-cortical, lequel aurait été lui-même, comme l'écorce interne des racines, largement lacuneux. Sur les fragments d'anneau radiculaire que j'ai figurés, cette gaîne parenchymateuse est plutôt l'exception, on ne l'observe qu'autour de quelques racines, et encore est-elle, en général, assez mal conservée; mais sur d'autres échantillons de la même provenance presque toutes les racines la possèdent; sa présence ou sa disparition paraissent donc liées à la plus ou moins bonne conservation du tissu qui la constitue. Peut-être, comme je l'ai fait remarquer pour le *Ps. augustodunensis,* cette gaîne de parenchyme représente-t-elle le voile, c'est-à-dire l'assise pilifère de ces racines.

Aucun des tronçons de *Ps. asterolithus* récoltés dans l'Autunois ne s'étend

1. *Ueber die Staarsteine,* p. 888.

jusqu'au cylindre ligneux, et cette partie de la tige n'a pas été observée davantage sur les spécimens recueillis en Saxe ou en Bohême et compris sous les noms de *Ps. asterolithus*, *Ps. parkeriæformis* ou *Ps. dubius;* mais il faut, suivant M. Stenzel, rapporter également à cette espèce le *Ps. speciosus* Corda, trouvé à Neu-Paka, en Bohême, qui, lui, montre une portion du cylindre ligneux ; c'est à lui que se rapporte la partie de la diagnose qui précède, relative à la constitution de ce cylindre et au nombre des files longitudinales de feuilles.

La figure qu'en a donnée Corda montre un fragment du cylindre ligneux comprenant un peu plus de la moitié de la section transversale; une gaîne continue de sclérenchyme le sépare de l'anneau radiculaire. Aux deux bouts d'un même diamètre cette gaîne présente deux profonds et larges sinus renfermant chacun un faisceau foliaire : un de ces faisceaux aboutit déjà à la cicatrice, il est divisé en deux branches, et chacune d'elles est repliée sur le bord en un crochet très accusé ; l'autre n'est pas encore sorti, pourtant il est également divisé en deux branches, qui se présentent sous la forme de deux arcs à forte courbure tournant leur concavité l'un vers l'autre ; si cette division est réelle et normale, il faudrait admettre que le faisceau foliaire se constitue, comme, par exemple, chez le *Ps. infarctus,* en deux moitiés indépendantes, mais qui ne se souderaient pas ensuite en une lame unique; ce serait là une disposition très différente de ce qu'on observe chez la plupart des autres *Psaronius.* En arrière de chacun de ces deux faisceaux opposés, et dirigée perpendiculairement au diamètre qui les joint, on observe une bande vasculaire aplatie, à extrémités recourbées en crochets, évidemment destinée à donner naissance à un autre faisceau foliaire de la même série. Au centre, entre ces deux bandes, dont l'une se replie fortement sur elle-même, on voit une bande sinueuse en forme de V dont la bissectrice leur est parallèle, et, sur le prolongement de cette bissectrice, vers le pourtour, une bande aplatie, à bords recourbés en dedans, qui, elle, est dirigée parallèlement au diamètre joignant les deux faisceaux ; elle semble ainsi devoir donner naissance à un faisceau distant de 90° de chacun des deux premiers. Enfin, à la périphérie, entre les extrémités de cette bande et les faisceaux foliaires, on trouve deux arcs inégaux, assez épais, qui sont certainement les stèles périphériques; de la face externe de l'un d'eux se détache un prolongement linéaire qui ne peut être qu'un faisceau de racine.

Étant donné qu'il y avait symétrie par rapport au diamètre passant par les deux faisceaux foliaires opposés, il devait y avoir, dans cette tige, quatre stèles périphériques, et les feuilles devaient être rangées suivant quatre files longitudinales.

Le tissu conjonctif du cylindre ligneux est largement lacuneux, ainsi que celui de l'anneau radiculaire, et l'écorce interne des racines offre aussi de grandes lacunes, séparées les unes des autres par une seule assise de cellules, semblables par conséquent à celles qu'on observe chez le *Ps. asterolithus*. C'est d'après ces caractères que M. Stenzel a identifié le *Ps. speciosus* au *Ps. dubius*, réuni lui-même au *Ps. asterolithus* sans qu'il y ait lieu de douter de l'identité; mais, en ce qui concerne le *Ps. speciosus*, la figure de Corda montre l'axe central des racines constitué par des faisceaux ligneux assez largement confluents au centre, alors que chez le *Ps. asterolithus* et chez ses diverses formes les faisceaux paraissent être toujours indépendants presque jusqu'au centre. Je ne puis donc me défendre d'un certain doute sur la justesse de l'identification proposée par M. Stenzel, si vraisemblable qu'elle paraisse à tous les autres égards, et je crois plus prudent de ne l'admettre, quant à présent, que sous réserve.

L'étude de l'échantillon type de Corda ainsi que d'un autre fragment de tige de *Ps. speciosus*, qui, d'après M. Stenzel [1], doit se trouver dans les collections du *Hofmuseum* de Vienne, permettrait sans doute de faire la lumière sur la différence que je signale, et d'en apprécier l'importance et la valeur; il serait à souhaiter également que l'on s'assurât positivement, s'il se peut, sur ces échantillons, du nombre des séries longitudinales de feuilles : il est vraisemblable que l'examen de l'autre extrémité du tronçon figuré par Corda permettrait de reconnaître, dans la disposition des bandes

1. *Ueber die Staarsteine*, p. 888.

internes et dans la marche des faisceaux, des modifications analogues à celles que j'ai pu constater dans les mêmes conditions sur la plaque de *Ps. brasiliensis* du Muséum et fournirait ainsi de précieux renseignements.

Considéré dans sa tige, le *Ps. asterolithus*, si l'on admet son identification avec le *Ps. speciosus*, ne peut être rapproché que du *Ps. brasiliensis*; il en diffère par l'absence de lames de sclérenchyme en arrière des stèles périphériques, par le moindre développement de ces stèles, et par le nombre et la complexité beaucoup moindres des bandes de la région centrale. De plus il a un tissu conjonctif lacuneux, alors que chez le *Ps. brasiliensis* le tissu conjonctif, aussi bien dans l'anneau radiculaire que dans le cylindre ligneux, est dépourvu de lacunes; la même différence existe pour l'écorce interne des racines; enfin l'axe ligneux des racines est formé, chez le *Ps. brasiliensis*, de faisceaux confluents sur presque toute leur étendue, tandis que chez le *Ps. speciosus*, les faisceaux, confluents seulement vers le centre, forment une étoile à longues pointes.

Envisagé sous sa forme typique et normale, c'est-à-dire à l'état de fragments d'anneau radiculaire, le *Ps. asterolithus*, avec ses racines lacuneuses, ne peut être comparé, par rapport aux autres espèces de l'Autunois, qu'avec les *Ps. Demolei, Ps. espargeollensis* et *Ps. augustodunensis*; il diffère des deux premiers par l'importance beaucoup plus grande de ses lacunes, ne comprenant d'ordinaire entre elles qu'une seule assise de cellules; l'indépendance des faisceaux ligneux de l'axe de ses racines, qui le rapproche du *Ps. espargeollensis*, l'écarte au contraire du *Ps. Demolei*, chez lequel les faisceaux sont largement confluents; enfin, chez ces deux derniers, le tissu conjonctif est dépourvu de lacunes, tandis qu'il paraît être lacuneux chez le *Ps. asterolithus*, à en juger d'après les figures publiées par Corda sous le nom de *Ps. dubius*.

Le *Ps. asterolithus* se rapproche d'autre part du *Ps. augustodunensis*, que M. Stenzel avait même tout d'abord proposé de lui réunir [1], par la présence fréquente d'une gaîne parenchymateuse autour de l'écorce externe scléren-

_____
[1]. *Ueber die Staarsteine*, p. 884, 889.

chymateuse de ses racines; mais le *Ps. augustodunensis* a généralement les lacunes de l'écorce interne un peu moins développées, et surtout il a les faisceaux ligneux de l'axe de ses racines largement confluents vers le centre, ce qui le distingue nettement du *Ps. asterolithus.*

Celui-ci peut enfin être comparé au *Ps. giganteus* [1], auquel il ressemble notamment par les grandes dimensions que peuvent acquérir ses racines, et qui a été signalé par M. Renault dans l'Autunois [2]; mais il s'en distingue en tout cas par l'indépendance presque complète des faisceaux ligneux de ses racines, ceux du *Ps. giganteus* se soudant latéralement les uns aux autres presque jusqu'à leurs pointes, de telle façon que l'axe ligneux présente, chez ce dernier, la forme d'un hexagone ou d'un octogone à côtés concaves, à angles aigus, mais non celle d'une étoile. Les échantillons de l'Autunois étiquetés sous ce nom de *Ps. giganteus,* que j'ai eus entre les mains, m'ont au contraire offert, sans exception, le faisceau stelliforme à rayons indépendants caractéristique du *Ps. asterolithus,* si bien que la présence du *Ps. giganteus* dans le Permien des environs d'Autun me paraît assez douteuse.

Je n'ai pas à revenir ici sur les motifs qui ont conduit M. Stenzel à réunir au *Ps. asterolithus* les *Ps. parkeriæformis* et *Ps. dubius* de Corda : j'ai d'ailleurs indiqué plus haut que les canaux gommeux qui caractériseraient le *Ps. dubius* existent souvent dans certaines racines, alors qu'ils manquent dans d'autres, sur un seul et même échantillon; quant au *Ps. parkeriæfor-mis,* il ne possède en réalité aucun caractère distinctif sérieux, et l'examen des figures types suffit à démontrer son identité avec le *Ps. asterolithus.* Synonymie.

Pour le *Ps. speciosus,* l'identification m'a, comme je l'ai dit plus haut, semblé plus douteuse; aussi ne l'ai-je inscrit que sous réserve dans la liste synonymique.

Le *Ps. asterolithus* ne paraît pas très rare dans les gisements permiens de l'Autunois, mais seulement sous la forme de fragments d'anneaux radiculaires. Provenance.

1. Corda, *Beitr. z. Fl. d. Vorw.,* p. 109, pl. XLVI.
2. *Cours bot. foss.,* III, p. 148.

Section III. — *Psaronii distichi.*

Les tiges comprises dans cette section correspondent aux *Megaphyton*, parmi lesquelles certaines espèces tout au moins diffèrent sensiblement des *Caulopteris* par la constitution de leurs cicatrices. Ainsi les empreintes de *Meg. Mac-Layi* montrent des cicatrices vasculaires, fortement échancrées suivant le diamètre vertical par un profond sinus en fl partant de leur bord inférieur, peut-être même divisées quelquefois en deux cicatrices ovales indépendantes ; à l'intérieur, on remarque deux bandes internes en forme de *v* très ouvert, situées l'une à droite, l'autre à gauche du sinus médian. Le faisceau foliaire paraît donc devoir offrir ici une complexité particulière ; malheureusement les échantillons connus de *Psaronius* à feuilles distiques ne fournissent à cet égard que des renseignements incomplets : il semble bien, cependant, que chez certains d'entre eux, tels, par exemple, que le *Ps. scolecolithus* Unger[1] ou le *Ps. Gutbieri* Corda[2], deux bandes séparées se portent dans chaque feuille, ce qui explique la division de la cicatrice vasculaire en deux moitiés indépendantes ou presque indépendantes ; chez d'autres, au contraire, la bande foliaire paraît unique, comme chez les *Psaronius* à plusieurs séries de feuilles ; il se peut, d'ailleurs, que parmi les *Megaphyton*, dont on ne connaît qu'un nombre d'espèces fort restreint, il y ait eu des espèces à cicatrices plus simples que celles du *Meg. Mac-Layi.*

Dans tous les cas, les *Psaronius* à deux séries longitudinales de feuilles diffèrent de ceux des deux sections précédentes par l'arrangement des bandes libéroligneuses de leur tige, disposées parallèlement les unes aux autres en deux séries opposées, et augmentant graduellement de longueur du centre à la périphérie ; les plus rapprochées du pourtour, les stèles péri-

1. Stenzel, *in* Gœppert, *Foss. Fl. d. perm. Form.*, p. 49, 66 ; *Ueber die Staarsteine*, pl. 34, fig. 1.
2. Corda, *Beitr. z. Fl. d. Vorw.*, p. 105, pl. XLII.

phériques, ne diffèrent plus ou presque plus de celles de la région centrale
et ne forment pas, avec les faisceaux foliaires, de couronne autour de celle-
ci. Des bandes d'anastomose dirigées perpendiculairement à ces stèles les
unissent entre elles bords à bords, soit sur un même rang, soit d'un rang à
l'autre, et après une anastomose de la plus extérieure de ces bandes avec
les stèles périphériques, le faisceau foliaire se trouve constitué ; c'est le
même mécanisme, en somme, que chez les *Psaronius* polystiques, mais
avec moins de complexité.

Parmi les échantillons de l'Autunois que j'ai eus entre les mains, je
n'en ai trouvé que deux appartenant à cette section ; l'un et l'autre présentent une gaîne sclérenchymateuse autour de leur cylindre ligneux et se
rangeraient, par conséquent, ainsi que je l'ai déjà dit, dans le groupe des
Distichi de M. Stenzel, mais ils ne me paraissent pouvoir être rapportés à
aucune des espèces déjà connues de ce groupe.

Il est assez probable que le genre *Zippea* de Corda, qui représente des
tiges de Fougères houillères à feuilles distiques, devrait rentrer dans ce
groupe des *Psaronii distichi;* le *Zippea disticha*[1] ne semble, en effet, différer
des *Psaronius* que par la disparition des stèles du cylindre ligneux et des
racines comprises dans l'anneau radiculaire entre ce cylindre et l'écorce
externe, les seuls éléments conservés étant la gaîne sclérenchymateuse
dudit cylindre ligneux et les bandes vasculaires qui se rendaient aux
feuilles; mais il est difficile d'en juger définitivement sur la seule inspection
des figures.

PSARONIUS BRONGNIARTI. n. sp.

(Pl. XXII, fig. 1 à 4.)

Cylindre ligneux entouré d'une *gaîne sclérenchymateuse discontinue, inter-*   Description
rompue en face des points de sortie des faisceaux foliaires. Stèles nombreuses, les   de
plus voisines du centre affectant la forme de bandes peu développées, *irrégu-*   l'espèce.

1. Corda, *Beitr. 2. Fl. d. Vorw.*, p. 76, pl. XXVI.

lièrement arquées ou contournées, *les suivantes formant de larges lames plates ou faiblement arquées, alignées les unes derrière les autres* parallèlement au plan diamétral mené par les deux files de feuilles ; stèles périphériques semblables à celles qui les avoisinent. *Bandes d'anastomose plus ou moins longues* suivant leur position, *celles du centre peu régulières,* les suivantes dirigées perpendiculairement au diamètre passant par les cicatrices foliaires et unissant bords à bords les stèles des deux séries situées de part et d'autre de ce diamètre.

Faisceaux foliaires se présentant, avant leur sortie, *sous la forme de bandes grêles,* presque plates à l'origine. Cicatrices distiques, probablement assez espacées, peut-être fermées à leur partie supérieure.

Racines de petit diamètre, à écorce externe épaisse, à écorce interne vraisemblablement dépourvue de lacunes.

Remarques paléontologiques. Les fig. 1 et 2 de la Pl. XXII représentent deux sections transversales faites sur un même tronçon de tige long de 12 centimètres, et distantes de 6 centimètres. Sur la gauche de l'une et de l'autre on voit les stèles alignées sous forme de grandes bandes plates légèrement sinueuses, à extrémités légèrement recourbées en crochet ; la plus rapprochée de la gaîne, la stèle périphérique, ne semble différer en rien, ni comme figure ni comme longueur, de celle qui la suit immédiatement ; cette stèle périphérique, qui sur la coupe fig. 1 se trouve à un centimètre environ de la gaîne, vient, sur la coupe fig. 2, s'appliquer contre celle-ci, ondulant ainsi dans le sens vertical, comme le font les stèles périphériques de la plupart des *Psaronius* polystiques qui ont été étudiés plus haut. Au centre, la disposition est très irrégulière : au lieu de larges bandes plates, on ne voit plus que des lames étroites diversement contournées, qui sans doute, d'après la coupe longitudinale α α (fig. 4), couraient les unes à côté des autres en s'anastomosant çà et là pour se disjoindre ensuite. On remarque sur cette coupe que ces lames semblent diverger légèrement de bas en haut et se porter graduellement vers l'extérieur ; le même fait s'observe sur la coupe tangentielle β (fig. 3) pour la lame *t,* qui vers le haut va s'unir à l'extrémité de l'une des deux stèles aplaties aboutissant derrière la portion *b* (fig. 2) de la gaîne

sclérenchymateuse; cette lame *t* représente sans doute une bande d'anastomose réunissant cette stèle à l'une des stèles centrales.

Vers le centre de la coupe fig. 1, on remarque, du côté du bord inférieur du cylindre ligneux, une anastomose en *v* de deux des bandes de la
région centrale; à l'autre extrémité du diamètre incliné à 45° qui formerait la bissectrice de ce *v* et normalement à lui, s'étale, parallèlement au
contour de la gaîne, une longue bande vasculaire qui, d'après ce que l'on
observe chez les autres *Psaronius* à feuilles distiques[1], ne peut être qu'une
des bandes d'anastomose réunissant bords à bords les extrémités de deux ou
plusieurs des stèles des deux séries opposées, et peut-être la dernière de
ces bandes, celle qui va donner naissance au faisceau foliaire. En tout cas,
si la coupe fig. 1 indique ainsi la préparation des faisceaux foliaires et
montre leurs points de sortie indiqués par les interruptions de la gaîne,
elle ne rencontre pas de faisceau définitivement constitué. Par contre, sur
la coupe fig. 2, on en aperçoit un, en F, formé par une bande excessivement grêle, à peine discernable entre les racines qui l'entourent. Cette
bande, infléchie en *v*, tourne sa concavité vers l'extérieur, et comme la
gaîne est refermée derrière elle, il est assez probable qu'on a plutôt affaire
ici à la région supérieure d'une cicatrice qu'à un faisceau commençant
seulement à s'échapper du cylindre ligneux et destiné à changer ensuite le
sens de sa courbure. S'il en est réellement ainsi, cette forme de la bande
foliaire, semblable à celle que présentait chez le *Ps. infarctus* le faisceau
F_{12} de la Fig. 38 (p. 208), dénoterait une cicatrice fermée vers le haut;
mais il faut tenir compte de ce que le tronc a été fortement comprimé
dans le sens même du diamètre passant par les cicatrices, et que le faisceau a peut-être subi une déformation assez notable. Il eût été évidemment désirable de reconnaître d'une façon exacte la forme de la cicatrice au moyen d'une coupe tangentielle passant par les pointes de ce
faisceau F; mais il n'a pas été possible d'entreprendre cette préparation,
en raison de l'état du fragment, complètement carié dans cette région

1. Voir, par exemple, *Ps. simplex, Foss. Fl. d. perm. Form.*, p. 50, 67, pl. VI, fig. 3, 4.

immédiatement au-dessous du plan de la coupe fig. 2 et sur tout le reste de sa longueur.

Le même accident se reproduit à l'autre extrémité du tronçon dont la fig. 1 représente la coupe, pour la région opposée au faisceau F de la fig. 2 ; sur le bord de cette région cariée, on distingue un autre faisceau analogue à F, mais probablement sur le point de sortir, et affectant la forme d'une bande tout à fait aplatie ; malheureusement l'état de l'échantillon ne permet pas de songer à le suivre.

On reste donc dans l'incertitude, sinon sur le mode de formation des bandes foliaires, qui paraît bien être identique ici à ce qu'il est chez les autres *Psaronius* à feuilles distiques, du moins sur la façon dont ces bandes se comportaient en sortant du cylindre ligneux et sur la forme des cicatrices auxquelles elles aboutissaient.

Quant aux éléments de la tige considérés en eux-mêmes, ils n'offrent aucune particularité : les stèles sont réduites à leurs éléments ligneux, et l'on ne retrouve aucune trace des éléments libériens. La gaine de sclérenchyme est interrompue çà et là par quelques racines qui la traversent ; mais, sauf en regard des faisceaux, elle paraît avoir été parfaitement continue ; si elle semble s'arrêter sans atteindre le bord vers le haut, à gauche, des fig. 1 et 2, cela tient uniquement à ce que la masse de l'échantillon est fortement cariée dans cette région et n'offre plus aucune trace de structure ; quant aux interruptions qu'elle présente sur la fig. 2 le long de la section longitudinale β, elles tiennent uniquement à ce que, le trait de scie l'ayant coupée tangentiellement, ainsi qu'on peut également le voir sur la fig. 3, elle a été détruite en quelques points par le sciage même.

Le tissu conjonctif du cylindre ligneux a complètement disparu ; mais on retrouve quelques lambeaux de celui de l'anneau radiculaire, qui, quoiqu'un peu altéré, est encore suffisamment bien conservé pour qu'on puisse s'assurer qu'il n'était pas lacuneux. Il ne reste guère, des racines elles-mêmes, que l'écorce externe, formée d'un anneau assez épais de sclérenchyme ; il est infiniment probable, à en juger par leur faible diamètre et par les rares indices de tissu cortical interne qu'on peut encore découvrir, que ce dernier était également dépourvu de lacunes; l'axe libéroligneux est complètement détruit, sauf cependant, sur certaines racines, quelques trachéides occupant les sommets d'un pentagone, ce qui indique que l'axe devait, habituellement, comprendre cinq faisceaux ligneux.

Cette espèce viendrait, comme je l'ai déjà dit, se ranger parmi les *Psaronii vaginati* de M. Stenzel, dans le groupe des *Distichi;* elle ressemble surtout, parmi les espèces de ce groupe, aux *Ps. Ungeri* Corda[1] et *Ps. musæformis* Sternberg (sp.)[2], et c'est l'échantillon même de la Pl. XXII que M. Renault avait eu en vue lorsqu'il a signalé cette dernière espèce aux environs d'Autun[3]. Mais chez le *Ps. Ungeri* comme chez le *Ps. musæformis,* le nombre des stèles du cylindre ligneux paraît avoir été infiniment moins considérable que dans le fragment de tige dont on vient de lire la description; il est vrai que le nombre et le développement des stèles pouvaient être et étaient probablement en rapport direct avec l'âge et la grosseur des tiges; il ne faudrait donc pas attacher trop d'importance à des différences de cette nature. Aussi n'est-ce pas la seule raison qui m'ait empêché de rapporter à l'une ou à l'autre de ces deux espèces l'échantillon dont je viens de parler; chez toutes deux, en effet, la disposition des stèles, même les plus centrales, est parfaitement régulière : elles forment toutes des bandes aplaties, dont la longueur croît régulièrement du centre à la périphérie, tandis qu'ici les stèles du centre sont remarquablement irrégulières, et les suivantes paraissent avoir eu toutes la même longueur, au moins à fort peu de chose près. De plus, chez le *Ps. Ungeri,* ces stèles s'anastomosent deux à deux par une bande en fer à cheval fortement convexe vers l'extérieur, et l'on ne voit pas ces longues bandes transversales d'anastomose qui existent, au pourtour du cylindre ligneux, chez l'espèce d'Autun comme sur le type du *Ps. musæformis,* tel que l'a figuré Sternberg[4].

Enfin, chez ce dernier, les faisceaux foliaires sont enfermés avant leur

Rapports
et différences.

---

1. Voir Stenzel, *in* Gœppert, *Foss. Fl. d. perm. Form.,* p. 63, pl. V, fig. 6.
2. *Ibid.,* p. 64, pl. V, fig. 4; pl. VI, fig. 5, 7.
3. *Cours bot. foss.,* III, p. 145.
4. *Ess. Fl. monde prim.,* I, fasc. 1, pl. V, fig. 2 *b*.

sortie dans une gaîne sclérenchymateuse close sur tout leur pourtour, comme ceux, par exemple, du *Ps. bibractensis,* et cette gaîne fait à l'extérieur une saillie marquée, constituant au-dessous de la cicatrice une sorte de coussinet allongé dans le sens vertical; c'est là un caractère d'une assez grande importance, à ce qu'il semble, et qui manque absolument au *Ps. Brongniarti.*

Celui-ci peut encore, à certains égards, être rapproché du *Ps. scolecolithus*[1], dont le cylindre ligneux paraît avoir eu des stèles un peu plus nombreuses et surtout plus développées que les *Ps. Ungeri* et *Ps. musæformis;* mais on n'y voit pas au centre ces petites bandes irrégulières qui, chez l'espèce d'Autun, occupent un espace notable entre les premières bandes aplaties; d'autre part, le *Ps. scolecolithus* semble avoir eu des coussinets foliaires très développés, constitués par l'étui de sclérenchyme qui entoure les faisceaux avant leur sortie, et ceux-ci paraissent avoir été divisés en deux branches presque dès leur origine, du moins à en juger par la figure qu'en a donnée M. Stenzel.

L'espèce qui vient d'être décrite ne saurait donc être identifiée avec aucune de celles-là, pas plus avec le *Ps. scolecolithus* qu'avec le *Ps. musæformis* ou le *Ps. Ungeri.* Elle semble, il est vrai, offrir des affinités plus marquées avec une de celles du groupe des *Jugati :* je veux parler du *Ps. conjugatus*[2], que M. Stenzel a rangé dans ce groupe, parmi les *Psaronii subvaginati,* tout en le donnant dans sa diagnose comme positivement muni d'une épaisse gaîne de sclérenchyme. Par le nombre et la longueur de ses stèles, il est plus voisin du *Ps. Brongniarti* qu'aucune des trois espèces que j'ai mentionnées avant lui; je ne crois pas néanmoins que l'identification soit possible, d'une part à cause de la continuité de la gaîne de l'espèce d'Autun, qui est trop nettement marquée pour qu'on puisse l'assimiler à une espèce classée comme pourvue d'une gaîne peu distincte; d'autre part, à cause de l'absence, au centre de la tige du *Ps. conjugatus,* de petites bandes sinueuses

---

1. Unger, *in* Endlicher, *Gen. plant.,* Suppl. II, p. 4. Corda, *Beitr. z. Fl. d. Vorw.,* p. 102, pl. XXXVIII. Stenzel, *Ueber die Staarst.,* p. 847, pl. 34, fig. 4.

2. Stenzel, *in* Gœppert, *Foss. Fl. d. perm. Form.,* p. 66, pl. VI, fig. 4.

irrégulières entre les grandes stèles aplaties; de plus, les stèles périphériques sont, chez ce dernier, sensiblement plus longues que celles qui les
avoisinent, ce qui ne paraît pas avoir lieu chez le *Ps. Brongniarti;* enfin le
faisceau foliaire semble avoir été bien plus important, bien que la tige soit
beaucoup moins développée que celle de l'échantillon d'Autun.

Pour toutes ces raisons, celui-ci m'a paru constituer un type spécifique
distinct, auquel je suis heureux de pouvoir attacher le nom vénéré d'Ad.
Brongniart.

Gisements permiens des environs d'Autun.

Provenance.

PSARONIUS LEVYI. n. sp.

(Pl. XXIII, fig. 1.)

Cylindre ligneux entouré d'une *gaîne sclérenchymateuse assez épaisse,* probablement discontinue. *Stèles très peu nombreuses, au nombre de quatre seulement,* deux à la périphérie et deux au voisinage du centre : *stèles périphériques
très développées,* en forme de bandes plates à bords recourbés en crochets
vers l'intérieur ; *stèles centrales petites, grêles,* plus ou moins arquées ; bandes
d'anastomose allongées perpendiculairement à la direction des stèles périphériques.

Description
de
l'espèce.

Faisceaux foliaires se présentant, avant leur sortie, *sous la forme de bandes
grêles, à bords fortement repliés en crochets* vers le dedans, d'abord presque
plates, puis fortement convexes vers l'extérieur.

*Tissu conjonctif de l'anneau radiculaire dépourvu de lacunes. Racines à écorce
interne non lacuneuse,* à cylindre central formé de cinq ou six faisceaux ligneux
rayonnants.

Le tronçon de tige représenté sur la fig. 1 de la Pl. XXIII est remarquable
par le petit nombre des bandes vasculaires qui entrent dans la constitution
de son cylindre ligneux. On voit en P_1, P_1, les deux stèles périphériques,
épaisses et assez longues, formées de trachéides à large ouverture (fig. 1 A);
de chacune d'elles se détache un faisceau de trachéides plus grêles (r, r',

Remarques
paléontologiques.

fig. 1; r, fig. 1 A) qui indique l'origine d'une racine. Entre ces deux stèles, à la périphérie, deux bandes étroites, F_1, F_2, à éléments fins (fig. 1 B), représentent les cordons foliaires qui se portent aux deux séries opposées de feuilles ; l'un d'eux, le moins avancé, F_2, est presque plat, sauf à ses extrémités, nettement recourbées en crochet ; l'autre, F_1, plus près de sortir, est fortement arqué et offre sur une de ses moitiés des plissements accentués, qui sont sans doute purement accidentels. Il est probable que la gaîne sclérenchymateuse, une fois ouverte pour le passage de ces bandes foliaires, ne devait pas se refermer derrière elles, car on devrait, en ce cas, voir, de part et d'autre de la bande F_1, le commencement des lames de sclérenchyme destinées à se réunir derrière elle, comme on le voit à droite et à gauche de F_2 (Pl. XXI, fig. 1) chez le *Ps. brasiliensis*.

Au centre, se trouvent deux petites stèles arquées, dont l'une se prolonge vers la droite en une bande à peu près parallèle à F_2 et qui s'étend jusque contre la stèle périphérique P_2 ; cette bande est évidemment une bande d'anastomose, née de l'union bords à bords des deux stèles centrales, qui se portait en avant pour s'unir aux stèles périphériques et constituer ainsi une bande foliaire destinée à succéder à F_1 après sa sortie. Cette bande a été vraisemblablement déplacée par suite de la déformation qu'a subie la tige, et c'est ce déplacement qui aura amené son extrémité en contact avec le milieu de la face interne de la stèle P_2.

Aucune de ces bandes vasculaires ne montre plus la moindre trace des éléments libériens qui devaient exister sur son pourtour ; le tissu conjonctif du cylindre ligneux est également détruit, mais on retrouve quelques débris de celui de l'anneau radiculaire (p, fig. 1 C) au contact de la gaîne de sclérenchyme. Celle-ci est formée de fibres à parois fortement épaissies ; elle est traversée en plusieurs points par les racines, dont quelques-unes sont comprises à l'intérieur du cylindre ligneux, comme chez le *Ps. brasiliensis* et chez le *Ps. Brongniarti*. Ces racines ont une écorce externe épaisse, mais leur écorce interne est le plus souvent détruite ; on en voit cependant assez pour s'assurer que celle-ci était formée d'un tissu parenchymateux continu. Il ne reste du cylindre central qu'une mince ligne

marquant son contour, qui semble correspondre à l'endoderme, et en
dedans cinq ou six groupes formés chacun de deux ou trois éléments vasculaires très fins, représentant les pointes des faisceaux ligneux, dont les
éléments plus développés ont été détruits.

Cette espèce ne peut guère être rapprochée que des formes du *Ps.*
musœformis à cylindre ligneux pourvu seulement d'un petit nombre de
stèles, que M. Stenzel a classées comme *Ps. musœformis, pauper*[1]; mais dans
cette variété le nombre des stèles est encore plus considérable qu'ici, et s'il est
peu élevé, cela semble devoir être attribué au faible diamètre, c'est-à-dire
à l'âge peu avancé, des tiges qui présentent cette particularité. Or l'échantillon qui vient d'être décrit offre des dimensions trop considérables pour
qu'on puisse imputer à la même cause la rareté des stèles entrant dans la
constitution de son cylindre ligneux, et l'on est fondé à croire qu'il s'agit
ici, non pas d'une variation dépendant de l'âge et du développement de la
tige, mais bien d'un caractère spécifique d'une réelle valeur.

L'espèce m'ayant ainsi semblé nouvelle, je l'ai dédiée à M. Michel
Lévy, ingénieur en chef des mines, directeur du service des topographies
souterraines.

Gisements permiens des environs d'Autun.

Pétioles et Rachis de Fougères.

Fragments de pétioles ou de rachis de grosseur variable, simples ou
ramifiés, à surface lisse ou striée longitudinalement, ou marquée de cicatricules indiquant la présence d'écailles caduques. Système libéroligneux
diversement constitué.

On observe assez fréquemment en empreintes de ces débris de pétioles
ou de rachis, dépourvus des pennes feuillées qui venaient s'attacher à leurs
ramifications, et par conséquent impossibles à déterminer, soit spécifique-

---

1. Gœppert, *Foss. Fl. d. perm. Form.*, p. 64, pl. V, fig. 4; pl. VI, fig. 5.

ment, soit même génériquement; ils n'offrent, dans ces conditions, qu'un intérêt fort médiocre. M. Grand'Eury a distingué, sous le nom d'*Aulacopteris*[1], les plus gros d'entre eux, qu'il a trouvés non seulement associés, mais en rapport direct avec des pennes feuillées d'*Alethopteris*, d'*Odontopteris* ou de *Nevropteris*, et qui témoignent, par leur diamètre considérable, des dimensions énormes qu'atteignaient les frondes de la plupart des Fougères comprises dans ces trois genres; ils sont généralement aplatis, et représentés seulement par une mince lame charbonneuse, à surface sillonnée de stries longitudinales plus ou moins fines, qui leur donnent quelquefois, au premier coup d'œil, une certaine ressemblance avec des feuilles de Cordaïtes; mais un examen plus attentif montre qu'ils n'ont pas les nervures régulières de celles-ci, de sorte que la confusion n'est pas possible.

On rencontre aussi de temps en temps, du moins dans certains gisements houillers ou permiens, de ces fragments de rachis ou de pétioles à structure plus ou moins bien conservée et susceptibles d'être étudiés anatomiquement; ils offrent naturellement un intérêt beaucoup plus grand qu'à l'état de simples empreintes, puisqu'ils fournissent des renseignements sur la constitution intime des Fougères de ces époques anciennes. Malheureusement on ignore, dans la plupart des cas, quelles étaient les pennes feuillées qui leur correspondaient, et l'on est obligé de les classer à part, au moins à titre provisoire.

Corda les avait séparés en deux groupes, *Phthoroptéridées* et *Rachioptéridées*[2], réunissant dans celui-ci les tronçons de pétioles isolés, et dans celui-là ceux qui se trouvaient encore groupés autour d'une tige aérienne ou souterraine commune, et entourés de racines adventives. Il a distingué parmi eux un nombre assez considérable de genres, fondés sur la forme que présentent en coupe transversale les bandes ou cordons libéroligneux qui parcourent ces pétioles ou ces rachis, ainsi que sur le nombre de ces cordons; tous les échantillons qu'il a fait connaître, de même que ceux qu'avait publiés antérieurement Cotta, se rapportent exclusivement à des Fougères

1. *Fl. carb. du dép. de la Loire*, p. 122.
2. *Beitr. z. Fl. d. Vorw.*, p. 84, 83.

herbacées ou subarborescentes, à pétioles d'assez petites dimensions, ne dépassant pas la grosseur du doigt.

Il y a peu d'années, M. Williamson, s'appuyant sur les variations que subissent dans une même fronde de Fougère la forme et le nombre des cordons libéroligneux, suivant qu'on examine des rachis d'ordre plus ou moins élevé, a proposé de réunir sous un seul nom générique, celui de *Rachiopteris*[1], tous ces débris de pétioles ou de rachis, en attendant qu'ils puissent être raccordés aux pennes feuillées auxquelles ils correspondaient. Il résulte des détails qu'il a donnés à ce sujet que les caractères distinctifs admis par Corda peuvent dépendre simplement, au moins dans une certaine mesure, de la situation, plus ou moins éloignée de la base de la fronde, qu'occupait le fragment auquel on a affaire, et qu'en effet la distinction en divers genres était, dans beaucoup de cas, prématurée.

L'étude de ces portions de pétioles ou de rachis exigerait donc, pour être complète et vraiment fructueuse, des échantillons assez étendus pour qu'on pût suivre les bandes libéroligneuses qui les parcourent, observer les variations qu'elles subissent d'un point à un autre, et s'assurer des caractères qui peuvent rester constants; mais on ne rencontre, en général, que des tronçons assez courts, et l'on se trouve exposé, soit à confondre spécifiquement des fragments provenant d'espèces distinctes, soit au contraire à séparer les divers débris provenant de portions différentes de frondes d'une même espèce.

On a rencontré, dans les gisements de végétaux silicifiés des environs d'Autun, un certain nombre d'échantillons de ces rachis ou pétioles provenant de Fougères herbacées, et M. Renault a fait connaître les plus intéressants d'entre eux. Quelques-uns de ceux-ci, classés par lui dans les genres *Zygopteris* et *Botryopteris*[2], rentrent dans cette famille des Botryoptéridées, distincte, à divers égards, des Fougères proprement dites, dont il doit faire une étude spéciale dans la deuxième partie de ce travail; je n'ai donc pas à en parler.

1. *Philos. Transact. of the Roy. Soc. of London*, vol. 164 (1874), p. 677.
2. *Ann. sc. nat.*, 5ᵉ sér., Bot., XII, p. 161-172, pl. 3-9; 6ᵉ sér., Bot., I, p. 220-240, pl. 8-13.

D'autres, qu'il a rattachés au genre *Anachoropteris* de Corda[1], dans lequel ils constituent une espèce nouvelle, *Anach. Decaisnei*, lui ont paru pouvoir être rapprochés des Osmondées. Ils ont été trouvés encore réunis autour d'une tige commune, dont l'axe central libéroligneux, large de 6 à 8 millimètres, affecte, en coupe transversale, la forme d'une étoile à cinq branches; chacune de celles-ci présente en outre une courte bifurcation à son extrémité. L'axe est, en réalité, formé de cinq bandes vasculaires en forme d'U, tournant leur concavité vers l'extérieur, et juxtaposées latéralement les unes aux autres; elles comprennent entre elles une moelle centrale, et leurs extrémités sont réunies deux à deux par cinq autres petites bandes en V, également concaves vers le dehors, qui forment les pointes bifurquées de l'étoile. Les pétioles, ne dépassant pas 1 millimètre de diamètre à leur origine, sont encore plongés dans le tissu cortical de la tige ou adhérents à ses flancs; chacun d'eux est parcouru par une bande libéroligneuse en forme d'ellipse légèrement aplatie, ouverte vers l'extrémité du petit axe, du côté de la face ventrale, comme chez les Osmondes; et, de même encore que chez ces dernières, les faisceaux qui se rendent aux subdivisions du rachis partent, non des bords libres de la bande, mais des extrémités du grand axe de l'ellipse. Ces pétioles sont plus ou moins creusés en gouttière sur leur face dorsale, disposition assez singulière, eu égard à ce qu'on observe en général chez les Fougères vivantes.

On n'a malheureusement aucun indice sur la nature des frondes auxquelles pouvaient correspondre cette tige et ces pétioles, ni, par conséquent, sur les fructifications qu'elles devaient porter; mais il convient de rappeler à ce propos la découverte, dans les mêmes gisements, de sporanges munis d'une plaque élastique latérale, et présentant ainsi, comme je l'ai dit plus haut (Voir p. 15 à 17, Fig. 10, 11), les caractères essentiels de la famille des Osmondées. Il ne serait pas impossible que ces divers organes provinssent d'une même plante, mais l'attribution des *Anachoropteris* aux

---

1. *Ann. sc. nat.*, 5ᵉ sér., Bot., XII, p. 172-177, pl. 10, 11. *Recherches sur la structure et les affinités botaniques des végétaux silicifiés recueillis aux environs d'Autun et de Saint-Étienne*, p. 123-138, pl. 20, 21.

Osmondées ne pourra être tenue pour définitive que le jour où on les aura trouvés en rapport direct avec de telles fructifications.

M. Renault a fait connaître également d'autres fragments de pétioles recueillis par lui dans l'Autunois, et qui méritent d'être signalés, en raison de la ressemblance qu'ils présentent avec les pétioles du genre *Dicksonia*, rencontré à diverses reprises à l'état fossile dans les formations secondaires et encore vivant aujourd'hui ; il les a désignés sous le nom de *Rachiopteris dicksonioïdes* [1], tout en faisant remarquer, du reste, qu'on ne pouvait conclure de leur présence dans les couches permiennes d'Autun, à l'existence certaine des Dicksoniées pendant la période permo-carbonifère, la forme de la bande vasculaire ne constituant pas un caractère suffisamment sûr pour autoriser une conclusion aussi formelle. J'emprunte à la description qu'il en a donnée les figures ci-contre et les renseignements qui vont suivre. Ces pétioles mesurent de 5 à 6 millimètres de diamètre ; ils sont creusés à leur face supérieure d'une gouttière longitudinale peu profonde. La bande vasculaire qui les parcourt (*a*, Fig. 39) affecte la forme d'un *v* à branches faiblement divergentes dans la région inférieure, puis un peu plus écartées, et ensuite repliées en crochets vers le dedans. Cette disposition ne laisse pas

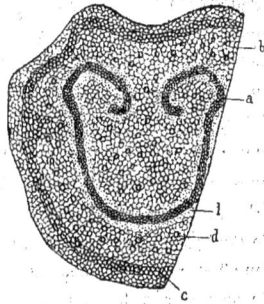

Fig. 39. — *Rachiopteris dicksonioïdes.* Renault, Coupe transversale d'un pétiole, grossie 10 fois : *a*, bande vasculaire ; *l*, éléments libériens ; *b*, tissu conjonctif parenchymateux ; *c*, zone annulaire de scléren-chyme. (D'après B. Renault.)

d'offrir une assez grande ressemblance avec celle de la bande foliaire du *Psaronius infarctus*, var. *hippocrepicus* (Pl. XV, fig. 1) ; mais chez celui-ci la cicatrice vasculaire ne présente pas vers le haut cet élargissement qu'on remarque chez les Dicksoniées, et les extrémités ne s'enroulent pas aussi fortement sur elles-mêmes. Cette bande foliaire est formée de trachéides

1. *Cours de bot. foss.*, III, p. 75, pl. 9, fig. 4, 5.

rayées, et complètement entourée d'une gaîne *l* d'éléments libériens, parmi lesquels on distingue du tissu parenchymateux et des cellules grillagées. Le tissu conjonctif *b* est parcouru par de nombreux canaux gommeux *d* (Fig. 39 et 40), semblables à ceux qu'on observe chez les *Dicksonia* et disposés comme eux. Vers la périphérie, on observe une zone annulaire *c* de tissu sclérenchymateux, qui constitue l'appareil de soutien.

Je me bornerai à ces quelques détails sur les pétioles de Fougères herbacées qui ont été trouvés à Autun, et qui sont surtout remarquables par les analogies qu'ils présentent avec certaines formes vivantes.

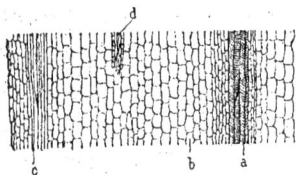

Fig. 40. — *Rachiopteris dicksonioides.* Renault. Coupe longitudinale du même pétiole, grossie plus fortement. (D'après B. Renault.)

Ceux qui restent à examiner offrent plus d'intérêt, parce qu'ils peuvent être rattachés avec une certitude à peu près complète à des frondes connues en empreintes. Les uns (*Stipitopteris*) dépendaient en effet des tiges arborescentes désignées, suivant leur mode de conservation, sous les noms de *Caulopteris,* de *Ptychopteris,* ou de *Psaronius,* et dont les *Pecopteris* représentaient vraisemblablement les frondes. Les autres (*Myeloxylon*) ont dû appartenir aux frondes gigantesques, mais non portées au sommet de troncs arborescents, des *Alethopteris,* des *Odontopteris* ou des *Nevropteris*; ce sont les fragments silicifiés des *Aulacopteris.*

Genre STIPITOPTERIS. Grand'Eury.

1877. **Stipitopteris.** Grand'Eury, *Flore carb. du dép. de la Loire,* p. 79.

Pétioles assez gros, munis à l'intérieur d'une bande vasculaire à contour général elliptique, tantôt fermée en anneau et accompagnée à l'intérieur par une deuxième bande affectant en coupe la forme d'un *v* renversé, tantôt ouverte vers le haut et repliant plus ou moins fortement ses bords vers l'intérieur.

M. Grand'Eury a créé ce genre pour les pétioles « dont la forte grosseur et les restes de structure s'accordent avec la supposition de rachis de Fougères en arbres ». Il les a trouvés mêlés aux empreintes de *Pecopteris* et de *Caulopteris* de manière à ne pouvoir douter de leur dépendance mutuelle, et la figure qu'il a donnée d'un de ces pétioles silicifiés [1] correspond exactement aux cicatrices de *Caulopteris* à contour vasculaire fermé. Il en a également représenté un autre [2], qui provient de l'Autunois et qui offrirait une bande vasculaire ouverte par le haut, à bords légèrement recourbés en dedans, et accompagnée en outre à l'intérieur d'une autre bande en *v*, mais dont la concavité serait tournée vers le haut, contrairement à ce qui existe sur les cicatrices de *Caulopteris*. On peut se demander si ce pétiole, de dimensions d'ailleurs un peu inférieures à celles des cicatrices des tiges arborescentes, appartient bien au même type que l'autre, ou si la figure des bandes vasculaires était susceptible, à mesure qu'on s'éloignait de la base du pétiole, de modifications de cette importance; je ne puis, n'ayant pas vu l'échantillon lui-même, que signaler ces différences sans me prononcer sur leur valeur.

Les trois fragments de pétioles dont je vais parler et dont je dois la communication à l'affectueuse obligeance de M. Renault, présentent des caractères parfaitement d'accord avec les cicatrices des *Caulopteris*, tant sous le rapport de la grosseur que sous celui de la forme qu'affecte, en section transversale, la bande libéroligneuse qui les parcourt. Ils laissent malheureusement un peu à désirer sous le rapport de la conservation, en ce sens que toutes les parties un peu délicates du tissu, parenchyme conjonctif et éléments libériens, ont absolument disparu; mais tous trois présentent cette particularité, que la bande vasculaire, formée de trachéides rayées, est accompagnée à l'intérieur de son contour d'une bande parallèle (*c*, Pl. XX, fig. 5 à 7), à contour mal délimité, qui la suit à très faible distance et qui

1. *Flore carb. du dép. de la Loire*, p. 80.
2. *Ibid.*, pl. XIII, fig. 2.

paraît uniquement cellulaire; examinée en coupe longitudinale, cette bande montre des cellules assez grandes, à parois n'offrant pas d'épaississement notable, à contour rectangulaire, cinq à six fois plus hautes que larges. Il est clair, comme elle n'existe jamais que sur une des faces de la bande vasculaire, qu'elle ne peut être attribuée à la portion libérienne de celle-ci. Le fait qu'elle a été conservée, alors que le tissu parenchymateux qui formait la masse de l'organe a été détruit, atteste d'ailleurs qu'elle était d'une nature plus résistante, bien que passant sans doute sur ses bords au parenchyme normal, ainsi qu'on est fondé à le croire d'après l'irrégularité de son contour (c, fig. 5 A, Pl. XX). M. Grand'Eury signale également, dans le gros pétiole qu'il a figuré, l'existence de « cellules fibreuses [1] » accompagnant le faisceau vasculaire. Peut-être est-ce là une bande de collenchyme destinée à servir de soutien au système; ce qui me porterait à l'admettre, c'est qu'en plusieurs points les cellules qui la composent montrent en coupe transversale un contour arrondi, laissant entre elles de petits intervalles triangulaires, qui représenteraient bien les épaississements localisés le long des arêtes, qu'on observe souvent dans ce genre de tissus. Cette bande n'existait sans doute que dans les pétioles, car, sur les diverses coupes tangentielles des *Psaronius* dont j'ai pu étudier les cicatrices vasculaires, je n'ai trouvé trace, à l'intérieur de celles-ci, d'aucune bande de cette nature.

Les différences que présente le contour de la bande vasculaire, de l'un à l'autre des trois échantillons dont je viens de parler, permettent de les considérer comme représentant autant d'espèces distinctes.

STIPITOPTERIS RENAULTI. n. sp.

(Pl. XX, fig. 5.)

1883. Renault, *Cours de bot. foss.*, p. 137, pl. 8, fig. 4.

Description de l'espèce.

Pétiole de 5 centimètres au moins de diamètre; *bande vasculaire à con-*

1. *Fl. carb. du dép. de la Loire*, p. 80.

tour extérieur ovoïde, à bords très rapprochés vers le haut, puis brusquement infléchis en dedans et divergeant vers le bas, recourbés en crochets à leurs extrémités; bande sclérenchymateuse suivant vers l'extérieur le contour du pétiole et accompagnée en dedans, entre elle et la bande vasculaire, de cordons de sclérenchyme disséminés dans le tissu conjonctif.

Le contour même du pétiole n'est pas conservé; on observe seulement, vers le bas de l'échantillon, une bande de sclérenchyme *g,* qui devait se trouver immédiatement ou à une faible profondeur au-dessous de l'épiderme, mais on ne la voit pas reparaître sur l'autre saillie que présente à gauche ce tronçon de pétiole; elle a été, sans doute, déplacée ou détruite. En dedans de cette bande se trouvent d'assez nombreux faisceaux de sclérenchyme *s,* à section elliptique, irrégulièrement répartis dans le parenchyme.

La bande vasculaire est remarquable par sa forme, les portions repliées en dedans se touchant presque à l'endroit où a lieu l'inflexion, et divergeant ensuite de manière à former comme un v renversé à l'intérieur du *v* que figure leur contour externe. A l'extrémité inférieure du diamètre vertical, cette bande présente deux petits plis saillants, dont il est difficile de dire s'ils sont normaux ou accidentels.

Cette espèce, à laquelle je suis heureux de pouvoir donner le nom de M. B. Renault, se rapproche de la suivante par l'absence de bande indépendante à l'intérieur de la bande vasculaire principale, et s'en distingue par la divergence marquée des portions de celle-ci repliées en dedans; le contour général de cette bande vasculaire est aussi beaucoup plus évasé, et plutôt deltoïde qu'elliptique.

Gisements permiens des environs d'Autun.

STIPITOPTERIS REFLEXA. n. sp.
(Pl. XX, fig. 7).

Pétiole probablement elliptique, mesurant plus de 4 centimètres suivant son grand diamètre; *bande vasculaire à contour général elliptique de* 35 millimètres de hauteur sur 20 millimètres de largeur, *à bords très rappro-*

chés vers le haut, puis s'infléchissant et descendant verticalement vers le bas, recourbés en crochets à leurs extrémités.

Remarques paléontologiques.

L'échantillon représenté sur la fig. 7, Pl. XX, offre une section elliptique très régulière qui ferait croire qu'on a affaire à un tronçon complet de pétiole à peine dépouillé des assises les plus extérieures de ses tissus ; mais on voit qu'en réalité il est limité sur une portion importante de son contour à la bande vasculaire et que celle-ci est même en partie détruite, comme si le fragment avait été roulé. Du côté opposé, sur la droite de la figure, il reste une zone assez large entre le bord et la bande vasculaire, mais on n'observe dans cette zone ni cordons isolés, ni bande concentrique de sclérenchyme.

A l'intérieur, la bande vasculaire *t* est accompagnée sur toute son étendue par une bande cellulaire *c* qui la suit de plus ou moins près et qui, comme je l'ai dit, est probablement formée de collenchyme.

Rapports et différences.

Le *Stip. reflexa* me paraît différer spécifiquement du *Stip. Renaulti* par la forme plus elliptique de sa bande vasculaire, par le rapprochement plus accentué et par le parallélisme des portions de cette bande repliées en dedans, enfin par l'absence de cordons de sclérenchyme à la périphérie.

On peut rapprocher ce fragment de pétiole, en raison de la forme de sa bande vasculaire, du *Psaronius bibractensis* ou du *Ps. Landrioti* ; toutefois chez ces deux espèces de tiges, les branches internes de la cicatrice vasculaire sont plus éloignées l'une de l'autre, mais peut-être se rapprochaient-elles une fois entrées dans les pétioles.

Provenance.

Gisements permiens des environs d'Autun.

STIPITOPTERIS PELTIGERIFORMIS. n. sp.

(Pl. XX, fig. 9.)

Description de l'espèce.

Pétiole probablement elliptique, atteignant au moins 4 centimètres suivant son grand diamètre. *Bande vasculaire à contour général elliptique, de 3 centimètres de hauteur sur 2 centimètres de largeur, accompagnée à l'in-*

térieur d'une deuxième bande vasculaire indépendante, en forme de v renversé, à bords recourbés en crochets vers le haut.

Cet échantillon est limité presque à la bande vasculaire, ou du moins ne comprend autour d'elle qu'une zone étroite dans laquelle on ne retrouve aucune trace d'organisation, si ce n'est, sur le bord supérieur, une portion de lame de sclérenchyme (*g*, fig. 6, Pl. XX), probablement dérangée de sa position normale; cette lame indiquerait l'existence d'une gaîne sclérenchymateuse concentrique au contour du pétiole et probablement située à une faible profondeur au-dessous de l'épiderme. La bande vasculaire externe *t* est ouverte à la partie supérieure, ainsi que la couche *c* de tissu cellulaire, ou de collenchyme, qui la borde en dedans; il est assez vraisemblable qu'elle était originairement fermée, et que l'ouverture qu'elle présente résulte d'une déchirure longitudinale accidentelle; la gaîne de sclérenchyme a été sans doute déchirée et déplacée en même temps. La bande vasculaire interne en *v* renversé est doublée sur sa face supérieure d'une couche de tissu cellulaire ou de collenchyme, identique à celle qui suit la face intérieure de la bande externe *t* ; cette disposition est d'ailleurs la conséquence nécessaire du mode de formation de cette bande interne, constituée par la soudure mutuelle et la séparation des bords repliés de la bande externe.

Remarques paléontologiques.

La section transversale du système libéroligneux de ce fragment de pétiole concorde parfaitement, comme forme et comme dimensions, avec les cicatrices vasculaires du *Caulopteris peltigera* ou du *Ptychopteris macrodiscus,* qui, d'ailleurs, représentent probablement, l'un l'écorce externe, l'autre le cylindre ligneux des mêmes tiges. Je n'oserais affirmer toutefois que ce fût précisément le pétiole d'une de ces tiges, mais j'ai cru devoir rappeler cette concordance par le choix du nom spécifique.

Le *Stip. peltigeriformis* se distingue facilement des deux espèces qui précèdent par la soudure des portions repliées de la bande vasculaire et leur séparation en une bande indépendante affectant en coupe la figure d'un *v* renversé.

Rapports et différences.

Gisements permiens des environs d'Autun.

Provenance.

Genre MYELOXYLON. Brongniart.

1832. **Medullosa**, Cotta, *Dendrolithen*, p. 59-60 (pars).
1849. **Myeloxylon**. Brongniart, *Tabl. d. genr. d. vég. foss.*, p. 60, 97.
1864. **Stenzelia**. Gœppert, *Foss. Fl. d. perm. Form.*, p. 248.
1874. **Myelopteris**. Renault, *Comptes rendus Acad. sc.*, LXXVIII, p. 258, 880; *Etude s. le genre Myelopteris*, p. 7.

Pétioles ou rachis de grosseur variable, parcourus par un nombre considérable de cordons libéroligneux filiformes, souvent assez régulièrement rangés en cercles concentriques, ainsi que par des cordons ou des lames de sclérenchyme, généralement cantonnés dans la zone périphérique, et par des tubes gommeux accompagnant ou avoisinant les faisceaux sclérenchymateux, ou, plus rarement, disséminés çà et là dans le tissu conjonctif. Faisceaux libéroligneux collatéraux, la portion libérienne étant tournée vers l'extérieur, le bois tourné vers le centre, formé de trachéides scalariformes, et offrant ses éléments les plus fins sur le bord contigu à la région libérienne.

Les dimensions de ces tronçons de pétioles ou de rachis varient dans les limites les plus étendues, suivant qu'ils proviennent de la portion basilaire de l'organe ou de subdivisions du rachis plus ou moins éloignées de la base. La fig. 1 de la Pl. XXVII reproduit, en vraie grandeur, la section transversale du plus gros échantillon qui ait été observé; il a été recueilli aux environs d'Autun par M. l'abbé Lacatte et donné par lui au Muséum de Paris. M. Renault en a fait connaître, d'autre part, dans l'étude si complète qu'il a faite de ce genre, des fragments de moins d'un centimètre de diamètre; il a, du reste, comme je l'ai dit plus haut (p. 110 et 139), retrouvé la même constitution sur des rachis d'*Alethopteris* et de *Nevropteris* encore garnis de pinnules et atteignant à peine un ou deux millimètres de largeur, ce qui a confirmé l'attribution de ces pétioles aux frondes des Aléthoptéridées et des Névroptéridées. M. Grand'Eury[1] avait déjà, du reste, reconnu cette

---

1. *Flore carb. du dép. de la Loire*, p. 129.

même structure, bien qu'imparfaitement conservée, sur les gros pétioles qu'il a désignés sous le nom d'*Aulacopteris*, et qu'il a trouvés en rapport avec des frondes d'*Alethopteris*, d'*Odontopteris* ou de *Nevropteris*.

Antérieurement, les *Myeloxylon* avaient été regardés comme des tiges et rapprochés des Monocotylédones; ce n'est qu'en 1874 que leur véritable nature a été définie, grâce aux travaux de M. Renault, dont les résultats ont été confirmés presque au même moment de la manière la plus éclatante par les études de M. Williamson sur les mêmes objets[1]. Il résulte des recherches de ces deux savants, et notamment de celles de M. Renault, que les faisceaux libéroligneux sont disséminés dans un tissu conjonctif formé de cellules polyédriques ou arrondies, un peu plus hautes que larges (*p,* fig. 1 A à 1 D et fig. 2 B, 2 C, Pl. XXVII); tout autour de chacun d'eux ou du moins de l'espace qu'il occupait, ces cellules deviennent plus petites et plus plates, de manière à constituer une sorte de gaîne, ainsi que le montrent, sur la Pl. XXVII, les figures 1 C et 1 D. Les faisceaux libéroligneux eux-mêmes sont presque toujours imparfaitement conservés; leur portion ligneuse a seule subsisté, et le cordon vasculaire occupe le bord d'une grande lacune remplie de silice n'offrant plus aucune trace d'organisation; dans sa position normale, il est appliqué contre le bord le plus rapproché du centre du pétiole, et ses éléments les plus fins sont situés du côté opposé (V, fig. 1 A, 1 C, 1 D, 2 C, Pl. XXVII); parmi ces derniers, M. Renault a pu reconnaître des trachées à plusieurs rangs de spires; tous les autres éléments sont des trachéides scalariformes. On distingue parfois, à la périphérie des lacunes, entre les plus gros éléments du cordon ligneux et le tissu conjonctif, un cercle incomplet de petites cellules prosenchymateuses (*i,* fig. 1 D), à parois souvent épaissies, qui formaient la gaîne propre du faisceau. Le reste de la lacune correspond aux éléments libériens qui, là comme dans beaucoup d'autres cas, ont été complètement détruits; M. Renault a réussi cependant à en retrouver quelques traces sur certains échantillons[2] d'une conservation

---

1. *On the organization of the fossil plants of the Coal-measures*, part. VII (*Philos. Trans.*, Vol. 166 (1876), p. 1-40, pl. I-III).

2. *Etude sur le genre Myelopteris*, pl. IV, fig. 27; *Cours de bot. foss.*, III, p. 464, pl. 28, fig. 6.

plus parfaite, et M. de Solms-Laubach a pu même, sur un fragment de pétiole de Grand' Croix, observer la région libérienne dans un état d'intégrité presque complète[1]. On a reconnu ainsi que le faisceau était réellement collatéral, et non pas concentrique comme chez les Fougères actuelles, où, à l'exception des Ophioglossées, le liber entoure complètement la portion ligneuse du faisceau.

Les cordons sclérenchymateux qui occupent la région périphérique de ces pétioles ou rachis et qui s'étendent plus ou moins loin vers l'intérieur affectent, en coupe transversale, un contour très variable, orbiculaire, ovale ou lunulé, se réunissant parfois en lames plus ou moins allongées, dirigées à peu près suivant le rayon (S, fig. 1 A à 1 C, fig. 2 A, 2 B, Pl. XXVII); c'est sur la disposition de ces faisceaux de sclérenchyme que sont fondées les distinctions spécifiques qu'on a pu faire dans le genre *Myeloxylon*. Ils sont très souvent accompagnés, soit sur leur bord ou à faible distance, soit à leur intérieur, par des tubes (m, fig. 1 A à 1 C, 2 A, 2 B, Pl. XXVII) remplis de silice de couleur très foncée, et qui doivent être considérés comme des canaux gommeux; M. Renault a pu constater que ces tubes étaient formés de cellules allongées, superposées en file, dont les cloisons transversales finissaient par se résorber de manière à donner naissance à un canal continu. On retrouve également ces tubes gommeux disséminés dans des régions du tissu conjonctif plus éloignées du pourtour, et avoisinant parfois les faisceaux libéroligneux.

A la périphérie, la conservation des échantillons laisse généralement à désirer, et il est bien rare que l'épiderme, qui devait être peu éloigné de la zone occupée par les faisceaux sclérenchymateux, se montre conservé. M. Renault l'a retrouvé néanmoins sur quelques échantillons et a pu y observer des stomates plus ou moins régulièrement disposés.

M. Renault et M. Williamson sont arrivés, à l'égard de ces *Myeloxylon*, à des conclusions identiques, à savoir qu'ils représentaient des pétioles ou des rachis de Fougères, comparables, comme structure, à ceux des Marat-

1. *Einleitung in die Paläophytologie*, p. 165, fig. 14 B.

tiacées. L'attribution aux Fougères ne semble plus, d'ailleurs, pouvoir être discutée, à moins de contester l'identité de structure entre ces *Myeloxylon* et les rachis d'*Alethopteris* et de *Nevropteris* dont j'ai parlé plus haut; or, les détails donnés par M. Renault sont trop précis pour qu'il soit possible de conserver un doute à cet égard, et, comme l'a fait remarquer M. de Solms-Laubach [1], il eût été difficile d'admettre une erreur sur ce point de la part d'un observateur aussi sûr. Quant à la ressemblance avec les Marattiacées, elle aurait contre elle la constitution particulière des faisceaux libéroligneux, collatéraux et non pas concentriques; M. de Solms ajoute, il est vrai, aux réserves qu'il a formulées à ce sujet, que, chez les Marattiacées actuelles, la portion libérienne est toujours plus développée sur un des côtés du faisceau, et que chez les Fougères en général les faisceaux finissent par devenir collatéraux, tout au moins dans leurs dernières ramifications correspondant aux nervules du limbe; cette disposition se serait, chez les Fougères houillères dont dépendaient les *Myeloxylon,* étendue jusque dans le pétiole. Il ne faut pas oublier, au surplus, que l'on n'a, sur les fructifications des frondes portées par ces *Myeloxylon,* que des renseignements des plus incertains, et rien ne serait moins surprenant que d'avoir à assigner un jour à ce groupe des Aléthoptéridées, Odontoptéridées et Névroptéridées, une place tout à fait à part dans cette grande classe des Fougères, si richement représentée à l'époque paléozoïque.

M. de Solms et M. Schenk ont annoncé récemment, au sujet des *Myeloxylon,* un fait qui, s'il était confirmé, démontrerait qu'en effet ces plantes auraient constitué un type tout particulier, sans analogue direct dans le monde vivant : une section faite sur un échantillon silicifié trouvé aux environs de Chemnitz aurait fait reconnaître la structure typique des *Myeloxylon* sur une branche latérale d'une tige de *Medullosa Leuckarti* [2]. Je n'ai pas à décrire ici le genre *Medullosa,* M. Renault devant, dans la deuxième partie de la *Flore fossile du bassin d'Autun,* faire une étude spéciale du groupe des

---

1 *Einleitung in die Paläophytologie,* p. 167.

2. Cie de Solms-Laubach, *Einleitung in die Paläophytologie,* p. 164, note 1. Schenk, *Ueber Medullosa Cotta und Tubicaulis Cotta,* p. 12.

Médullosées. Je me bornerai à rappeler que ce sont des tiges à plusieurs cylindres ligneux, des tiges polystéliques, pour employer l'expression de M. Van Tieghem, dans lesquelles les stèles, quelle que soit leur forme, sont munies d'une moelle centrale, entourée d'un anneau ligneux formé de coins de bois rayonnants à développement centrifuge; à l'origine de chacun de ces coins de bois, M. Schenk a reconnu l'existence d'un faisceau de bois primaire à développement centripète, et il en a conclu que les Médullosées, rangées jusqu'à ces dernières années parmi les Cycadées par tous les auteurs, devaient être désormais reportées parmi les Cryptogames vasculaires. Ces stèles courent, en s'anastomosant vraisemblablement çà et là les unes avec les autres, dans un tissu conjonctif parenchymateux, désigné habituellement comme la moelle générale de la tige, et qui, d'après l'interprétation de M. Van Tieghem, représenterait leur parenchyme cortical commun; celles de la région centrale offrent toujours un diamètre assez faible, avec une section circulaire ou ovale; quelques-unes d'entre elles pourtant, vers le pourtour, affectent la forme de bandes plates ou faiblement arquées; enfin celles de la périphérie, courbées en arc ou sinueuses, s'étendent les unes à la suite des autres autour de la région centrale, occupant chacune une portion assez considérable de la circonférence, et formant même quelquefois un anneau unique à peine interrompu, comme dans les tiges à structure gamostèle. L'aspect que présentent en section ces tiges de *Medullosa* rappelle beaucoup, sauf leurs dimensions bien plus grandes, celui de certaines tiges d'Auricules[1]; seulement la constitution des stèles, avec leur bois primaire centripète, ne permet pas de pousser plus loin le rapprochement.

M. Schenk avait annoncé déjà, il y a quelques années, qu'il avait observé dans les collections de la ville de Chemnitz une portion de *Myeloxylon*, représentant une base de pétiole, attachée à une tige mal conservée malheureusement[2], mais qui lui paraît aujourd'hui devoir être rapportée

1. Voir notamment : Van Tieghem et Douliot, *Sur la Polystélie, Ann. sc. nat.*, 7ᵉ sér., Bot., III, pl. 13, fig. 44 (*Auricula spectabilis*).

2. *Ueber Medullosa elegans*, Engler's Bot. Jahrb., III (1882), p. 161.

au *Medullosa stellata* de Cotta[1]; il a fait une observation semblable sur un échantillon de la collection paléontologique de Berlin; malheureusement il n'a pas publié de figures de ces échantillons. Quant à la tige de *Medullosa Leuckarti* à laquelle il a été fait allusion tout à l'heure, elle a été figurée, comme type de cette espèce, par MM. Gœppert et Stenzel dans leur étude sur les Médullosées[2] : elle est fendue longitudinalement suivant un plan diamétral et mesure à peu près 10 centimètres de longueur sur 3 centimètres de diamètre; de sa base se détache obliquement une branche rompue à 3 ou 4 centimètres de distance de son point d'attache, et qui paraît presque aussi grosse que la tige elle-même. M. Leuckart ayant fait récemment polir l'extrémité libre de cette branche, M. de Solms et M. Schenk auraient reconnu, sur la section ainsi obtenue, tous les caractères des *Myeloxylon*; on aurait ainsi affaire, sur le *Medullosa Leuckarti,* non pas à un rameau véritable comme l'avaient admis MM. Gœppert et Stenzel, mais à la base d'un énorme pétiole rappelant par sa disposition ainsi que par ses dimensions relatives celles des pétioles à demi embrassants des Marattiacées. M. de Solms, il est vrai, ne semble pas encore tenir le fait pour irrévocablement établi; mais M. Schenk est beaucoup plus affirmatif, et considère comme démontrée la dépendance des *Myeloxylon* et des *Medullosa,* ceux-là représentant des pétioles, et ceux-ci les tiges auxquelles ils auraient été attachés.

On ne peut que regretter qu'il n'ait pas encore été publié de figure de la section polie examinée par les savants professeurs de Strasbourg et de Leipzig, et qu'il faille s'en tenir à la simple annonce d'un fait aussi important. Si l'on se reporte au dessin du *Med. Leuckarti* donné par MM. Gœppert et Stenzel, on voit que la section transversale dont ils ont fait connaître la constitution intéressait directement la base de l'organe latéral, et pourtant elle ne présente que les stèles sinueuses habituelles des *Medullosa,* sans la moindre trace, à ce qu'il semble, des faisceaux qui devraient s'en détacher

1. *Ueber Medullosa Cotta und Tubicaulis Cotta,* p. 12.
2. *Die Medullosœ. Eine neue Gruppe der fossilen Cycadeen* (*Palœontographica,* XXVIII, p. 123, pl. XVI, fig. 13).

pour courir dans ce pétiole, et qu'on observerait néanmoins à l'extrémité libre de celui-ci. Il est difficile de comprendre que deux sections aussi peu éloignées puissent être aussi différentes l'une de l'autre, et que la section supérieure montre les nombreux cordons libéroligneux des *Myeloxylon* disséminés dans toute l'étendue du parenchyme conjonctif, sans qu'on retrouve sur la section inférieure, à 3 ou 4 centimètres seulement plus bas, l'origine de quelques-uns au moins d'entre eux. On aimerait avoir à cet égard des explications plus complètes, et une ou plusieurs coupes longitudinales bien dirigées seraient nécessaires pour éclairer sur la marche de ces cordons. On peut se demander aussi ce que devient dans le parcours le bois secondaire à éléments rayonnants dont M. Schenk a reconnu l'existence autour du bois primaire sur les faisceaux qui se détachent des stèles pour se diriger vers les feuilles ou les pétioles, les cordons libéroligneux des *Myeloxylon* étant absolument dépourvus de bois secondaire.

Il est vrai que, sur une autre Médullosée, le *Colpoxylon œduense*, M. Renault n'a observé, à la périphérie de la tige, que des faisceaux à bois primaire centripète, ou du moins n'a trouvé dans ceux-ci que des traces fort incertaines de bois secondaire centrifuge. La coupe transversale qu'il a publiée de cette région de la tige offre d'ailleurs, avec ses faisceaux de sclérenchyme accompagnés de tubes gommeux[1], une ressemblance singulière avec le *Myeloxylon Landrioti*, ressemblance qu'il a fait lui-même remarquer et que M. Schenk signale comme probante en faveur de la dépendance mutuelle des *Myeloxylon* et des Médullosées. Mais cette ressemblance peut être elle-même une cause d'erreur, en ce sens que, si l'on avait affaire à un fragment de *Colpoxylon* qui ne montrerait que les faisceaux libéroligneux et les tubes gommeux de sa zone périphérique et dont la partie centrale, avec les stèles caractéristiques, serait détruite ou méconnaissable, on le prendrait presque infailliblement pour un *Myeloxylon*. On pourrait donc se demander si l'attribution aux *Myeloxylon* de la branche latérale de *Medullosa Leuckarti* ne résulterait pas d'une confusion de ce genre ; une étude plus

1. Renault, *Cours de bot. foss.*, III, p. 79, pl. 11, fig. 10.

complète de cet échantillon permettra seule de se prononcer à cet égard.

Il serait sans intérêt de discuter plus longuement une question pour laquelle les éléments d'appréciation me font défaut et qui sera sans doute traitée par M. Renault dans la seconde partie de ce travail à l'occasion des Médullosées avec la compétence qu'il possède en pareille matière; mais devant parler ici des *Myeloxylon*, dont la liaison avec les Aléthoptéridées et les Névroptéridées me paraît incontestable, je n'ai pas cru pouvoir me dispenser d'appeler l'attention sur les faits annoncés par des savants ayant une aussi grande autorité que M. de Solms et M. Schenk. Ils jetteraient en effet un jour tout nouveau sur les types végétaux dont je viens de parler et tendraient à les éloigner de toutes les Fougères connues, aussi bien fossiles que vivantes.

Il ne faut pas oublier toutefois que, si les Fougères proprement dites ont des stèles dépourvues de moelle, et ne forment pas de bois secondaire, il n'en est pas de même chez les Ophioglossées, où deux des genres actuels, les *Botrychium* et les *Helminthostachys* ont leur cylindre ligneux pourvu d'une large moelle et présentent un bois secondaire à développement centrifuge; ils ont, il est vrai, des tiges monostéliques; mais cette structure plus simple peut dépendre simplement des faibles dimensions de ces tiges. D'autre part, l'existence d'un bois secondaire à développement centrifuge entourant le bois primaire à développement centripète, ne doit pas sembler plus extraordinaire chez les Médullosées comparativement aux Fougères que chez les Lépidodendrons et les Sigillaires comparés aux Lycopodinées actuelles. Peut-être faudrait-il, si cette association des Médullosées avec les Aléthoptéridées et Névroptéridées vient à être définitivement démontrée, voir simplement dans ces plantes un groupe intermédiaire entre les Ophioglossées et les Marattiacées, et dont la singularité ne serait pas beaucoup plus grande, en somme, que celle de plusieurs autres types végétaux de la même époque.

J'ajouterai, avant de passer à la description des formes spécifiques observées dans l'Autunois, qu'il ne m'a pas semblé possible d'abandonner le nom générique de *Myeloxylon* proposé en 1849 par Ad. Brongniart: ce

37

nom, à défaut duquel celui de *Stenzelia* aurait évidemment la priorité, n'a en effet rien de contraire aux Lois de la nomenclature, et contrairement à ce qu'en ont dit MM. Gœppert et Stenzel[1], il a été parfaitement défini, ayant été nettement indiqué par son auteur[2] comme fondé sur le *Medullosa elegans* de Cotta.

MYELOXYLON RADIATUM. Renault (sp.).

(Pl. XXVII, fig. 1.)

1874. **Myelopteris radiata**. Renault, *Comptes rendus Acad. sc.*, LXXVIII, p. 259; *Étude s. le genre Myelopteris*, p. 15, 16.
1881. **Stenzelia elegans**, var. β *radiata*. Gœppert et Stenzel, *Palæontogr.*, XXVIII (*Die Medullosæ*), p. 120.
1888. **Myeloxylon radiata**. Schenk, *Die foss. Pflanzenreste*, p. 45, 278.

Description de l'espèce.

Faisceaux de sclérenchyme de la périphérie aplatis et disposés en lames rayon- nantes plus ou moins régulières, continues ou discontinues. Cordons libéro- ligneux cylindriques, disséminés sur toute la section de l'organe, parfois assez régulièrement répartis suivant une série de cercles concentriques.

Remarques paléontologiques.

D'après les observations qui ont été faites par M. Renault sur une por- tion de penne de *Nevropteris* et que j'ai rapportées plus haut (Voir p. 139), cette disposition des faisceaux de sclérenchyme en lames rayonnantes carac- tériserait les rachis des Névroptéridées, et sous ce nom de *Myel. radiatum* seraient compris les pétioles, non seulement de plusieurs espèces de *Nevropteris*, mais peut-être aussi de divers *Odontopteris*, sans qu'il soit pos- sible de les distinguer les uns des autres. M. Renault y a reconnu cependant un certain nombre de variétés, mais il est impossible de dire si elles ne dépendent pas, au moins dans une certaine mesure, de simples modifications individuelles ou locales, comme par exemple de la région du pétiole d'où proviendrait le fragment examiné. Dans l'une, var. *a*, les lames de scléren- chyme sont continues et disposées en une seule rangée, en dedans de

1. *Palæontographica*, XXVIII, p. 120 (*Die Medullosæ*).
2. *Tableau des genres de végétaux fossiles*, p. 97.

laquelle on ne retrouve qu'un petit nombre de cordons sclérenchymateux ; dans la variété *b*, les lames périphériques de sclérenchyme sont discontinues, et l'on ne voit, en se rapprochant du centre, que des canaux gommeux assez nombreux, mais peu de cordons isolés de sclérenchyme ; enfin dans la variété *c*, les bandes rayonnantes, qui atteignent parfois 12 à 15 millimètres de longueur, sont accompagnées à l'intérieur de cordons de sclérenchyme assez nombreux.

On pourrait rapporter à cette dernière variété le gros échantillon représenté sur la fig. 1 de la Pl. XXVII, car en dedans de la zone annulaire de lames de sclérenchyme située à la périphérie, on observe, comme le montre la figure grossie 1 A, de nombreux faisceaux de même nature à section arrondie, elliptique, ou lunulée, accompagnés, comme les lames périphéphériques, d'un certain nombre de canaux gommeux. Ils deviennent de plus en plus rares et de plus en plus fins à mesure qu'on se rapproche du centre ; on en voit encore quelques-uns à 3 centimètres du bord, mais ils ne paraissent pas s'étendre plus loin. L'abondance de ces faisceaux de sclérenchyme, qui constituent l'appareil de soutien, n'a d'ailleurs rien que de naturel, étant donné le diamètre considérable de ce pétiole.

Les cordons libéroligneux sont assez irrégulièrement répartis : ils sont seulement plus nombreux et plus serrés vers le pourtour que dans la région centrale, mais ils n'affectent pas cette disposition en cercles concentriques qui a été reconnue sur d'autres échantillons. Ils sont tous réduits à leur portion ligneuse, la portion libérienne étant constamment détruite (fig. 1 C, 1 D) ; sur quelques-uns d'entre eux seulement l'on retrouve quelques restes de la gaîne propre du faisceau (*i,* fig. 1 D), formée d'éléments à paroi plus ou moins épaissie. Tous ces cordons ligneux sont constitués et orientés de même, appliqués par leurs éléments les plus gros contre le bord de la lacune le plus rapproché du centre ; on en voit parfois deux accolés latéralement l'un à l'autre dans la même lacune, ce qui dénote une bifurcation s'accomplissant dans un plan à peu près normal au rayon.

Quant au parenchyme conjonctif, il est en général assez bien conservé ; les cellules qui le constituent n'ont été, à cause du faible grossissement de la fig. 1 A, représentées que sur quelques points de cette figure, le reste ayant été simplement teinté en gris. Il semble qu'il ne doive guère manquer que l'épiderme, la zone externe, large de 0^{mm},5, représentée en gris plus clair sur la figure 1 A, n'offrant seule aucune trace d'organisation.

Rapports et différences. Par la disposition de ses faisceaux de sclérenchyme en lames rayonnantes, le *Myel. radiatum* se distingue aisément du *Myel. Landrioti*, mais il se rapproche extrêmement du *Myel. elegans* Cotta (sp.), dans lequel la zone périphérique est également occupée par des bandes radiales de sclérenchyme. Il s'en distingue néanmoins en ce que, chez ce dernier, d'après la diagnose et d'après l'une des figures de Cotta [1], il y aurait deux anneaux concentriques contigus formés de ces lames sclérenchymateuses. Cette disposition n'a été, il est vrai, observée que sur un seul échantillon, mais elle a été formellement indiquée par l'auteur comme constituant le caractère propre de l'espèce, et il paraît dès lors naturel de désigner par un autre nom les échantillons sur lesquels on n'observe jamais qu'un seul anneau de cette nature.

Synonymie. C'est pour ce motif que je ne puis admettre la réunion au *Myel. elegans* proposée par MM. Gœppert et Stenzel, qui ne veulent voir dans le *Myel. radiatum* qu'une simple variété de l'espèce de Cotta.

La question n'a d'ailleurs qu'une importance secondaire, les noms spécifiques, appliqués à des débris de cette nature, qui correspondent certainement à plusieurs espèces et peut-être à des genres différents, n'ayant évidemment qu'une valeur conventionnelle.

Provenance. Gisements permiens des environs d'Autun.

1. *Die Dendrolithen*, p. 61, 62, pl. XII, fig. 2.

MYELOXYLON LANDRIOTI. Renault (sp.).

(PL. XXVII, fig. 2.)

1874. **Myelopteris Landriotii.** Renault, *Comptes rendus Acad. sc.*, LXXVIII, p. 259; *Étude s. le genre Myelopteris*, p. 14, 15.
1877. **Medullosa Landriotii.** Grand'Eury, *Fl. carb. du dép. de la Loire*, p. 132.
1881. **Stenzelia Landriotii.** Gœppert et Stenzel, *Palæontogr.*, XXVIII (*Die Medullosæ*), p. 120.
1888. **Myeloxylon Landriotii.** Schenk, *Die foss. Pflanzenreste*, p. 45, 278.

Description
de
l'espèce.

Faisceaux de sclérenchyme de la périphérie à section circulaire, elliptique ou réniforme. Cordons libéroligneux disséminés sur toute la section de l'organe, parfois régulièrement répartis suivant une série de cercles concentriques.

Remarques
paléontologiques.

M. Renault regarde le *Myel. Landrioti* comme représentant des pétioles d'*Alethopteris*, l'ayant toujours trouvé dans les quartz de Grand'Croix associé à des fragments de fronde d'*Aleth. aquilina* ou d'*Aleth. Grandini*[1]. Il a distingué, parmi les échantillons réunis sous ce nom, deux variétés principales : l'une, var. α, ne comprend à la périphérie qu'une zone assez étroite de faisceaux de sclérenchyme, et quelques rares faisceaux seulement dans l'intérieur; dans l'autre, var. β, les faisceaux sclérenchymateux s'étendent à la périphérie sur une zone plus large, et, de plus, on observe à l'intérieur un grand nombre de ces mêmes faisceaux, alternant assez régulièrement en cercles concentriques avec les cordons libéroligneux.

Ces faisceaux de sclérenchyme sont, d'ailleurs, toujours arrondis ou lunulés, quelquefois même annulaires, entourant complètement les canaux gommeux, mais ils n'affectent jamais la forme de lames aplaties qu'on voit chez le *Myel. radiatum.*

Le fragment de pétiole représenté sur la fig. 2 de la Pl. XXVII rentrerait dans la variété α, car en dedans de la zone périphérique qu'on aperçoit sur son bord supérieur, à gauche, on n'observe plus dans le parenchyme d'autres faisceaux sclérenchymateux. Autant qu'on en peut juger d'après

1. Grand'Eury, *Fl. carb. du dép. de la Loire*, p. 132. Renault, *Cours de bot. foss.*, III, p. 165.

l'orientation des cordons libéroligneux, également dépourvus ici de leur portion libérienne, l'axe du pétiole devrait se trouver à l'intérieur de l'échantillon, à peu de distance du bord inférieur et vers la droite de la fig. 2 ; ce fragment comprendrait, par conséquent, un peu plus du quart en surface de la coupe transversale du pétiole. Au point de vue de la disposition des cordons libéroligneux, il présente cette singularité que ceux de ces cordons qui se trouvent en dehors de la zone des faisceaux de sclérenchyme, vers la gauche, ne sont pas orientés de la même manière que les autres : ils tourneraient leurs éléments les plus fins vers le centre, ainsi que l'indique la figure grossie 2 A, sur laquelle ces faisceaux extérieurs à la zone périphérique sont situés à la partie supérieure. Il ne semble pas que le fait puisse s'expliquer par un dérangement accidentel, comme on en observe quelquefois[1], et comme ont pu en produire la compression et la déformation des fragments de pétioles ; d'ailleurs la présence d'une série de cordons libéroligneux en dehors de la zone périphérique occupée par les faisceaux de sclérenchyme paraît elle-même assez anormale. Il est probable que la coupe de ce tronçon de pétiole se trouve passer à une faible distance au-dessous d'une bifurcation d'une certaine importance, et comprend ainsi, contre la section de la portion principale, celle d'un rameau latéral non encore détaché, mais dans lequel les cordons ligneux ont déjà leur orientation définitive. On remarque, d'ailleurs, que la zone formée par les faisceaux de sclérenchyme n'a pas partout la même épaisseur, et l'amincissement qu'elle présente doit correspondre à la région commune à ces deux branches de rachis ; les faisceaux de sclérenchyme semblent, d'ailleurs, diminuer peu à peu de grosseur aussi bien sur l'un des bords de la bande qu'ils constituent que sur l'autre, ce qui vient à l'appui de cette interprétation.

La conservation de l'échantillon, outre la disparition habituelle des éléments libériens, laisse quelque peu à désirer : le parenchyme conjonctif

---

1. Voir, par exemple : Renault, *Etude sur le genre Myelopteris*, pl. V, fig. 40.

est, par places, fortement altéré et semble avoir été saisi au moment où il commençait à subir les atteintes de la décomposition.

Le *Myel. Landrioti* se distingue facilement du *Myel. radiatum* et du *Myel. elegans* par la forme de ses faisceaux de sclérenchyme, qui, même à la périphérie, ne sont jamais disposés en lames rayonnantes.

Gisements permiens des environs d'Autun.

Rapports
et différences.

Provenance.

_____

INDEX ALPHABÉTIQUE

1. Les noms écrits en caractères gras sont ceux sous lesquels sont décrits les genres et les espèces, et les chiffres en caractères gras indiquent la page où se trouve la description. Les noms en caractères ordinaires sont ceux des genres ou des espèces simplement cités ou considérés comme synonymes.

ERRATA

PAGES :	LIGNES :	AU LIEU DE :	LISEZ :
31	17	fig. 2.	fig. 3.
47	25	le Poisot, dans l'étage moyen ; Millery, Muse et les Thélots…	le Poisot, Muse, dans l'étage moyen ; Millery et les Thélots…
63	38	*Syst. l. foss.*	*Syst. fil. foss.*
97	9	Millery, o	Millery, où
126	23	GŒPPERT.	GŒPPERT (sp.).
133 134	24 3	*Od. Dufresnoyi*	*Od. Dufrenoyi*
137	4	élevé de Millery	élevé, de Millery
139	Légende de la Fig. 36, ligne 4.	grossier	grossie
152	2	*anulta*	*nulata*
197	25	lesquels	lesquelles
206	2	Pl. XV	Pl. XVI
209	22	f_8, f_8'	$f_8\ f_8'$
214	12	fig. 8, Pl. XVI	fig. 1, Pl. XV
221	16	$F_1, F_3, F_3',$	$F_1, F_3\ F_3',$
221	20	F_3, F_3'	$F_3\ F_3'.$
224	19	celles-ci.	celle-ci.
241	2	V.	V,
248	6	$1/10^e$	$1/5^e$
255	28	*six, à dix*	*six à dix*
262	3	lesquelles	lesquels
280	26	(Pl. XX, fig. 9)	(Pl. XX, fig. 6)

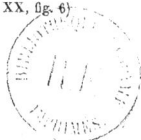

TABLE DES MATIÈRES

Paris.   Libr.-Impr. réunies, 7, rue Saint-Benoît.

www.ingramcontent.com/pod-product-compliance
Lightning Source LLC
Chambersburg PA
CBHW060423200326
41518CB00009B/1465